[第2版]

基礎から学ぶ
情報理論

中村篤祥／喜田拓也／湊　真一／廣瀬善大　共著

ムイスリ出版

まえがき

本書は，大学学部 1〜2 年生を対象とした 90 分 ×15 回の講義で教える情報理論の入門書として執筆している．各章の説明は，情報系学部 1〜2 年生が予習できるよう丁寧に書いてあり，重要な定義を一目でわかるようにしてあるので復習もしやすくなっている．また，理解を助けるのに役立つ演習問題を多く取り入れた．各々の演習問題は，以下のような目的別に分類されている．

【例題】: 重要な演習問題の解法説明

【練習問題】: 例題の解法の練習問題

【問】: 理解を深めるための演習問題

章末問題：○×問題（1 問目）: 基本事項のチェック

章末問題：その他（2 問目以降）: 応用問題

なお，上記のすべてにわたり，難解すぎる問いは避け，基本事項の修得に集中できるよう考慮して問題を選択した．また，巻末に詳解もつけ，無理なく自習できるようにした．第 7 章の最後 3 節は少し難しいが，興味のある読者のためのものであり，読み飛ばしても第 8 章の理解に影響しない．

確率と対数の基本事項の理解を前提とするが，これらの知識に自信がない人でも付録で確認ができるようになっている．

本書では基礎的な事項を中心にわかりやすく説明することを優先したため，算術符号，リード・ソロモン符号，アナログ情報理論における標本化定理や通信路容量など，重要と思われる内容を一部割愛している．これらについては必要に応じて，より詳細に書かれた他の教材を利用して学修してほしい．

本書の執筆にあたり，巻末にあげた書籍・文献を参考にさせて頂いた．これらの著者に敬意と謝意を表する．最後に，執筆を勧めて頂き，また原稿を詳しく見てくださったムイスリ出版の橋本豪夫氏並びに編集部の方に謝意を表したい．

2020 年 1 月　　著　者

目　次

第1章　情報理論とは

1.1　情報が伝わるとは

情報伝達とは，送り手が何らかの媒体を介して，受け手に何らかのデータを送ることで情報を伝えることである．データとあえて書いたのは，同じ情報を伝えるにもさまざまな伝え方があるからである．

同じことを説明するのにも，説明が下手で多くの言葉を要する人と，適切な言葉を用いて簡潔に説明できる人がいる．説明する言葉がデータであり，どちらのデータを受け取っても同じ情報が伝わるのであるが，説明の下手な人が発するデータは，量が多く情報を伝達するという目的に関して明らかに効率が悪い．しかし，あまりにも簡潔に説明されると，一瞬でも聞き逃すとまったくわからなくなってしまうのでデータにはある程度の無駄もあった方が，より確実に情報を伝えることができる．

情報理論は，情報伝達の効率性・信頼性に関する理論である．そこでは，効率化や高信頼性を実現するために，まず，受け手は送り手と媒体の性質を完全に理解しており，送り手もそれを前提として送るデータを生成すると仮定する．

たとえば，赤の他人に伝えるには「2013 年に出版された『基礎から学ぶ情報理論』という本」というように説明しなければならないものが，ツーカーの仲の友人であれば「あの本」で通じる．このように送り手と受け手が知識を共有していれば，短いデータで情報を伝えることができる．

また，電話の伝言メモで「てりに来て」と書いてあるように見えるものを，それを書いた人が「て」に見える「と」の文字を書くということを知っていれば「とりに来て」だとすぐにわかる．このように，くせ字の人を媒体として介したデータでも，媒体であるくせ字の性質を理解していれば，誤りなく情報を伝えることができる．

しかし，受け手が送り手の性質を 100 %理解していたとしても，送り手がつぎに何のデータを受け手に送るかまでは，予想は立てられても完全にはわからない．どんなにわかりやすい人でも，その人がしゃべる内容を 1 つも間違わずに予測することは不可能である．媒体に関しても，性質を 100 %理解していても偶然起こることまで確実に予測することは不可能である．電話の伝言メモの例でいえば，メモにコーヒーをこぼして一部見えなくなってしまうこともあり得る．このように決定的でないものは，統計モデルを用いて表現するのが一般的である．

シャノン（1.4 節参照）が考えた情報伝達の理論においては，送り手から送られるデータは，ある確率分布に従って発生すると考える．また，媒体に関しても，入力に依存して確率的に出力が決まると仮定する．データの送り手も受け手も，送られるデータの発生確率分布（統計的性質）を完全に知っており，媒体の入力に対する出力の確率分布も完全に知っているとして，効率的で信頼性の高い情報の伝達法を考えるのである．

情報伝達の本質は，受け手の知識の変化である．受け手はデータを受け取ることにより，知識が増え，増えた知識が伝わった情報なのである．シャノンが考えた情報伝達の統計モデルにおいて，受け手の知識の変化とはどういうことなのか，例を用いて説明しよう．H さんは札幌に長年住んでおり，札幌の 1 月の天気出現率が**表 1.1** のようになっていることを知っているものとする．

ある 1 月の朝，前日に天気予報を見なかった H さんが目を覚まし，カーテンを開けて外の天気を知ったとする．この場合，情報の送り手が太陽，媒体が空気，受け手が H さんとなる．受け手の H さんは，窓を開ける前，つまり情報伝達の前には 5.5 %，1.2 %，0.2 %，93.1 %の割合で晴，曇，雨，雪の可能性があるという知識を持っている。そして，窓を開けた後，つまり情報伝達により雨だ

表 1.1 札幌の 1 月の天気出現率（1981〜2010 年の 30 年間の気象庁の統計データより計算した値）

晴	曇	雨	雪
5.5 %	1.2 %	0.2 %	93.1 %

と知った場合には，H さんの知識は雨 100 %に変化する．この受け手の知識の変化が，情報が受け手に伝わるということなのである．受け手の知識の変化が大きければ，多くの情報を受け取ったことになり，小さければ受け取った情報の量は少ないと考える．次章 2.1 節では，このような観点から情報量を定義する．

【問 1.1】 札幌の 1 月の天気出現率が表 1.1 のようになっていることを知っている I さんが，窓を開けて外の天気を知ったとする．つぎの 3 つの場合を，I さんの知識の変化（得られた情報の量）が大きい順に並べよ．

Case 1　窓を開ける前には外の天気をまったく知らず，外の天気が雪だった場合

Case 2　窓を開ける前には外の天気をまったく知らず，外の天気が雨だった場合

Case 3　窓を開ける前から外の天気を知っており，外の天気が雨だった場合

1.2　情報伝達のモデル

情報伝達のモデルとして，**図 1.1** のような通信システムを考える．**情報源** (information source) からは，**データ**[1](data) が発生する．

発生したデータは，何らかの変換が行われたあと，**通信路** (communication channel) を介して**あて先** (destination) へ送られる．通信路に入れる前に行われる変換のことを**符号化** (coding) という．あて先では，通信路からの出力に符号

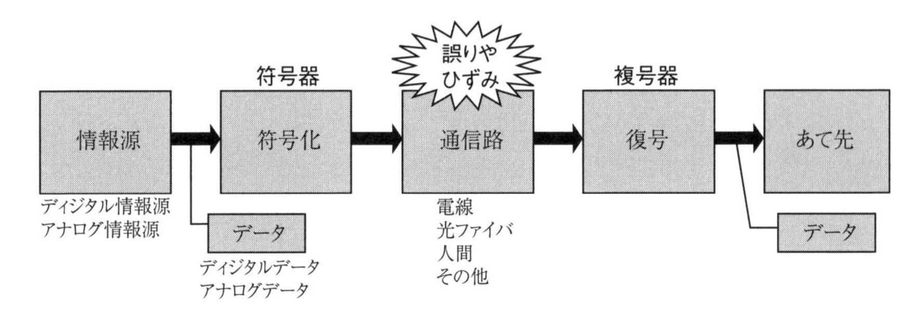

図 1.1　通信システムのモデル

[1] 伝統的に**通報** (message) とよんでいる教科書が多いが，本書ではより一般的なデータという言葉を用いることにする．

化と逆の変換を施して，元のデータの形に戻してから受け取る．この逆変換のことを**復号** (decoding) という．

通信路は，電線，光ファイバーなど信号の伝送路のみでなく，DVD などの記憶媒体や人間など，情報のあらゆる伝達媒体をモデル化したものである．これらの伝達媒体を介した出力は，ノイズや破損・損失などにより生ずる誤りやひずみを含む．

データには，文字や数字のように記号や離散的な値で表される**ディジタルデータ** (digital data) と，音や画像などのように連続な値（アナログ量）をとる**アナログデータ** (analog data) とがあり，これらのデータを発生する情報源を，それぞれ，**ディジタル情報源** (digital information source)，**アナログ情報源** (analog information source) という．また，情報源から発生する記号を**情報源記号** (information source symbol) という．

入出力が両方とも離散的な値の系列であるような通信路を**ディジタル通信路** (digital communication channel)，入出力の少なくとも一方がアナログ量であるような通信路を**アナログ通信路** (analog communication channel) とよぶ．ディジタル通信路のもっとも単純な例は，0，1 の系列を入出力とするものである．このように 2 つの記号のみ送ることができる通信路を **2 元通信路** (binary communication channel) という．アナログ通信路の例は，正負パルスを入力とし，入力のパルス波形に雑音やひずみが加わったアナログ波形を出力とするものなどがある．

本書では，ディジタル情報源・通信路のみを扱う．

1.3　情報伝達の理論

前節で考えた情報伝達のモデルにおいて，情報源と通信路は与えられるものであるから，工夫できるところは，符号化と復号のみである．復号は符号化の逆変換であるから，これらはペアにして同時に考える必要がある．

情報伝達の理論は，**効率性** (efficiency)・**信頼性** (reliability) の高い符号化に関する理論である．情報源と通信路の統計的性質を完全に知っているという仮定の下に，情報伝達の効率性・信頼性をどこまで高められるのかを明らかにする**符号**

化限界の理論と，効率性・信頼性が高い符号を実際に作る**具体的な符号化法の理論**を展開する．効率のよい符号，信頼性の高い符号というのは具体的にどういうものなのか考えてみよう．

【問 1.2】 2 元通信路を介して，札幌の 1 月の天気（晴，曇，雨，雪）を送る．札幌の 1 月の天気の統計的な性質は，表 1.1 のようになっている．この 2 元通信路では，送った記号数に比例して課金されるものとする．以下の 2 つの符号 C1 と C2 は，いくつか連続して送っても，一意に復号可能な符号である（C1 は 2 文字ずつ，C2 は 0 で符号語が終わる）．C1 と C2 では，どちらの方が通信料が安く済むと期待できるか．

情報源記号	発生確率	C1	C2
晴	0.055	00	10
曇	0.012	01	110
雨	0.002	10	1110
雪	0.931	11	0

効率のよい符号とは，符号長が短い符号である．情報源記号をすべて同じ長さの符号に符号化すれば，情報源から発生した 1 記号に対してつねに同じ長さの符号が得られるが，問 1.2 でわかるように，情報源の統計的性質をうまく使うことにより平均的に（期待値として）より短い符号を得ることができる．具体的には，発生確率の高い情報源記号には短い符号を，低い情報源記号には長い符号を割り当てることにより期待値としてより短い符号を作ることができるのである．情報源から発生する記号列に対し，符号長の期待値をできるだけ短くすることを目的に行う符号化を**情報源符号化** (source coding) とよぶ．

【問 1.3】 1 記号ごと独立に 10^{-3} の確率でビット反転 $(0 \to 1, 1 \to 0)$ が起こる 2 元通信路を介して，高い信頼度で 0,1 からなる記号系列を送りたい．0 と 1 を，000 と 111 に符号化して通信路に入力し，通信路の出力 3 ビットをそれらの多数決で 1 ビットに復号する．たとえば，010 は 0, 110 は 1 に復号する．これらの符号語は通信路に入力されないが，ビット反転が起こると出力として得られる可能性がある．入力が 000 の場合，3 ビットのうち 1 ビットが反転して 010 になっても，多数決により正しく復号される．この符号の 1 記号あたりの復号誤り率（元の記号に復号されない確率）を求めよ．ただし，有効数字は 3 桁とする．

信頼性の高い符号とは，復号誤り率が低い符号である．問 1.3 の 2 元通信路の場合，1 ビットあたりの復号誤り率は，そのまま送れば 10^{-3} であるが，問 1.3 のように冗長な符号に符号化することにより，下げることが可能である．このように，通信路において生ずる誤りを検出または訂正して，符号化する前の記号列に戻す確率を高める（復号誤り率を低くする）ことを目的に行う符号化を**通信路符号化** (channel coding) という．

効率性向上のための情報源符号化と信頼性向上のための通信路符号化は，**図 1.2** のように分けて別々に行うのが普通である．このように分けて考えることにより，問題が簡単化されわかりやすくなる．

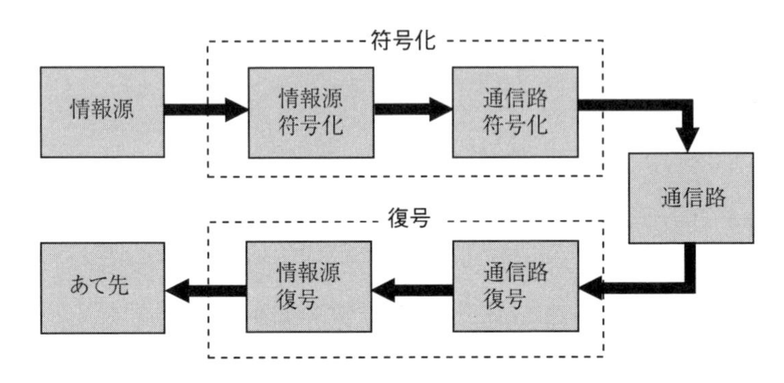

図 1.2 情報源符号化と通信路符号化を分離した通信システム

【問 1.4】 問 1.2 の C2 の情報源符号化を行った後，問 1.3 の通信路符号化を行った場合の，通信路に入力される符号系列の 1 情報源記号あたりの平均の長さ（長さの期待値）と 1 情報源記号あたりの復号誤り率を求めよ．ただし，有効数字は 3 桁とする．x が小さい場合に成り立つ近似式 $(1-x)^n \approx 1-nx$ を用いてもよい．

1.4 情報理論の歴史

情報理論の学問としての歴史は，1948 年に発表されたベル研究所のシャノン (C.E. Shannon) の論文 “A mathematical theory of communication” に始まる．シャノンはこの論文において，情報の量を定義し，情報源符号化と通信路符号化の概念とその限界を明らかにした．シャノンは情報理論の父ともよばれ，その後の情報理論の発展はシャノンの築いた基礎の上に成り立っている．

シャノン以前にも情報理論の研究は存在した．たとえば，ハートレー (R.V.L. Hartley) は，1928 年の論文で情報の量を $\log M$ と定義している．ただし，M は可能なデータの数とする．シャノンの与えた情報の量の定義は，ハートレーの定義を各データの発生確率が異なる場合にも合うように拡張したものである．また，1840 年代にモールス (S.F.B. Morse) らにより開発されたモールス信号では，英語におけるアルファベットの出現頻度を考慮し，頻度の高い E や T には‘·’や‘-’などの短い符号を割り当てている．このように，平均符号長を小さくするという情報源符号化の考え方はすでに用いられており，シャノン理論のベースとなるものは存在していた．

情報源符号化に関してシャノンは，1 情報源記号あたりの平均符号長の限界がエントロピーであることを示したが（第 2 章以降を参照），その限界に近い符号の作り方はその後，盛んに研究された．1948 年，シャノンと MIT のファノ (R. Fano) は同時期に，平均符号長が最小に近い符号の作り方「シャノン–ファノ符号」を提案した．1949 年，当時 MIT の学生だったクラフト (L. Kraft) は，彼の修士論文にて瞬時に復号可能な符号となるための必要十分条件「クラフトの不等式」を与えた（4.4 節参照）．ファノが情報理論の講義の宿題として与えた問題に端を発し，ハフマン (D. Huffman) は平均符号長が最小な符号である「ハフマン符号」を 1952 年に発表した（5.1 節参照）．ハフマン符号は非常に実用的な符号であり，Fax や高精細テレビなど多くのシステムに実際に使われている．

平均符号長の限界は，情報源系列を同じ長さのブロックに分けてハフマン符号化するブロックハフマン符号化を使えば，ブロック長を長くすることにより本当の限界（エントロピー）に近づくことが知られているが，それぞれのブロックをハフマン符号化するとブロック長が長くなった場合，符号化と復号に巨大な対応表を用意しなければならず装置化が困難となる．情報源系列をブロックに分けずに系列全体を 1 つの符号語に符号化する方法として**算術符号**がある．算術符号は，考え方としてはシャノン–ファノ符号の流れを汲むものでありエライアス (P. Elias) により 1963 年以前に開発されたが，平均符号長としてエントロピーを達成できるものの無限の精度の実数を扱うため実用的ではなかった．しかし，

1976年にリサネン (J. Rissanen) とパスコ (R. Pasco) が独立に実用的な方式を開発し，現在では画像やビデオのデータ圧縮法として広く使われている．

これまでに出てきた情報源符号化法は情報源系列の確率分布が必要であったが，それがつねに精度よく推定できるとは限らない．確率分布を知らなくても符号化できる方法を**ユニバーサル符号化**という．もっとも広く使われているユニバーサル符号化は，レンペル (A. Lempel) とジブ (J. Ziv) により，1976–1978年に発表された「レンペル–ジブ符号」である．レンペル–ジブ符号は，定常エルゴード情報源に対し，平均符号長としてエントロピーを達成でき，符号化・復号が容易である．

通信路符号化においても，シャノンは通信路の統計的な性質から決まる通信路容量がその通信路を介して情報を送れる速度の限界であることを示し，その速度未満で送れば復号誤り率を限りなく0に近づけることが可能であることを示した．どのように符号化すれば復号誤り率を限りなく0に近づけることができるのかは現在においても完全にはわかっていないが，こちらも符号理論という代数学を基礎とする一大研究分野になり，実用的な方式が開発されてきた．通信路符号化には，重なりのないブロックに分けてブロックごと独立に符号化するブロック符号と，複数の重なりのあるブロックから符号を作る畳み込み符号，の2つの方法がある．

ブロック符号に関しては，1950年にはベル研究所のハミング (R.W. Hamming) により，ブロックあたり1ビットの誤りを訂正できるハミング符号が提案された．1957年にはプランジ (E. Prange) により巡回符号が発表され，巡回符号の一種であり複数個の誤り訂正が可能な符号として，1959–1960年にはBCH(Bose-Chaudhuri-Hocquenghem) 符号，1960年にはBCH符号の特殊なものであるリード・ソロモン (Reed-Solomon) 符号が発明された．リード・ソロモン符号は誤り訂正能力が高く，地上波ディジタル放送，衛星通信，DVD，QRコードの誤り訂正に応用されている．

畳み込み符号は1955年にエライアス (P. Elias) により開発され，ブロック符号より誤り訂正能力が高い符号が存在することが知られている．1967年にビタビ (A.J. Viterbi) により開発された最尤（さいゆう）復号法であるビタビ復号法は実用的であり，携帯電話の誤り訂正などに使われている．

シャノン限界に近い符号としては，1963 年にガラガー (R.G. Gallager) がコンセプトを打ち出した低密度パリティ検査 (LPDC) 符号や，1993 年にベロー (C. Berrou) らにより提案されたターボ符号が開発されている．

1.5　現代の情報理論

現代では，さまざまな通信網が発達し，通信の形態も変化してきている．電子会議システムなどは，多対多の双方向通信が必要であり，また，移動する物体がアドホックにネットワークを構成する場合もある．**多端子情報理論** (multi-user information theory) という分野では，複数の情報源（多端子情報源）の符号化，多入力多出力通信路（多端子通信路）の符号化の研究がされている．アドホックネットワークにおける通信技術は,「いつでも」「どこでも」ネットワークに繋がる**ユビキタス**社会では欠かせない技術である．

通信路におけるノイズなどによる誤りではなく，人為的な改竄に対する対策として，**電子透かし**技術が研究されている．電子透かしは，改竄を検出する技術であり，著作権保護のために不正コピーの検出も行う．第三者に情報が漏れないようにする**暗号化**技術や**認証**技術はインターネット社会においてなくてはならない技術となっている．

最近では超並列処理を実現する量子コンピュータの研究が盛んに行われているが，量子力学的な素子を直接操作する情報処理の理論を**量子情報理論** (quantum information theory) とよび，量子通信路符号化や量子暗号などの研究が行われている．

章末問題

1.1 (1)〜(8) の文章は正しいか．正しい場合は○をつけよ．また，間違っている場合は×をつけ，何が間違っているのか説明せよ．

(1) 情報伝達の理論では，すでに知っている情報を受け取った場合，情報の伝達は何もされていないと考える．

(2) どれだけの量の情報が伝わったかは受け手の知識には依存しない．

(3) 情報源から発生したデータに対し，通信路に入れる前に行う変換をコンパイルとよび，通信路からの出力に対し，あて先に渡る前に行う変換をデコンパイルとよぶ．

(4) DVD などの記憶媒体も通信路の一種とみなせる．

(5) 情報伝達の理論は，効率性と信頼性の高い符号化法の限界のみに関する理論である．

(6) 符号長の期待値をできるだけ短くすることを目的に行う符号化を通信路符号化，復号誤り率をできるだけ低くすることを目的に行う符号化を情報源符号化という．

(7) 情報源符号化と通信路符号化は分けずに同時に行うのが一般的である．

(8) 情報理論の父とよばれているのは，ジョン・フォン・ノイマンである．

1.2 情報理論における情報伝達の統計モデルにおいて，受け手が受け取った「データ」，それにより受け手に伝わる「情報」および受け手の「知識」の変化は，互いにどのような関係にあるかを説明せよ．また，これらの用語が一般社会ではどのような意味で用いられているかを調べよ．

第2章　情報量とエントロピー

本章ではまず，確率的に結果が定まる事柄（事象）について，それがある1つの結果に定まったことを知ることで得られる情報の量を定義する．また，その事象について，平均的にはエントロピーとよばれる量だけ情報が得られるということを導く．対象となる事象に関しての不完全な情報を得たときには，エントロピー分の情報は得られないが，その場合は相互情報量とよばれる量だけの情報が得られるということを導く．

本章では，「確率変数」のエントロピーや相互情報量に関して学ぶが，これは後の章において「情報源」のエントロピーや相互情報量へと拡張される．情報源のエントロピーや，通信路の入出力間の最大相互情報量（通信路容量）は，情報源符号化や通信路符号化の限界を表すもっとも重要な量である．

なお，本書で必要な確率の基本事項は付録Aにまとめられているので，必要に応じて参照してほしい．また，情報量やエントロピーは対数関数を使って定義されるため，本章を学ぶ前に対数関数に慣れておく必要がある．対数関数の取り扱いに不慣れな人は，付録Bに目を通してから本章に進むことをお勧めする．

2.1　情報量

「この雑誌は自分にとって情報が多い」とか「この事件は情報が少ないために解決が難しい」など，普段われわれは情報に対して「多い」とか「少ない」という言葉を何気なく使っている．こうした情報の量（**情報量**）を定量的に定義することは可能であろうか．まずは，情報量が満たすべき性質について考えてみよう．

【例2.1】 Hさんは札幌に長年住んでおり，札幌の1月の天気出現率が1.1節の表1.1のようになっていることを知っているものとする．ある1月の朝，前日に天気予報を見なかったHさんが目を覚まし，カーテンを開けて外の天気を知った．その天気が雪であった場合と雨であった場合とでは，Hさんが得た情報量はどちらが大きいだろうか．

1月の札幌は0.931という非常に高い割合で雪が降る．つまり，天気が雪であった場合はいつもと同じということを知ったわけだから，得られる情報量は少ないと考えるべきであろう．それに対し，雨の降る割合は0.002と非常に低く，雨だと知った場合は，めったに起こらないことを知ったわけだからその価値は高い，つまり得られる情報量は多いと考えるべきであろう．

この例2.1では，情報の価値を情報量ととらえ，事象の起こる確率によって決まるものと考えた．一般的な感覚からすると，「情報の価値」はそれを受け取る人それぞれで異なるように思うかもしれない．欲しい情報（＝価値の高い情報）かどうかは個人的な価値観によるだろう．しかし，そうした個人的な価値観を考慮に入れると定量的な定義を行うことは到底不可能なことになる．よって情報理論では，個人的な価値観を排し，あくまで事象の起こる確率にのみ依存する量として情報量を定義する．そうすることで情報量に関する客観的な議論が可能となるのである．

さて，ここで確率 p で生起する事象が起きたことを知ったときに得る情報量を，p の関数として $I(p)$ と書くことにしよう．例2.1より，$I(p)$ は p が小さいほど大きい，つまり $I(p)$ は p の単調減少関数であると考えられる．また，生起確率にほとんど差がない事象は，それがもたらす情報量にもほとんど差がないと考えるべきであろう．すなわち，$I(p)$ は p の取りうる範囲（$0 < p \leq 1$）で連続な関数でなければならない．

さらに，まったく関係のない2つの情報を同時に得た場合に得られる情報量は，各々の情報に対して得られる情報量の和になっていると考えるのが自然である．例えば，ある日の晴れる確率が p であり，その日にA先生の授業が休講になる確率が q であるとしよう．A先生の授業が休講になるかどうかがその日の天気にまったく依存しないのであれば，その日が晴れてしかもA先生の授業が休講になる同時確率は pq であるが，それを知ったときに得られる情報量 $I(pq)$ は，それぞれの情報量の和 $I(p) + I(q)$ であるべきだろう．

まとめると，確率 p で生起する事象が起きたことを知ったときに，得る情報量 $I(p)$ がもつべき性質は次のようになる．

(1) $I(p)$ は $0 < p \leq 1$ で単調減少

(2) $I(p)$ は $0 < p \leq 1$ で連続な関数

(3) 任意の $0 < p, q \leq 1$ に対して $I(pq) = I(p) + I(q)$

ここで，確率が 0 の事象に関する情報量は考えていないことに注意しよう．

実はこの 3 つの条件を満たす関数 $I(p)$ は $I(p) = -\log_a p$ という形しかありえないことが知られている．ただし，a は $a > 1$ を満たす定数とする．（証明は「ノート 2.1」を参照）関数 $I(p) = -\log_a p$ が先の 3 つの条件を満たすことは簡単に確かめられる．実際，これが情報理論において広く一般的に受け入れられている情報量の定義となっている．

定義 2.1　確率 $p (0 < p \leq 1)$ で生起する事象が起きたことを知ったときに，得られる情報量 $I(p)$ を**自己情報量** (self-information) とよび，

$$I(p) = -\log_a p \tag{2.1}$$

と定義する．ただし，a は $a > 1$ を満たす定数とする．

定数 a に何を用いるかで単位が変わる．通常，$a = 2$ とすることが多く，そのときの情報量の単位を**ビット** (bit) という．これは，確率 1/2 で生起する事象が起こったことを知ったときの情報量を 1 とする単位である．これ以外に，$a = e$ のときの単位をナット (nat)，$a = 10$ のときの単位をデシット (decit) またはハートレー (Hartley) という．単位が変わっても本質的な量は変化しない．長さをメートルで測るかマイルで測るかで値が異なるのと同じである．ちなみに，1 ビットの情報量は，約 0.693 ナット，約 0.301 デシットの情報量と等しい．

【問 2.1】　札幌の 1 月の天気出現率が，表 1.1 のようになっていることを知っているものとする．このとき，実際の天気が雪だと知った場合，雨だと知った場合に得られる情報量はそれぞれ何ビットかを答えよ．

【問 2.2】　ジョーカーを除く 52 枚のトランプのカードから 1 枚をランダムに選択したとき，そのカードが何かという情報の情報量が，そのカードの種類（スペード，ハート，クラブ，ダイヤ）が何かという情報の情報量と，何番（1 ～ 13）のカードであるかという情報の情報量との和であることを確かめよ．

ノート 2.1 情報量 $I(p)$ が対数で表現されることの証明は何通りか知られている．ここでは，コーシー（Cauchy）の関数方程式の解を応用する方法を紹介しよう．コーシーの関数方程式とは $f(x+y)=f(x)+f(y)$ のことで，これを満たす連続関数は $f(x)=kx$（k は定数）しかないことが知られている．この結果を利用して，情報量の3つの性質を満たす関数が $I(p)=-\log_a p$ となることを証明しよう．

$f(x)=I(e^{-x})$ とおく．ここで，e は付録B 定義B.2のネイピア数である．すると，$I(p)$ の加法性から，

$$\begin{aligned} f(x+y) &= I(e^{-(x+y)}) = I(e^{-x}\cdot e^{-y}) = I(e^{-x}) + I(e^{-y}) \\ &= f(x)+f(y) \end{aligned}$$

が成り立つ．よってコーシーの関数方程式の解から，$f(x)$ が連続関数であるとすると，k を定数として $f(x)=kx$ と書ける．ここで，$p=e^{-x}$（すなわち $x=-\log_e p$）とおくと，

$$\begin{aligned} I(p) &= I(e^{-x}) = f(x) = kx \\ &= -k\log_e p \end{aligned}$$

となる．$I(p)$ は $0<p\leq 1$ で単調減少関数でなければならないので，$e\approx 2.718>1$ に対しては $k>0$ でなければならない．さらに，$k=\log_a e$（すなわち $a=e^{1/k}$）となるような定数 a を取り，底の変換公式（付録B 定理B.2）を使って書き換えると，

$$\begin{aligned} I(p) &= -k\frac{\log_a p}{\log_a e} \\ &= -\log_a p \end{aligned}$$

となる．$k>0$ なので，$a>1$ であることも容易にわかる．以上から，$I(p)=-\log_a p$（ただし $a>1$）となることが導かれる．

2.2 エントロピー

前節で定義した自己情報量という観点から言うと，Hさんが1月の朝，窓を開けることにより得る情報量は，天気に依存して異なる．それでは，天気に依存しない一般的な値として，Hさんが朝，窓を開けることによりどのくらいの情報量が得られると考えればよいか（ただし，簡単のため，毎日の天気は前後の日の天気に依存せず独立であると仮定する）．すると，0.931の確率で雪であり，その

場合 $I(0.931)$ の情報量を得るというように，H さんの得る情報量は確率的に決まっている．したがって，得る情報量の平均（期待値）を使って，得られる情報量が多いのか，または少ないのかを比較するのがよいだろう．

得られる情報量が確率的に決まっているとき，その平均（期待値）を**平均情報量** (average information) とよぶ．

定義 2.2 M 個の互いに排反な事象 $a_1, a_2, \cdots, a_M$ が起こる確率が，$p_1, p_2, \cdots, p_M$（ただし，$p_1 + p_2 + \cdots + p_M = 1$）であるとき，$M$ 個のうちの 1 つの事象が起こったことを知ったときに得られる**平均情報量** $\bar{I}$ を，

$$\bar{I} = -\sum_{i=1}^{M} p_i \log_2 p_i \tag{2.2}$$

ビットと定義する．

【問 2.3】 札幌の 1 月の天気出現率が表 1.1 のようになっている場合，実際の天気を知ることにより得られる平均情報量は何ビットかを答えよ．

確率的な事象は確率変数を用いて表すことが可能である．例 2.1 で考えた 1 月の札幌の天気の場合，集合 { 晴, 曇, 雨, 雪 } に属する 1 つの値をとる確率変数 X を用い，実際の天気が晴であるという事象は「$X =$ 晴」で表現できる．このとき，X の確率分布は，$P\{X = \text{晴}\} = 0.055$, $P\{X = \text{曇}\} = 0.012$, $P\{X = \text{雨}\} = 0.002$, $P\{X = \text{雪}\} = 0.931$ となる．$x_1 =$ 晴，$x_2 =$ 曇，$x_3 =$ 雨，$x_4 =$ 雪 とおけば，朝窓を開けることにより得られる平均情報量は，確率変数 X を用いて次式で表現できる．

$$-\sum_{i=1}^{4} P\{X = x_i\} \log_2 P\{X = x_i\}. \tag{2.3}$$

式 (2.3) で表される量は，確率変数 X の**エントロピー** (entropy) とよばれる．

定義 2.3 確率変数 X の取りうる値を $x_1, x_2, \cdots, x_M$ とし，X がそれぞれの値をとる確率が $p_1, p_2, \cdots, p_M$（ただし，$p_1 + p_2 + \cdots + p_M = 1$）であるとき，確率変数 X のエントロピー $H(X)$ を，

$$H(X) = -\sum_{i=1}^{M} p_i \log_2 p_i \tag{2.4}$$

ビットと定義する．

エントロピーという用語は，もともと熱力学において，力学系の無秩序さを表す尺度として用いられたものである．その後，情報理論においても，同様に無秩序さ，つまり，曖昧さを表す尺度として使われるようになった．確率変数 X のエントロピー $H(X)$ は，試行の結果（X の実現値）を知る以前に，X について私たちが持つ知識の曖昧さを測る尺度である．試行の結果を知る以前は，X の取りうる値各々の発生確率は知ってはいるものの，試行の結果がどうなるかまでは確定できない．そうした意味での曖昧さがあるので，それを測る尺度であるエントロピーを用いれば，X の値に関し $H(X)$ の量の曖昧さがあると言える．試行の結果を知った時点，つまり X の値が確定した時点でその量の曖昧さが消失し，曖昧さの量は0へと変化する．得られた情報量は，曖昧さの量の減少分，つまり $H(X)$ と考えることができる．

「確率変数 X の実現値を受け取ることによって得られる平均情報量」

＝「X の実現値を受け取ることによるエントロピーの減少量」 (2.5)

例題 2.1 偏りのないコインを2回投げて表の出た枚数を確率変数 X で表す．このとき，X のエントロピー $H(X)$ は何ビットか．

（解答） X の確率分布は，

X	0	1	2
確率	$\frac{1}{4}$	$\frac{1}{2}$	$\frac{1}{4}$

となるから，

$$H(X) = -\frac{1}{4}\log_2\frac{1}{4} - \frac{1}{2}\log_2\frac{1}{2} - \frac{1}{4}\log_2\frac{1}{4}$$

$$= 2\frac{2}{4} + \frac{1}{2}$$
$$= 1.5 \text{ (ビット)}. \qquad \square$$

【練習問題 2.1】 表の出る確率が $\frac{2}{3}$ のコインを 2 回投げて表の出た枚数を確率変数 X とする．このとき，X のエントロピー $H(X)$ は何ビットか．小数点以下 3 桁まで求めよ．ただし，$\log_2 3 = 1.585$ とする．

2.3 エントロピーの性質

確率変数 X のエントロピー $H(X)$ には，以下の性質がある．

定理 2.1 M 個の値をとる確率変数 X のエントロピー $H(X)$ はつぎの性質を満たす．

(1) $0 \leq H(X) \leq \log_2 M$

(2) $H(X)$ が最小値 0 となるのは，1 つの値をとる確率が 1 で他の $M-1$ 個の値をとる確率が 0 のとき，すなわち，X のとる値が初めから確定しているときのみである．

(3) $H(X)$ が最大値 $\log_2 M$ となるのは，M 個の値を等確率 $1/M$ でとる場合のみである．

（証明） M 個の値 $x_1, x_2, \cdots, x_M$ をそれぞれ $p_1, p_2, \cdots, p_M$ の確率でとる確率変数 X を考える．このとき X のエントロピー $H(X)$ は，

$$H(X) = -\sum_{i=1}^{M} p_i \log_2 p_i$$

である．$0 \leq p_i \leq 1$ なので，$\log_2 p_i \leq 0$ であるから，明らかに

$$0 \leq H(X)$$

である．等号はすべての項が 0 のとき，すなわち，$p_1, p_2, \cdots, p_M$ のうち 1 つが 1 で，他はすべて 0 の場合のみ成立する．また，付録 B の補助定理 B.1（シャノンの補助定理）を $q_i = 1/M$ として適用すると，

$$H(X) = -\sum_{i=1}^{M} p_i \log_2 p_i \leq -\sum_{i=1}^{M} p_i \log_2(1/M) = \log_2 M$$

を得る．等号は，$p_i = 1/M$ のときのみ成立する． □

ここで，もっとも単純な場合について考えてみよう．0,1 の 2 つの値を確率 $p, 1-p$ でとる確率変数 X のエントロピー $H(X)$ は定義より，

$$H(X) = -p\log_2 p - (1-p)\log_2(1-p) \tag{2.6}$$

と書ける．これは 1 変数の関数

$$\mathcal{H}(x) = -x\log_2 x - (1-x)\log_2(1-x)$$

における $x = p$ のときの値 $\mathcal{H}(p)$ とみることができる．この $\mathcal{H}(x)$ を**エントロピー関数** (entropy function) という．

定義 2.4 エントロピー関数とは，$0 \leq x \leq 1$ で定義される関数

$$\mathcal{H}(x) = -x\log_2 x - (1-x)\log_2(1-x) \tag{2.7}$$

のことをいう．

エントロピー関数 $\mathcal{H}(x)$ の性質について考えてみよう．まず，定理 2.1 において，$M = 2$ の場合に相当するので，$0 \leq \mathcal{H}(x) \leq 1$ であり，$x = 0, 1$ で最小値 0, $x = 1/2$ で最大値 1 をとることがわかる．また，$\mathcal{H}(x) = \mathcal{H}(1-x)$ であるので $x = 1/2$ に対称な関数である．$\mathcal{H}(x)$ を 2 階微分すると $\mathcal{H}''(x) = -\frac{1}{(\ln 2)x(1-x)} < 0$ であることから，上に凸な関数であることがわかる．以上のことから，エントロピー関数 $\mathcal{H}(x)$ の形は**図 2.1** のようになることがわかる．エントロピー関数の値に関しては，付録 C.2 のエントロピー関数表を参照されたい．

2.4 結合エントロピー

確率変数 X の実現値を知ることにより平均的に $H(X)$ の情報量を得ることができる．それでは，もう 1 つの確率変数 Y の実現値と X の実現値を同時に知ったら，平均的にどのくらいの情報量を得ることができるのであろうか．もし，X と Y が独立ならば，平均的に $H(X) + H(Y)$ の情報を得ることができると考えるのが自然である．それでは X と Y が独立ではない一般的な場合は，どのくらいの情報量が得られるのであろうか．

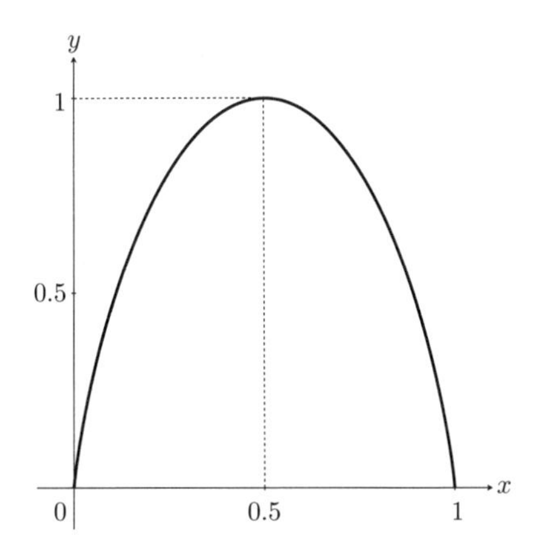

図 2.1　エントロピー関数 $\mathcal{H}(x)$

つぎのような例を考えてみよう．

【例 2.2】 ある日の札幌の天気の情報と，札幌にあるコンビニエンスストアのその日のアイスクリームの売上高の情報を，同時に知った場合に平均的に得られる情報量を求めたいとする．簡単のため，天気は晴と雨の 2 値，売上高は 1 万円以上と 1 万円未満の 2 値とする．晴，雨の 2 値の値をとる天気の確率変数を X，1 万円以上，1 万円未満の 2 値の値をとる売上高の確率変数を Y とする．X と Y の同時確率分布が**表 2.1** のようになっているとする．X の値と Y の値を同時に知るということは，X と Y の値の組を 1 つ知るということである．これはつまり，(晴, 1 万円以上)，(晴, 1 万円未満)，(雨, 1 万円以上)，(雨, 1 万円未満) という 4 つの値をとる確率変数 Z の値を知ることに他ならない．したがって，Z のエントロピー $H(Z)$ が，X と Y の値を同時に知る場合に平均的に得られる情報量ということになる．Z が値 (x, y) を

表 2.1　天気 X とアイスクリームの売上高 Y の結合確率分布 $P(x, y)$ とそれぞれの確率分布 $P(x)$, $P(y)$

$P(x, y)$		Y: 1 万円以上	Y: 1 万円未満	$P(x)$
X	晴	0.5	0.1	0.6
	雨	0.2	0.2	0.4
$P(y)$		0.7	0.3	

とる確率は，$X=x$ かつ $Y=y$ となる確率 $P(x,y)$ なので，得られる情報量は，

$$\begin{aligned} H(Z) &= -\sum_{x\in\{\text{晴，雨}\}} \sum_{y\in\{\text{1 万円以上，1 万円未満}\}} P(x,y)\log_2 P(x,y) \\ &= -0.5\log_2 0.5 - 0.1\log_2 0.1 - 2\times 0.2\log_2 0.2 \approx 1.76 \end{aligned} \tag{2.8}$$

ビットとなる．

X と Y の結合確率分布に対するエントロピーを，X と Y の**結合エントロピー** (joint entropy) とよぶ．

定義 2.5　確率変数 X と Y の結合エントロピー $H(X,Y)$ は，

$$H(X,Y) = -\sum_{i=1}^{M_X}\sum_{j=1}^{M_Y} P(x_i,y_j)\log_2 P(x_i,y_j) \tag{2.9}$$

により定義される．ただし，$\{x_1,x_2,\cdots,x_{M_X}\}$ および $\{y_1,y_2,\cdots,y_{M_Y}\}$ は，それぞれ X および Y の取りうる値の集合とする．

結合エントロピーは以下の性質をもつ．

定理 2.2　確率変数 X と Y の結合エントロピー $H(X,Y)$ に対し，

$$0 \le H(X,Y) \le H(X)+H(Y). \tag{2.10}$$

また $H(X,Y)=H(X)+H(Y)$ となるのは X と Y が独立のときのみである．

（証明） 定義より $0\le H(X,Y)$ は明らかである．$H(X,Y)\le H(X)+H(Y)$ を証明する．X, Y をそれぞれ集合 $\{x_1,x_2,\cdots,x_{M_X}\}$，$\{y_1,y_2,\cdots,y_{M_Y}\}$ の要素を値としてもつ確率変数とする．すると，

$$H(X) = -\sum_{i=1}^{M_X} P(x_i)\log_2 P(x_i) = -\sum_{i=1}^{M_X}\sum_{j=1}^{M_Y} P(x_i,y_j)\log_2 P(x_i),$$

$$H(Y) = -\sum_{j=1}^{M_Y} P(y_j)\log_2 P(y_j) = -\sum_{j=1}^{M_Y}\sum_{i=1}^{M_X} P(x_i,y_j)\log_2 P(y_j).$$

したがって，

$$H(X)+H(Y) = -\sum_{i=1}^{M_X}\sum_{j=1}^{M_Y} P(x_i,y_j)\log_2 P(x_i)P(y_j).$$

付録 B の補助定理 B.1（シャノンの補助定理）を適用すると，

$$-\sum_{i=1}^{M_X}\sum_{j=1}^{M_Y} P(x_i,y_j)\log_2 P(x_i)P(y_j) \geq -\sum_{i=1}^{M_X}\sum_{j=1}^{M_Y} P(x_i,y_j)\log_2 P(x_i,y_j) \quad (2.11)$$

が成り立つ．上式の左辺は $H(X)+H(Y)$，右辺は $H(X,Y)$ であるから $H(X)+H(Y) \geq H(X,Y)$ が成り立つことが示された．等号成立は，シャノンの補助定理の等号成立条件より，すべての i,j に対して $P(x_i,y_j)=P(x_i)P(y_j)$ が成立する場合であり，この条件は X と Y が独立であることに他ならない．□

【問 2.4】 表 2.1 で確率分布が与えられる確率変数 X,Y に対し，$H(X)+H(Y)$ を求め，式 (2.8) で求めた値と比較せよ．

例題 2.2　実際の天気を X，予報の天気を Y とする．簡単のため，天気は晴と雨の 2 値しかないものとする．X と Y の結合確率分布が次のようになっている場合，X と Y の結合エントロピーを求めよ．ただし，$\log_2 10 \approx 3.322$ とし，小数点以下 3 桁まで求めよ．

$P(x,y)$		Y 晴	Y 雨	$P(x)$
X	晴	0.4	0.2	0.6
	雨	0.2	0.2	0.4
$P(y)$		0.6	0.4	

（解答）

$$\begin{aligned} H(X,Y) &= -3\times 0.2\log_2 0.2 - 0.4\log_2 0.4 \\ &= -0.6(\log_2 2 - \log_2 10) - 0.4(2\log_2 2 - \log_2 10) \\ &= -0.6(1-\log_2 10) - 0.4(2-\log_2 10) \\ &= -1.4 + \log_2 10 \\ &\approx -1.4 + 3.322 = 1.922 \quad （ビット）. \end{aligned}$$

□

【練習問題 2.2】 日経平均株価が前日より上がるか下がるかを X，その予測を Y とする．簡単のため，株価は上がるか下がるかの 2 値しかないものとする．X と Y の結合確率分布がつぎのようになっている場合，X と Y の結合エントロピーを求めよ．ただし，$\log_2 3 \approx 1.585$，$\log_2 10 \approx 3.322$ とし，小数点以下 3 桁まで求めよ．

$P(x,y)$		Y 上	Y 下	$P(x)$
X	上	0.6	0.2	0.8
	下	0.1	0.1	0.2
$P(y)$		0.7	0.3	

2.5 条件付きエントロピー

確率変数 Y が確率変数 X に関係する情報を多く含んでいる場合，Y の値を知った後の X の曖昧さ，つまりエントロピーはかなり小さいことが期待される．例 2.2 の設定において，アイスクリームの売上高 Y が 1 万円以上だったか 1 万円未満だったかを知ったという条件の下で，その日の札幌の天気 X のエントロピーについて考えてみよう．Y で条件付けた X の確率分布 $P(x|y)$ は**表 2.2** のようになる．

表 2.2 アイスクリームの売上高 Y で条件付けた X の条件付き確率分布 $P(x|y)$

$P(x\|y)$		Y 1 万円以上	Y 1 万円未満
X	晴	5/7	1/3
	雨	2/7	2/3

アイスクリームの売上高 Y が 1 万円以上だと知った場合は，晴と雨の確率はそれぞれ 5/7, 2/7 となるから，このエントロピーを H（$X|1$ 万円以上）と書けば，

$$H\,(X|1\text{ 万円以上}) = \mathcal{H}\left(\frac{5}{7}\right) \approx 0.8631$$

となる．アイスクリームの売上高 Y が 1 万円未満だと知った場合は，晴と雨の確率はそれぞれ 1/3, 2/3 となるから同様な表記法を使えば，

$$H\,(X|1\text{ 万円未満}) = \mathcal{H}\left(\frac{1}{3}\right) \approx 0.9183$$

となる．そこで，Y の分布 $P(y)$ に関して $H(X|y)$ の期待値 $E_y[H(X|y)]$ を計算してやると，

$$E_y[H(X|y)] \;=\; P\,(1\text{ 万円以上}) \times H\,(X|1\text{ 万円以上})$$

$$+P\,(1\text{ 万円未満}) \times H\,(X|1\text{ 万円未満})$$

$$\approx 0.7 \times 0.8631 + 0.3 \times 0.9183 \approx 0.8797$$

となる．これは，X のエントロピー $H(X) = \mathcal{H}(0.6) \approx 0.9710$ と比べて確かに小さくなっている．$E_y[H(X|y)]$ のことを Y で条件をつけた X の**条件付きエントロピー** (conditional entropy) とよび $H(X|Y)$ と表記する．

定義 2.6　確率変数 Y で条件をつけた X の条件付きエントロピー $H(X|Y)$ は，

$$H(X|Y) = -\sum_{j=1}^{M_Y} P(y_j) \sum_{i=1}^{M_X} P(x_i|y_j) \log_2 P(x_i|y_j) \tag{2.12}$$

により定義される．ただし，$\{x_1, x_2, \cdots, x_{M_X}\}$ および $\{y_1, y_2, \cdots, y_{M_Y}\}$ は，それぞれ X および Y の取りうる値の集合とする．

条件付きエントロピーには，つぎのような性質がある．

定理 2.3　$\{x_1, x_2, \cdots, x_{M_X}\}$ および $\{y_1, y_2, \cdots, y_{M_Y}\}$ を取りうる値の集合とする確率変数 X および Y に関し，以下が成り立つ．

(1) $H(X|Y) = -\sum_{i=1}^{M_X} \sum_{j=1}^{M_Y} P(x_i, y_j) \log_2 P(x_i|y_j)$

(2) $H(X,Y) = H(X) + H(Y|X) = H(Y) + H(X|Y)$

(3) $0 \leq H(X|Y) \leq H(X)$

　($H(X|Y) = H(X)$ は，X と Y が独立のときのみ成立)

(4) $0 \leq H(Y|X) \leq H(Y)$

　($H(Y|X) = H(Y)$ は，X と Y が独立のときのみ成立)

（証明）　(1) $P(y_j)P(x_i|y_j) = P(x_i, y_j)$ より明らかである．

(2) $H(X,Y)$

$$= -\sum_{i=1}^{M_X} \sum_{j=1}^{M_Y} P(x_i, y_j) \log_2 P(x_i, y_j)$$

$$= -\sum_{i=1}^{M_X} \sum_{j=1}^{M_Y} P(x_i, y_j) \log_2 P(x_i) P(y_j|x_i)$$

$$
\begin{aligned}
&= -\sum_{i=1}^{M_X}\sum_{j=1}^{M_Y} P(x_i, y_j)\log_2 P(x_i) - \sum_{i=1}^{M_X}\sum_{j=1}^{M_Y} P(x_i, y_j)\log_2 P(y_j|x_i) \\
&= -\sum_{i=1}^{M_X} P(x_i)\log_2 P(x_i) - \sum_{i=1}^{M_X}\sum_{j=1}^{M_Y} P(x_i, y_j)\log_2 P(y_j|x_i) \\
&= H(X) + H(Y|X).
\end{aligned}
$$

$H(X,Y) = H(Y) + H(X|Y)$ も同様に証明できる.

(3) $0 \leq H(X|Y)$ は定義より明らかである. $H(X|Y) \leq H(X)$ を証明する. (2) より,

$$H(X|Y) = H(X,Y) - H(Y)$$

定理 2.2 より $H(X,Y) \leq H(X) + H(Y)$ であるから,

$$H(X|Y) \leq (H(X) + H(Y)) - H(Y) = H(X)$$

が成り立つ. 等号が成り立つのは $H(X,Y) = H(X) + H(Y)$ のときであり, 定理 2.2 より, これは X と Y が独立のときである.

(4) (3) と同様に証明できる. □

例題 2.3 例題 2.2 の設定において, Y で条件をつけた X の条件付きエントロピー $H(X|Y)$ を求めよ. ただし, $\log_2 3 \approx 1.585$ とし, 小数点以下 3 桁まで求めよ.

(解答) Y で条件をつけた, X の条件付き確率分布 $P(x|y)$ は,

$P(x\|y)$		Y 晴	Y 雨
X	晴	2/3	1/2
	雨	1/3	1/2

となる. よって,

$$
\begin{aligned}
H(X|\text{晴}) &= -\frac{1}{3}\log_2\frac{1}{3} - \frac{2}{3}\log_2\frac{2}{3} \\
&= \log_2 3 - \frac{2}{3}. \\
H(X|\text{雨}) &= -2 \times \frac{1}{2}\log_2\frac{1}{2} \\
&= 1. \\
H(X|Y) &= 0.6H(X|\text{晴}) + 0.4H(X|\text{雨}) \\
&= 0.6(\log_2 3 - \frac{2}{3}) + 0.4 \times 1 \\
&\approx 0.6 \times 1.585 = 0.951 \quad (\text{ビット}).
\end{aligned}
$$

□

【練習問題 2.3】　練習問題 2.2 の設定において，Y で条件をつけた X の条件付きエントロピー $H(X|Y)$ を求めよ．ただし，$\log_2 3 \approx 1.585$，$\log_2 7 \approx 2.807$ とし，小数点以下 3 桁まで求めよ．

2.6　相互情報量

2.5 節では，例 2.2 においてアイスクリームの売上高 Y を知ることにより，その日の天気 X の曖昧さが減ることがわかった．X の値も Y の値も何も知らない場合には，天気 X の曖昧さは X のエントロピー $H(X)$ であり，もし X の実現値を知れば，X に関する曖昧さは 0 になるので，曖昧さの減少分 $H(X)-0=H(X)$ だけの平均情報量を X の値から得ると考えた（式 (2.5) 参照）．このように，X の曖昧さの減少分が X に関して得られる平均情報量と考えるのであれば，Y の値を知ることにより X の曖昧さは $H(X|Y)$ に減少するわけであるから，X のエントロピーの減少分 $H(X)-H(X|Y)$ の平均情報量を Y の値から得るといえる．確率変数 X,Y に対し，$H(X)-H(X|Y)$ により定義される値 $I(X;Y)$ を X と Y の**相互情報量** (mutual information) という．

定義 2.7　確率変数 X と Y の相互情報量 $I(X;Y)$ は

$$I(X;Y) = H(X) - H(X|Y) \tag{2.13}$$

により定義される．

例 2.2 においては，アイスクリームの売上高 Y を知ることによりその日の天気 X に関し，

$$I(X;Y) = H(X) - H(X|Y) \approx 0.9710 - 0.8797 = 0.0913$$

の平均情報量を得ると考えることができる．

相互情報量にはつぎの性質がある．

定理 2.4 確率変数 X と Y の相互情報量 $I(X;Y)$ に関して以下が成り立つ．

(1) $I(X;Y) = H(X) - H(X|Y) = H(Y) - H(Y|X)$
$= H(X) + H(Y) - H(X,Y)$

(2) $0 \leq I(X;Y) \leq \min\{H(X), H(Y)\}$
（$I(X;Y) = 0$ は X と Y が独立のときのみ成立）

（証明） (1) X, Y の取りうる値の集合をそれぞれ $\{x_1, x_2, \cdots, x_{M_x}\}$, $\{y_1, y_2, \cdots, y_{M_y}\}$ とする．$I(X;Y) = H(X) - H(X|Y)$ に

$$H(X) = -\sum_{i=1}^{M_x} P(x_i) \log_2 P(x_i) = -\sum_{i=1}^{M_x}\sum_{j=1}^{M_y} P(x_i, y_j) \log_2 P(x_i)$$

および

$$\begin{aligned} H(X|Y) &= -\sum_{j=1}^{M_y} P(y_j) \sum_{i=1}^{M_x} P(x_i|y_j) \log_2 P(x_i|y_j) \\ &= -\sum_{i=1}^{M_x}\sum_{j=1}^{M_y} P(x_i, y_j) \log_2 P(x_i|y_j) \end{aligned}$$

を代入すると，

$$\begin{aligned} I(X;Y) &= \sum_{i=1}^{M_x}\sum_{j=1}^{M_y} P(x_i, y_j) \log_2 \frac{P(x_i|y_j)}{P(x_i)} \\ &= \sum_{i=1}^{M_x}\sum_{j=1}^{M_y} P(x_i, y_j) \log_2 \frac{P(x_i, y_j)}{P(x_i)P(y_j)} \end{aligned}$$

を得る．$I(Y;X) = H(Y) - H(Y|X)$ についても同様に計算すると，

$$I(Y;X) = \sum_{i=1}^{M_x}\sum_{j=1}^{M_y} P(x_i, y_j) \log_2 \frac{P(x_i, y_j)}{P(x_i)P(y_j)}$$

となることがわかる．したがって，

$$I(X;Y) = I(Y;X) = H(Y) - H(Y|X)$$

が成立する．定理 2.3(2) より $H(X,Y) = H(Y) + H(X|Y)$ であるから，

$$\begin{aligned} I(X;Y) &= H(X) - H(X|Y) \\ &= H(X) - (H(X,Y) - H(Y)) = H(X) + H(Y) - H(X,Y) \end{aligned}$$

が成立する．

(2) 定理 2.3(3) より $0 \leq H(X|Y) \leq H(X)$ であるから，

$$0 \leq H(X) - H(X|Y) = I(X;Y)$$

が成り立つ．$I(X;Y) = 0$ となるのは，$H(X|Y) = H(X)$ のときであり，定理 2.3(3) より，これは X と Y が独立のときである．

また，定理 2.3(3) より $H(X|Y) \geq 0$ であるから，

$$I(X;Y) = H(X) - H(X|Y) \leq H(X).$$

さらに，定理 2.3(4) より $H(Y|X) \geq 0$ であるから，

$$I(X;Y) = I(Y;X) = H(Y) - H(Y|X) \leq H(Y)$$

が成り立つ．したがって，$I(X;Y) \leq \min\{H(X), H(Y)\}$ が成り立つ．□

定理 2.4 (1) は，X と Y に関係する 5 つのエントロピー $(H(X), H(Y), H(X,Y), H(X|Y), H(Y|X))$ と相互情報量 $I(X;Y)$ との関係を示す式であるが，その関係は**図 2.2** のように表すことができる．たとえば，$I(X;Y)$ は $H(X)$ と $H(Y)$ に共通に含まれている部分であり，$H(X,Y)$ は $H(X)$ と $H(Y)$ を合わせたもの，つまり $H(X)$ と $H(Y)$ を足したものから共通部分 $I(X;Y)$ を引いたものである．定理 2.3(2) で示された関係も，図 2.2 で表されている．

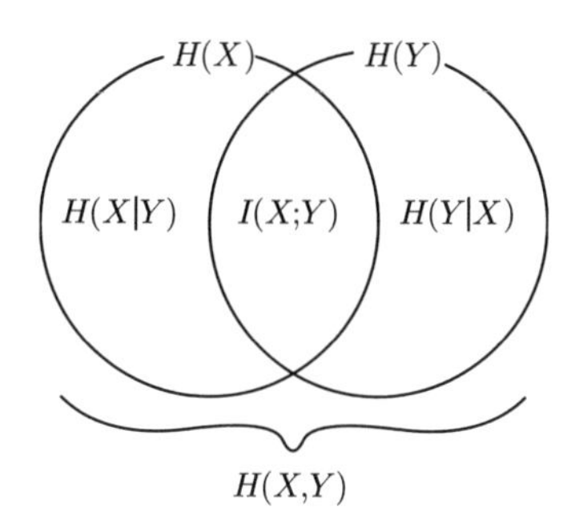

図 2.2　X と Y に関係する 5 つのエントロピーおよび相互情報量の関係

【問 2.5】 定理 2.4(2) において，$I(X;Y) = H(X)$ が成り立つのはどのような場合かを答えよ．

【問 2.6】 例 2.2 の設定において，札幌の天気 X を知ったという条件の下で，その日のアイスクリームの売上高 Y のエントロピー $H(Y|X)$ を求め，$H(Y)$ と比べてみよ．また $I(Y;X)$ の値を式 (2.13) より求め，$I(X;Y) = I(Y;X)$ が成り立っている

ことを確かめよ.

例題 2.4 例題 2.2 の設定において，X と Y の相互情報量 $I(X;Y)$ を求めよ. ただし，$\log_2 3 \approx 1.585$，$\log_2 10 \approx 3.322$ とし，小数点以下 3 桁まで求めよ.

(解答)

$$\begin{aligned} H(X) &= -0.6\log_2 0.6 - 0.4\log_2 0.4 \\ &= -0.6(\log_2 2 + \log_2 3 - \log_2 10) - 0.4(2\log_2 2 - \log_2 10) \\ &= -0.6(1 + \log_2 3 - \log_2 10) - 0.4(2 - \log_2 10) \\ &= -1.4 - 0.6\log_2 3 + \log_2 10 \\ &\approx -1.4 - 0.6 \times 1.585 + 3.322 = 0.971. \end{aligned}$$

例題 2.3 より $H(X|Y) = 0.951$ であるから，

$$\begin{aligned} I(X;Y) &= H(X) - H(X|Y) \\ &\approx 0.971 - 0.951 = 0.020 \quad (\text{ビット}). \end{aligned}$$

□

【練習問題 2.4】 練習問題 2.2 の設定において，X と Y の相互情報量 $I(X;Y)$ を求めよ. ただし，$\log_2 3 \approx 1.585$, $\log_2 10 \approx 3.322$ とし，小数点以下 3 桁まで求めよ.

2.7 相対エントロピー

本節では，相互情報量と関わりの深い重要な概念である相対エントロピーについて説明する.

2.2 節で述べたように，確率変数 X のエントロピー $H(X)$ は，X の実現値を受け取ることによって得られる平均の情報量であり，X の各実現値 $x_1, x_2, \cdots, x_M$ の確率分布 $P = \{p_1, p_2, \cdots, p_M\}$ によって定まった. ここで，確率分布 P に対する情報量の代わりに，P とは異なる確率分布 $Q = \{q_1, q_2, \cdots, q_M\}$ に対する情報量を P で平均した場合，どのような差が生じるだろうか. その差を $D(P||Q)$ とすると，

$$D(P||Q) = \left(-\sum_{i=1}^{M} p_i \log_2 q_i\right) - \left(-\sum_{i=1}^{M} p_i \log_2 p_i\right)$$

$$= \sum_{i=1}^{M} p_i(\log_2 p_i - \log_2 q_i)$$

$$= \sum_{i=1}^{M} p_i \log_2 \frac{p_i}{q_i}$$

という式が導かれる．この $D(P||Q)$ を**相対エントロピー**（relative entropy）あるいはカルバック・ライブラー情報量（Kullback-Leibler divergence）とよぶ[1)]．

定義 2.8 2つの確率分布 $P = \{p_1, p_2, \cdots, p_M\}$ と $Q = \{q_1, q_2, \cdots, q_M\}$ の相対エントロピー（カルバック・ライブラー情報量）$D(P||Q)$ は，

$$D(P||Q) = \sum_{i=1}^{M} p_i \log_2 \frac{p_i}{q_i} \tag{2.14}$$

により定義される．

上記の定義において，慣習から，$0 \log_2 \frac{0}{0} = 0$，$0 \log_2 \frac{0}{q} = 0$，$p \log_2 \frac{p}{0} = \infty$ とする．よって，もし $p_i > 0$ かつ $q_i = 0$ となる i が存在すると，$D(P||Q) = \infty$ となる．また，定義の形から推察できるように，一般には $D(P||Q) \neq D(Q||P)$ であることに注意しよう．

相対エントロピー $D(P||Q)$ は，シャノンの補助定理（付録 B の補助定理 B.1 を参照）から，$D(P||Q) \geq 0$ であることが直ちに導かれる．同時に，$P = Q$ のときに限り $D(P||Q) = 0$ が成り立つことも導かれる．また，証明は省くが，確率分布 P と Q の形が近いほど $D(P||Q)$ は小さい値を取ることが知られている．以上のことから，相対エントロピーは，2つの確率分布の異なり度合いを示す尺度として使われることが多い[2)]．

2つの確率変数 X と Y の実現値をそれぞれ $x_1, x_2, \cdots, x_{M_x}$，$y_1, y_2, \cdots, y_{M_y}$ とする．このとき，X と Y の相互情報量 $I(X;Y)$ は式 2.14 より，

$$I(X;Y) = \sum_{i=1}^{M_x} \sum_{j=1}^{M_y} P_{XY}(x_i, y_j) \log_2 \frac{P_{XY}(x_i, y_j)}{P_X(x_i) P_Y(y_j)}$$

[1)] 他にも，カルバック・ライブラー距離，情報利得，情報ダイバージェンス等，さまざまな異名でよばれている．

[2)] 要するに，$D(P||Q)$ は，P と Q の間の「距離のようなもの」とみなすことができる．ただし，距離の公理における対称律と三角不等式を満たさないので，厳密な意味での「距離」ではない．

$$= D(P_{XY}(x_i, y_j)||P_X(x_i)P_Y(y_j)) \qquad (2.15)$$

と書け，同時確率分布 $P_{XY}(x_i, y_i)$ と積分布 $P_X(x_i)P_Y(y_i)$ との相対エントロピーに等しいことがわかる．よって，X と Y が互いに独立なときは $P_{XY}(x_i, y_i) = P_X(x_i)P_Y(y_i)$ となるので，相対エントロピーの性質から $I(X;Y) = 0$ が導かれる．また，独立でない場合は $P_{XY}(x_i, y_i) \neq P_X(x_i)P_Y(y_i)$ なので，$I(X;Y) \geq 0$ であることも導かれる．言い換えると，相互情報量とは，2つの事象の同時確率分布がどのくらい独立な分布から離れているかを表す量であるとみることができる．

例題 2.5 例題 2.2 の設定において，X と Y の相互情報量 $I(X;Y)$ を式 2.15 の関係を用いて求めよ．ただし，$\log_2 3 \approx 1.585$，$\log_2 5 \approx 2.322$ として良い．

（解答）

$$\begin{aligned}
I(X;Y) &= D(P_{XY}(x,y)||P_X(x)P_Y(y)) \\
&= \sum_{x,y} P_{XY}(x,y)\log_2 \frac{P_{XY}(x,y)}{P_X(x)P_Y(y)} \\
&= P_{XY}(晴,晴)\log_2 \frac{P_{XY}(晴,晴)}{P_X(晴)P_Y(晴)} + P_{XY}(晴,雨)\log_2 \frac{P_{XY}(晴,雨)}{P_X(晴)P_Y(雨)} \\
&\quad + P_{XY}(雨,晴)\log_2 \frac{P_{XY}(雨,晴)}{P_X(雨)P_Y(晴)} + P_{XY}(雨,雨)\log_2 \frac{P_{XY}(雨,雨)}{P_X(雨)P_Y(雨)} \\
&= 0.4\log_2 \frac{0.4}{0.6 \times 0.6} + 0.2\log_2 \frac{0.2}{0.6 \times 0.4} \\
&\quad + 0.2\log_2 \frac{0.2}{0.4 \times 0.6} + 0.2\log_2 \frac{0.2}{0.2 \times 0.2} \\
&= 0.4\log_2 \frac{10}{9} + 0.4\log_2 \frac{5}{6} + 0.2\log_2 \frac{5}{4} \\
&= \log_2 5 - 1.2\log_2 3 - 0.4 \\
&\approx 2.322 - 1.2 \times 1.585 - 0.4 = 0.02 \quad \text{（ビット）}.
\end{aligned}$$

□

【練習問題 2.5】 練習問題 2.2 の設定において，X と Y 相互情報量 $I(X;Y)$ を式 2.15 の関係を用いて求めよ．ただし，$\log_2 3 \approx 1.585$, $\log_2 5 \approx 2.322$，$\log_2 7 \approx 2.807$ とし，小数点以下 3 桁まで求めよ．

ノート 2.2 相対エントロピーを $D(P||Q)$ のように，カッコの中を 2 本の縦線（双柱という）で区切るのは，カッコの中を 1 本の縦線で区切る条件付き確率と見間違わないようにするためであるという説がある．カルバック (S. Kullback) とライブラー (R.A. Leibler) らの原著論文 "On Information and Sufficiency" (The Annals of Mathematical Statistics, Volume 22, Number 1 (1951), 79-86.) では，この記法は使われていない．誰が使い始めたか調べきれなかったが，相互情報量をセミコロン (;) で区切るのとも差別化されている点が秀逸である．なぜなら，相互情報量は引数となる 2 つの確率変数について対称である ($I(X;Y)=I(Y;X)$) が，相対エントロピーは 2 つの確率分布について一般的に対称ではない ($D(P||Q)\neq D(Q||P)$) ということをつねに思い出させてくれるからである．

章末問題

2.1 (1)〜(11) の文章は正しいか．正しい場合は○をつけよ．また，間違っている場合は×をつけ，何が間違っているのか説明せよ．

(1) 事象 A の生起確率が大きければ大きいほど，事象 A が起きたことを知ったときに得られる情報量は大きい．

(2) 確率変数 X の値を知ったとき，平均的に X のエントロピー $H(X)$ の情報量を受け取る．

(3) 確率変数 X のエントロピー $H(X)$ の値が小さいということは, X の値についてわかっていることが少なく,とても曖昧であるということである．

(4) 確率変数 X のエントロピー $H(X)$ が最大となるのは，X の値がつねに 1 つの決まった値を取る場合である．

(5) エントロピー関数 $\mathcal{H}(x)$ は，$\mathcal{H}(x)=-x\log_2 x$ で定義される．

(6) X のとり得る値がいくつあっても，$P\{X=x_1\}=p_1$ であるとき，X のエントロピー $H(X)$ は，エントロピー関数 $\mathcal{H}(x)$ の $x=p_1$ に対する値 $\mathcal{H}(p_1)$ となる．

(7) X と Y の値を両方とも知った場合に得られる平均情報量 $H(X,Y)$ は，X の値を知った場合に得られる平均情報量 $H(X)$ と Y の値を知った場合に得られる平均情報量 $H(Y)$ を足した値に必ずなる．

(8) エントロピー，結合エントロピー，条件付きエントロピー，相互情報量はすべて0以上の値をとる．

(9) X のエントロピー $H(X)$ より，Y で条件をつけた X の条件付きエントロピー $H(X|Y)$ のほうが必ず小さい．

(10) Y で条件をつけた X の条件付きエントロピー $H(X|Y)$ は，Y の値を知った後，X に残る曖昧さの平均である．

(11) Y の値を知ることにより得られる X に関する平均情報量は，X の値を知ることにより得られる Y に関する平均情報量と等しい．

2.2 コインを投げて表がでるか裏がでるかを当てるゲームを行う．アフリカ出身のA君は視力が良いのが自慢で，投げるところを見ただけである程度，表か裏かがわかると言っている．実際にあるコインを用いて統計をとってみると，A君の予想 Y と実際の結果 X の結合確率分布 $P(X,Y)$ は下表のようになることがわかった．この結合確率分布が正しいものとして以下の問いに答えよ．また，計算では $\log_2 3 \approx 1.585$, $\log_2 5 \approx 2.322$, $\log_2 7 \approx 2.807$ の値を用い，小数点以下2桁まで求めよ．

$P(X,Y)$		Y:A君の予想	
		表	裏
X:結果	表	0.45	0.25
	裏	0.15	0.15

(1) このコインが表か裏かの結果を1回知ることにより得られる平均情報量は何ビットか．

(2) このコインが表か裏かの結果を知る前に，A君の予想を教えてもらうことにする．この場合，その後実際の結果を知ることにより得られる平均情報量は何ビットになるか．ただし，A君の予想が表または裏である確率まで考慮して平均を考えること．

(3) A君の予想を知ることにより得られる平均情報量は何ビットか．

(4) 予想が当たったときだけ賞金を100円もらえるものとする．上の表で与えられた確率分布は既知のものとして，以下の問いに答えよ．

(a) 10回連続して予想する場合，期待賞金総額を最大にするのに，A君の予想は役に立つか．ただし，パスは許されず，毎回予想しなければならないものとする．

(b) パスを許して計10回予想する場合，期待賞金総額を最大にするのに，A君の予想は役に立つか．ただし，A君の予想を聞いてからパス，表，裏の 3 つの選択をすることができ，表，裏のどちらかを 10 回選択した時点でゲームは終了とする．

2.3 9 個の玉があり，それぞれに 1〜9 の番号が書かれている．この 9 個の玉の中に，他の 8 つの玉より少しだけ軽い玉が 1 つだけ混ざっていることがわかっている．どの玉が軽いかの手がかりは全くないものとする．以下の問いに答えよ．ただし，$\log_2 3 \approx 1.585$ とする．

(1) 確率変数 X を軽い玉の番号とする．軽い玉の番号（X の値）を知ることにより得られる平均情報量は何ビットか．

(2) 上皿天秤を用いてどれが軽いかについての情報を得ることにする．1, 2, 3 の番号がついた玉を左の皿に，4, 5, 6 の番号がついた玉を右の皿に載せてどちらが重いかを計ることにする．確率変数 Y を，左が重い場合に -1，右が重い場合に 1，釣り合った場合に 0 の値をとるものと定義すると，上皿天秤の計測結果（Y の値）を知っているという条件の下で，軽い玉の番号(X の値)を知ることにより得られる平均情報量は何ビットか．

(3) (2) の上皿天秤の計測（Y の値を知ること）により得られる，軽い玉の番号（X の値）に関する平均情報量は何ビットか．

(4) 上皿天秤の左の皿に 1, 2, 3, 4 の番号のついた玉を，右の皿に 5, 6, 7, 8 の番号のついた玉を載せて計測する場合，(2) の上皿天秤の計測と比べてどちらのほうがより多くの平均情報量が得られるか．

(5) 上皿天秤を 2 回使って軽い玉を見つけるにはどうしたらよいか．

2.4 A，B，C の 3 つの空箱からランダムに 1 つの箱を選び 1 万円札を入れて閉める．箱の中身を知っている司会者は，中身を知らない観客の前で，B と C の 2 つの箱のうち 1 万円札が入っていない箱を 1 つ選び空であること知らせる．ただし，B と C のどちらにも 1 万円札が入っていない場合は，ランダムに選ぶものとする．1 万円札が入っている箱の ID を $X \in \{A, B, C\}$，司会者が開けた空箱の ID を $Y \in \{B, C\}$ として以下の問いに答えよ．ただし，$\log_2 3 \approx 1.585$ として小数点以下 3 桁まで計算せよ．

(1) X と Y の結合確率分布 $P(X, Y)$，および Y で条件をつけた X の条件付き確率分布 $P(X|Y)$ の表を作成せよ．

(2) X のエントロピー $H(X)$ は何ビットか．

(3) Y で条件をつけた X の条件付きエントロピー $H(X|Y)$ は何ビットか．

(4) 相互情報量 $I(X; Y)$ は何ビットか．

第3章　情報源のモデル

第 1 章で述べたとおり，情報理論では，情報源から出力されるデータを適切に符号化することに取り組む．そのためにはまず,「情報源とは何か」を明確にしなければ議論が始まらない．われわれが他者に伝えたいメッセージとは，どのようにして発生するのであろうか．その疑問に答えるには，人の心理の深淵にまで議論を掘り下げる必要があるだろう．通信したいデータの本質を深く掘り下げることは重要であるが，その背景や意味内容にまで深く入り込んでしまうと議論が発散してしまい，どのように理論を構築するかが途端にあいまいになってしまう．本書では，ディジタル情報源・通信路のみを扱うと述べた．すなわち，通信したいデータとは単なる記号の列であり，その意味内容にまでは踏み入らない．データの性質は統計的なモデルによって記述され，そこでは記号列の発生に関する確率分布こそが重要な関心ごととなる．

本章では情報源のモデルの表現方法について述べ，いくつかの代表的な情報源モデルについて説明し，また，各種情報源のエントロピーの概念についても説明する．

3.1　情報源の統計的表現

M 個の元からなる記号の有限集合 $A = \{a_1, a_2, \cdots, a_M\}$ を考える．これを，M 個の元を持つ**情報源アルファベット** (alphabet of information source) とよび，各元 $a_i \in A$ を**情報源記号** (symbol of information source)（あるいは単に記号）とよぶ．情報源は，時点 0 より毎時点において，M 個の元を持つ情報源アルファベット上の情報源記号をある確率に従って 1 個ずつ出力する．ただし，ここで各時点は整数値で表されるものとする．すなわち，この情報源は，時点 $0, 1, 2, 3, \cdots$ のそれぞれにおいて情報源記号を 1 個ずつ出力する．このような情報源を，**離散的 M 元情報源** (M-ary discrete source) という．

たとえば，情報源アルファベット $A = \{a, b, c, d\}$ 上の記号を出力する離散的 4 元情報源を考えよう．このとき，この情報源からは，たとえば，$bacdcb \cdots$ というような記号列が出力される（**図 3.1**）．このように，情報源から出力される

離散的4元情報源
$A=\{a, b, c, d\}$

時点：0 1 2 3 4 5
b a c d c $b\cdots$

図 3.1 離散的 M 元情報源の例

データとは情報源記号が並んだ記号列であり，とくにこれを**情報源系列** (source sequence) とよぶ．

どのような情報源系列が出力されるかは確率的に決められるため，どのような記号列が出力されるかをあらかじめ知ることはできない．そこで，時点 t の離散 M 元情報源の出力を確率変数 $X_t(t=0,1,2,\cdots)$ で表すことにしよう．確率変数 X_t の取りうる値は $a_1, a_2, \cdots, a_M$ のどれかとなるが，それは確率的に決まる．いま，時点 0 から時点 $n-1$ までの長さ n の情報源系列

$$X_0 X_1 X_2 \cdots X_{n-1}$$

を考える．このとき，ある情報源系列 $x_0 x_1 \cdots x_{n-1}$（ただし，$x_t \in A$）が出現する確率は，$X_0, X_1, \cdots, X_{n-1}$ の結合確率分布

$$\begin{aligned} &P_{X_0 X_1 \cdots X_{n-1}}(x_0, x_1, \cdots, x_{n-1}) \\ &\quad = [X_0 = x_0, X_1 = x_1, \cdots, X_{n-1} = x_{n-1} \text{となる確率}] \end{aligned}$$

で表される．これはすなわち，ある長さ n の系列 $x_0 x_1 \cdots x_{n-1}$ が情報源から出力される確率を表している．この結合確率分布は，情報源系列 $X_0 X_1 \cdots X_{n-1}$ に関する統計的性質を完全に記述しているといえる．なぜならば，これより短い部分（**部分系列**とよぶ）に関する任意の確率分布は，この結合確率分布より求められるからである．

たとえば，結合確率分布 $P_{X_0 X_1 \cdots X_{n-1}}(x_0, x_1, \cdots, x_{n-1})$ から，X_0 の確率分布 $P_{X_0}(x_0)$ を求めるには，

$$P_{X_0}(x_0) = \sum_{x_1} \sum_{x_2} \cdots \sum_{x_{n-1}} P_{X_0 X_1 \cdots X_{n-1}}(x_0, x_1, \cdots, x_{n-1})$$

とすればよい．同様に，X_0 と X_1 の結合確率分布 $P_{X_0 X_1}(x_0, x_1)$ を求めるには，

$$P_{X_0 X_1}(x_0, x_1) = \sum_{x_2} \cdots \sum_{x_{n-1}} P_{X_0 X_1 \cdots X_{n-1}}(x_0, x_1, \cdots, x_{n-1})$$

とすればよい．この他，任意の部分系列についての結合確率分布を同様の式で求

めることができる[1]．また，部分系列の条件付き確率についても同じようにして求めることができる．たとえば，X_0 で条件付けた X_1 と X_2 の条件付き確率分布は，2 つの部分系列の結合確率分布から，

$$P_{X_1X_2|X_0}(x_1,x_2|x_0) = \frac{P_{X_0X_1X_2}(x_0,x_1,x_2)}{P_{X_0}(x_0)}$$

と求めることができる．このようにして，時点 0 から $n-1$ までの長さ n の情報源系列について結合確率分布が与えられたならば，その時点までのあらゆる統計的性質について知ることができる．

例題 3.1 長さ 3 の情報源系列 $X_0X_1X_2$ の結合確率分布が，**表 3.1** のとおりであったとする．このとき，$X_0=0$ となる確率 $P_{X_0}(0)$ を求めよ．また，$X_1=1, X_2=0$ となる確率 $P_{X_1X_2}(1,0)$ も求めよ．

表 3.1 情報源系列 $X_0X_1X_2$ の結合確率分布 $P(x_0,x_1,x_2)$ の例

x_0	x_1	x_2	$P(x_0,x_1,x_2)$
0	0	0	0.008
0	0	1	0.032
0	1	0	0.032
0	1	1	0.128
1	0	0	0.032
1	0	1	0.128
1	1	0	0.128
1	1	1	0.512

（解答） 表 3.1 の結合確率分布より，

$$\begin{aligned} P_{X_0}(0) &= \sum_{x_1=0}^{1}\sum_{x_2=0}^{1} P_{X_0X_1X_2}(0,x_1,x_2) \\ &= 0.008+0.032+0.032+0.128 \\ &= 0.2 \end{aligned}$$

となる．また，$X_1=1$，$X_2=0$ となる確率 $P_{X_1X_2}(1,0)$ は，表より同様にして，

$$\begin{aligned} P_{X_1X_2}(1,0) &= \sum_{x_0=0}^{1} P(x_0,1,0) \\ &= 0.032+0.128 \\ &= 0.16 \end{aligned}$$

[1]たとえば，X_1 と X_4 の結合確率分布 $P_{X_1X_4}(x_0,x_1)$ のように，確率変数が連続していない部分系列でも同様である．

となる．□

【練習問題 3.1】　表 3.1 から，$P_{X_1}(0)$ を求めよ．

例題 3.2　長さ 3 の情報源系列 $X_0X_1X_2$ の結合確率分布が，表 3.1 のとおりであったとする．このとき，$X_0 = 0$ という条件の下での $X_1 = 0$ となる条件付き確率 $P_{X_1|X_0}(0|0)$ を求めよ．また，$X_0 = 0$ と $X_1 = 1$ で条件をつけた $X_2 = 0$ の条件付き確率 $P_{X_2|X_0X_1}(0|0,1)$ を求めよ．

（解答）　表 3.1 の結合確率分布より，

$$\begin{aligned} P_{X_1|X_0}(0|0) &= \frac{P_{X_0X_1}(0,0)}{P_{X_0}(0)} \\ &= \frac{\sum_{x_2=0}^{1} P_{X_0X_1X_2}(0,0,x_2)}{P_{X_0}(0)} \\ &= \frac{0.008+0.032}{0.2} \qquad (\because \text{例題 3.1 より}) \\ &= 0.2 \end{aligned}$$

となる．また，$X_0 = 0$ と $X_1 = 1$ で条件をつけた $X_2 = 0$ の条件付き確率は，表より同様にして，

$$\begin{aligned} P_{X_2|X_0X_1}(0|0,1) &= \frac{P_{X_0X_1X_2}(0,1,0)}{P_{X_0X_1}(0,1)} \\ &= \frac{0.032}{0.032+0.128} \\ &= 0.2 \end{aligned}$$

となる．□

【練習問題 3.2】　表 3.1 から，$P_{X_2|X_0X_1}(1|0,1)$ を求めよ．

3.2　情報源の基本的なモデル

後の章で述べるように，情報源系列をどれだけ効率よく符号化できるかはその統計的性質に依存するので，情報源系列の結合確率分布を知ることができれば符号化の効率について議論することができる．しかしながら，情報源系列の結合確率分布はつねに与えられるとは限らない．むしろ実際の情報源については，その

情報源系列の結合確率分布は不明な場合のほうが多い．また，情報源について正確なモデルが立てられたとしても，その結合確率分布を求めることは困難かもしれない．したがって，議論を進めるためには，何かしら扱いやすい制約を情報源に仮定する必要がある．まずはもっとも簡単なモデルとして，記憶のない情報源について議論しよう．

定義 3.1 任意の時点 t について，情報源からの出力 X_t が，他の時点 $t'(\neq t)$ の出力 $X_{t'}$ とは独立であるような情報源を**記憶のない情報源**[2)] (memoryless source) とよぶ．さらに，毎時点における生起確率が同一の分布に従うものを，**記憶のない定常情報源** (stationary memoryless source) とよぶ．

記憶のない情報源は，毎回記号を出す際，それ以前にどのような記号を出力したかにまったく依存しない（忘れてしまう）モデルである．たとえば，各時点においてどの記号を出力するかを，サイコロを振って決めるようなものである．ただし，毎回振るサイコロは違っていても構わない．さらに，毎回振るサイコロは同じものを使うようなモデルが記憶のない定常情報源である．記憶のない定常情報源は，とくに扱いやすく，またそれゆえ重要なモデルである．

記憶のない定常情報源において，各情報源記号が出力される確率分布を $P_X(x)$ で表すとする．このとき，その長さ n の出力 $X_0, X_1, \cdots, X_{n-1}$ が発生する結合確率分布は，

$$P_{X_0 X_1 \cdots X_{n-1}}(x_0, x_1, \cdots, x_{n-1}) = \prod_{t=0}^{n-1} P_X(x_t)$$

として求められる．記憶のない情報源は，各時点での情報源記号の発生が「互いに独立で同一の分布に従う」という点から，**i.i.d. 情報源** (independent and identically distributed source) と略してよばれることもある．

例題 3.3 すべての目が等しい確率で現れる理想的なサイコロを振って，その目が 6 のときは記号 a を，それ以外のときは記号 b を出力するような記憶のない定常情報源を考える．このとき，情報源から情報源系列 $aaba$ が出力される確率はいくらか答えよ．

2) より簡潔に，無記憶情報源とよばれることもある．

（解答） サイコロの目が 6 である確率は 1/6 であり，それ以外は 5/6 なので，記号 a と b が出現する確率 $P(x)$ はそれぞれ，

$$P(a) = 1/6,$$
$$P(b) = 5/6$$

である．いま，情報源は記憶のない定常情報源なので，情報源系列 $aaba$ が出力される確率は，

$$P(a,a,b,a) = \frac{1}{6} \times \frac{1}{6} \times \frac{5}{6} \times \frac{1}{6} = \frac{5}{6^4} = \frac{5}{1296}$$

である． □

【練習問題 3.3】 情報源アルファベット $A = \{0, 1\}$ 上の記号を出力する記憶のない定常情報源を考える．$P(0) = 0.4$ のとき，この情報源から系列 010 が出力される確率はいくらか答えよ．

【問 3.1】 定常ではない記憶のない情報源の例を 1 つ挙げよ．

記憶のない情報源でないものはすべて**記憶のある情報源** (source of memory) とよばれる．記憶のある情報源では，つぎにどのような情報源記号が出力されるかは過去の記号列の出力に左右される．どのように左右されるかにはさまざまな考え方ができるが，あまりに一般的すぎるモデルを立てては系列の結合確率分布の計算が困難になる．したがって，情報源に制約をつけて考えたほうが議論しやすい．もちろん，あまりに非現実的，あるいは強すぎる制約を仮定しても意味のない議論になってしまう．

通常，記憶のある情報源においても，情報源は**定常である**という条件を仮定することが多い．その条件の定義はつぎのとおりである．

定義 3.2　情報源アルファベットを A とする．任意の正の整数 $n>0$ と $t>0$ に対し，長さ n の情報源系列 $x_0x_1\cdots x_{n-1}$（すべての t について $x_t\in A$）の生起確率がつぎの式を満たすとき，その情報源は定常であるという．

$$
\begin{aligned}
&P_{X_0X_1\cdots X_{n-1}}(x_0,x_1,\cdots,x_{n-1})\\
&\quad=P_{X_tX_{t+1}\cdots X_{t+n-1}}(x_0,x_1,\cdots,x_{n-1}).
\end{aligned}
$$

この定義の意味は，定常情報源では，同じ系列は時間的な位置がずれていても同じ生起確率で起きるということである．

とくに $n=1$ とおくと $P_{X_0}(x_0)=P_{X_t}(x_0)$ となるため，定常情報源においては，各時点で出力される情報源記号は同一の確率分布に従うことがわかる．この分布を**定常分布** (stationary distribution) とよぶ．先に述べた記憶のない定常情報源は，確かにこの定義の条件を満たしていることが確認できる．ただし，毎回の記号の生起確率が同一の確率分布に従うからといって，記憶のない情報源とは限らないことに注意しよう．

さらに，定常であるという条件に加えて，情報源が**エルゴード性を持つ** (ergodic) と仮定することが多い．エルゴード性を持つ情報源は，**エルゴード情報源** (ergodic source) とよばれる．エルゴード情報源とは，その出力の系列を長く観察すればするほど，その統計的性質をいくらでも正確に知ることができるような情報源のことである．

エルゴード性の正確な定義は別の書にゆだねるが，エルゴード情報源においては情報源記号の出力 X に関する集合平均と時間平均が一致する．すなわち，定常分布が $P_X(x)$ である定常情報源の出力 X を変数とする任意の関数 $f(X)$ について，

$$
\sum_{x\in A}f(x)P_X(x)=\lim_{n\to\infty}\frac{1}{n}\sum_{t=0}^{n-1}f(x_t)
$$

が成り立つ．ただし，$f(X)$ は実数値をとるものとする．上式の左辺が集合平均とよばれるもので，すべての情報源記号 x について $f(x)$ の平均をとったものと見ることができる．一方，右辺が時間平均とよばれるもので，$f(x)$ の値を（無限に）長い時間観測して平均をとったものと見ることができる．

統計的性質がわかっていない情報源に対して，その情報源がエルゴード性を持つと仮定できると便利である．なぜなら，同じ性質の情報源を多数準備することは難しいが，一つの情報源を長く観測し続けることが簡単な場合，その一つの出力の時間平均を計算することで統計的性質を推定することができるからである[3]．

【問 3.2】 確率 1/2 で，0 だけからなる系列か 1 だけからなる系列のどちらか一方を発生する 2 元情報源を考える．このとき，

(1) この情報源は，定常情報源か否かを答えよ．

(2) この情報源は，エルゴード情報源か否かを答えよ．

3.3 マルコフ情報源

記憶のある情報源の基本的なモデルとして，**m 次の多重マルコフ情報源** (m-th order Markov source) について解説しよう．m 次の多重マルコフ情報源（m 重マルコフ情報源）とは，任意の時点の出力に関する確率分布が，その直前の m 個の出力記号だけに依存して決まるというモデルである．つまり，m 個より前にどのような記号が出力されたかは忘れてしまうが，それ以降に出力された長さ m の情報源記号列によってつぎに出力される記号の出現確率が変化する．形式的には，つぎのように定義される．

定義 3.3 n を m 以上の任意の整数とする．任意の時点 t について，

$$
\begin{aligned}
&P_{X_t|X_{t-1}\cdots X_{t-n}}(x_t|x_{t-1},\cdots,x_{t-n}) \\
&\quad = P_{X_t|X_{t-1}\cdots X_{t-m}}(x_t|x_{t-1},\cdots,x_{t-m})
\end{aligned}
$$

が成り立つとき，この情報源を m 次の多重マルコフ情報源 (m 重マルコフ情報源) という．

【例 3.1】 情報源アルファベットを $A=\{0,1\}$ とする 2 元情報源を考える．この情

[3] 現実の問題ではエルゴード性を持たない情報源がしばしば存在することに注意が必要である．たとえば，「日本人の成人男性を無作為に 1 人選び出し観察したところ，その人がお酒を飲んだ日は 100 日間のうち 90 日あった．よって，ある日に日本人の成人男性がお酒を飲む割合は 90%と推定できる」という議論は明らかにおかしい．

報源が1重マルコフ情報源であるとしよう[4]．すなわち，各時点での情報源記号の出力は，1つ前の出力の影響を受けて変化する．

たとえば，任意の時点 t について，その直前の出力 X_{t-1} によって条件付けられた X_t の確率分布 $P_{X_t|X_{t-1}}(x_t|x_{t-1})$ がそれぞれ，

$$P(0|0) = 0.99, \quad P(1|0) = 0.01,$$
$$P(0|1) = 0.25, \quad P(1|1) = 0.75$$

で与えられたとしよう．この情報源は，普段は稀にしか1を出力しないが，一度1を出力した後はしばらく連続して1が出やすくなっている．

さて，情報アルファベットのサイズが q であるような q 元情報源を考える．この情報源がいま m 重マルコフ情報源であるとしよう．すなわち，時点 t における出力は直前の m 個の出力に依存する．q 元情報源において，長さ m の情報源系列の種類数は q^m 個ある．このことは，出力の確率分布が q^m 個ある**状態**のどれか1つによって決まると考えることができる．たとえば，例3.1の1重マルコフ情報源の場合，$2^1 = 2$ 個の状態があり，現在そのどちらの状態にあるかによってつぎの出力の確率分布が決まると見ることができる．この様子を図に表したものは，**状態遷移図** (state transition diagram)（あるいは単に**状態図**）とよばれる．

図3.2は，例3.1の1重マルコフ情報源の状態図である．図中の円は状態を表している．円の中の記号は，状態の名前である．状態から状態へ伸びる矢印は，出力の結果によって状態がどのように遷移するかを表している．矢印に付随する2つの値は，出力する記号，およびその状態遷移が起こる確率（すなわち，その出力が起こる確率）を表している．たとえば，図3.2において，状態 s_0 から s_1 へと伸びる矢印は，直前の出力が0だったときに，1を出力して状態 s_1 へ遷移する確率が0.01であることを示している．

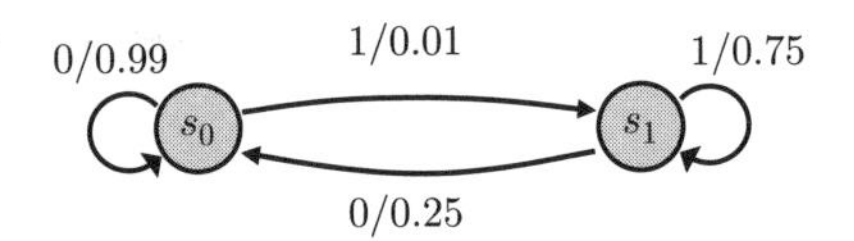

図 3.2 状態図の例（1重マルコフ情報源）

[4] 1重マルコフ情報源は，**単純マルコフ情報源**とよばれることがある．

さらに，**図 3.3** と**図 3.4** に，それぞれ 2 重マルコフ情報源と 3 重マルコフ情報源の状態図を例示しておく．それぞれ，状態数が $2^2 = 4$ 個と $2^3 = 8$ 個になっている点に注意しよう．また，状態遷移のつながり方も固定的である．

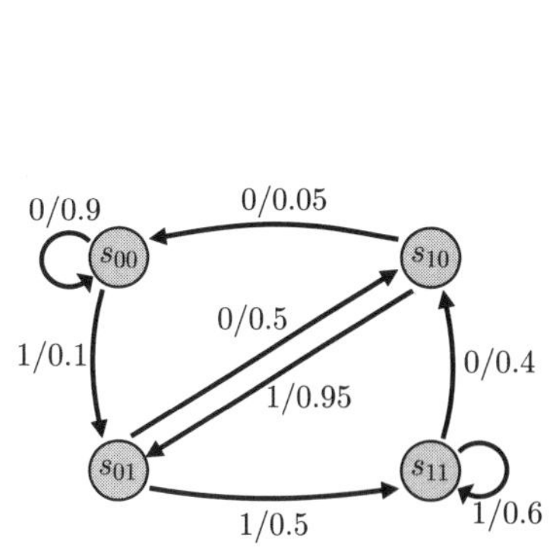

図 3.3 2 重マルコフ情報源

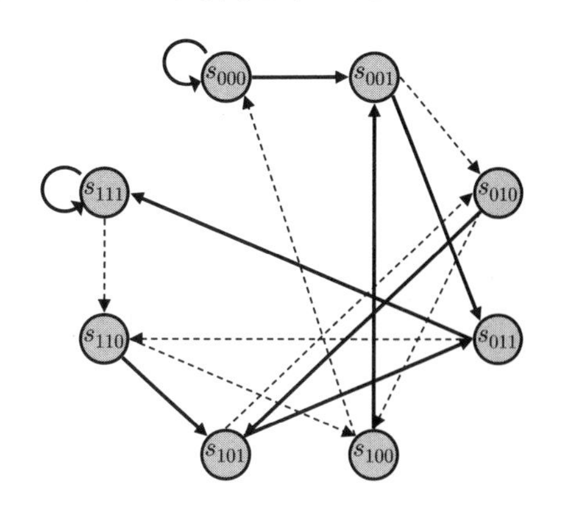

図 3.4 3 重マルコフ情報源

実線と破線は，それぞれ 1 と 0 を出力する状態遷移を表している．付随する確率分布は見やすさのため省略している．

例題 3.4 1, 0 をそれぞれ確率 0.2, 0.8 で出力する記憶のない 2 元定常情報源を S とする．情報源 S の出力を元に，つぎのようにして情報源 S' の出力を作ることを考える．すなわち，情報源 S' の時点 t における出力 X_t は，情報源 S' の 1 時点前の出力 X_{t-1} と情報源 S の出力 Y_t の排他的論理和になっている．つまり，$X_t = X_{t-1} \oplus Y_t$ を満たすものとする*)．このとき，情報源 S' の状態図を描け．

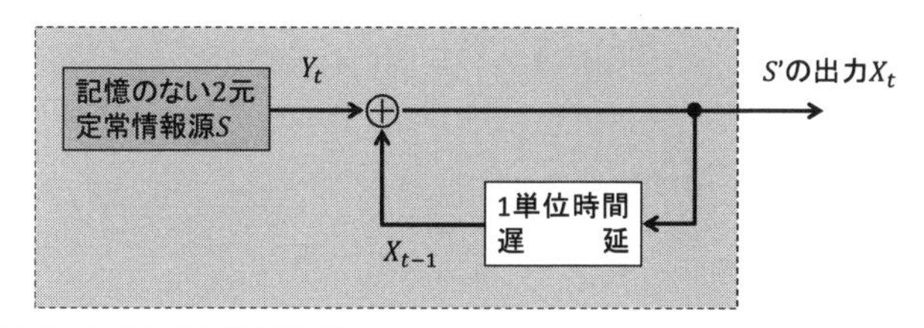

*) 排他的論理和 $\oplus$ とは，0, 1 の 2 値からなる集合（2 の剰余系）上の計算で，$0 \oplus 0 = 0$, $0 \oplus 1 = 1$, $1 \oplus 0 = 1$, $1 \oplus 1 = 0$ となる演算である．

（解答） 題意より，この情報源は 1 重マルコフ情報源である．したがって，任意の時

点 $t(t>2)$ に対して，直前の 2 つの出力 X_{t-2} と X_{t-1} によって条件付けられた X_t の条件付き確率分布は，

$$P_{X_t|X_{t-2}X_{t-1}}(x_t|0,x_{t-1}) = P_{X_t|X_{t-2}X_{t-1}}(x_t|1,x_{t-1})$$

を満たす.

$$P_{X_t|X_{t-1}}(0|0) = P_{Y_t}(0) = 0.8$$

となるので，$P_{X_t|X_{t-1}}(1|0) = 0.2$ である．同様に，$P_{X_t|X_{t-1}}(1|1) = P_{Y_t}(0) = 0.8$, $P_{X_t|X_{t-1}}(0|1) = 0.2$ と計算できるので，この情報源の状態図は**図 3.5** のとおりである. □

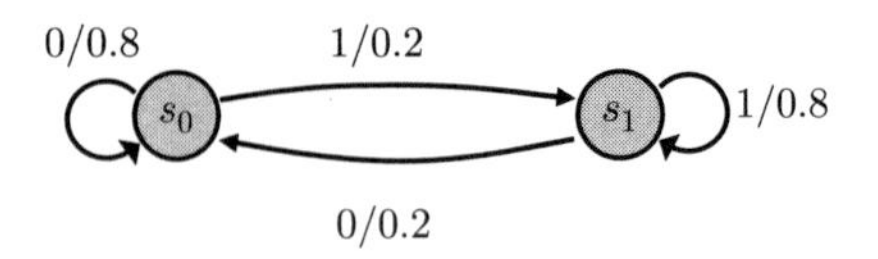

図 3.5 例題 3.4 の状態図

さて，m 重マルコフ情報源に対する状態図では，各状態は直前 m 個の出力に一対一に対応していた．この対応の制約を外して，より一般的な意味での状態を用いて表現される情報源を考えることができる．つまり，各時点での出力の確率分布はその時点での状態によってのみ決まり，その時点での状態と出力される記号によってつぎの状態が一意に決定するようなモデルを考える.

たとえば，**図 3.6** のような状態図をモデルとする 2 元情報源を考えよう．このモデルでは，3 つの状態とその上で定義される状態遷移によって，情報源からの出力の確率分布が決まっている．時点 t における状態を表す確率変数を Q_t とすると，そのときの情報源記号の出力 X_t の確率分布は，Q_t によってのみ条件付けられる．このような状態図によって定義される情報源のモデルを，**一般化されたマルコフ情報源**（あるいは単にマルコフ情報源）とよぶ.

任意の状態から任意の状態に遷移可能なマルコフ情報源を**既約マルコフ情報源** (irreducible Markov source) とよぶ．**図 3.7** のマルコフ情報源の場合，一度抜けると戻ってこれなくなる**過渡状態** (transient state) とよばれる状態 s_0 を含んでいる[5)]．このような過渡状態を含むマルコフ情報源は，過渡状態へと戻る遷移が

[5)] 図 3.7 と図 3.8 は遷移に関するラベルを省略している.

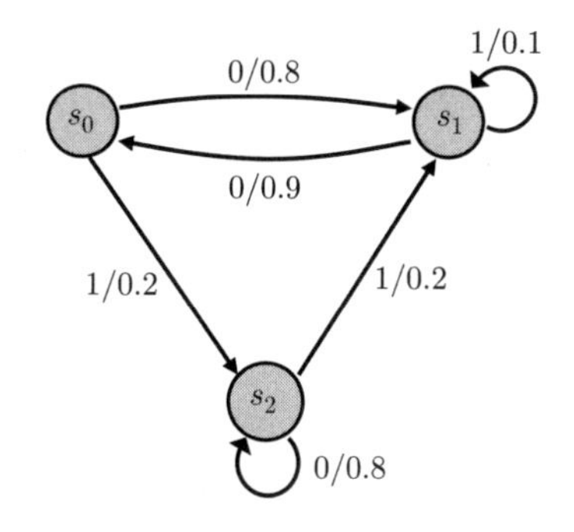

図 3.6 一般化されたマルコフ情報源の状態図

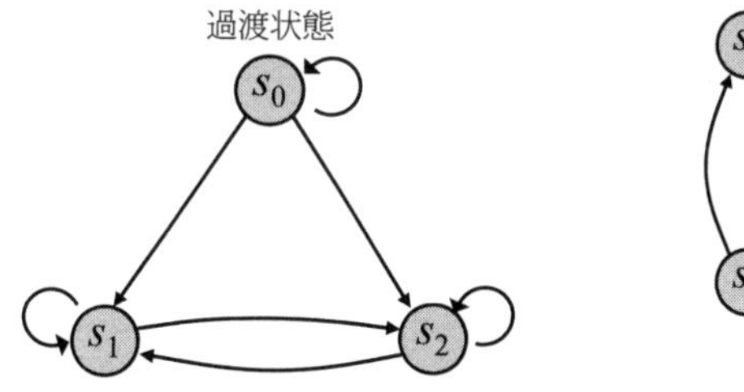

図 3.7 過渡状態を含む状態図

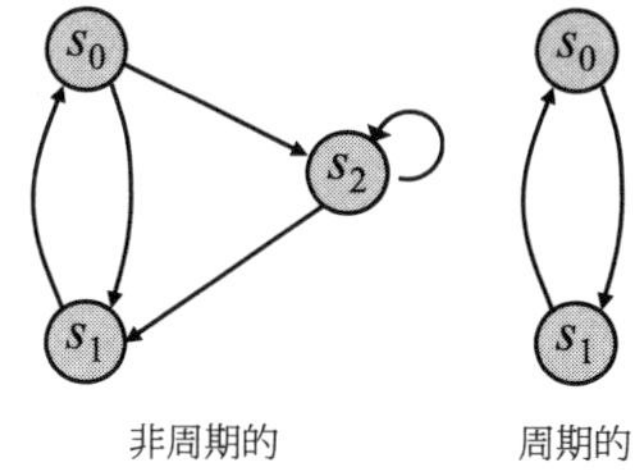

図 3.8 既約マルコフ情報源の状態図

ないので既約マルコフ情報源ではない．ただし，過渡状態を含むようなマルコフ情報源でも十分な時間が経過した後は互いに遷移可能な状態しか現れなくなるので，以降では基本的に既約マルコフ情報源のみを取り扱う．

図 3.8 の状態図のうち，左の状態図のように，どのような初期状態であっても，十分時間が経過した後の任意の時点で，ある状態にいる確率がどれも 0 でないものを**非周期的状態集合** (aperiodic class of states) とよぶ．逆に，非周期的状態集合でない状態集合を**周期的状態集合** (periodic class of states) とよぶ．**図 3.8** の右の状態図の場合，初期状態が s_0 から始まるとすると，奇数時点後には s_0 に，偶数時点後には s_1 にいる確率が 0 となるので周期的状態集合である．周期的状態集合によるモデルではいくつかの部分集合に状態を分別することができ，それらの部分状態集合の間を周期的に遷移する．非周期的状態集合のモデルで定義されるマルコフ情報源を，とくに**正規マルコフ情報源** (regular Markov source) と

よぶ．次節で詳細に説明するが，正規マルコフ情報源は十分な時間が経過したのちに定常情報源として取り扱えるので有益である．

3.4 マルコフ情報源の状態確率分布

マルコフ情報源において，ある時点における各記号の生起確率は直前の状態がどこにあるかによって変化する．しかし，この後で説明するように，十分に長い時間が経過したあとでは，マルコフ情報源はある条件を満たす限り定常情報源とみなすことができる．

まずは，N 個の状態 $s_0, s_1, \cdots, s_{N-1}$ を持つ一般のマルコフ情報源を考えよう．状態遷移の仕方は，状態 s_i にいるときにつぎの時点で状態 s_j に遷移する確率 $P(s_j|s_i)$ で決まる．これを**遷移確率** (transition probability) とよび，簡便のため $p_{i,j} = P(s_j|s_i)$ と書くことにする．このとき，遷移確率行列 (transition probability matrix) をつぎのように定義する．

定義 3.4 N 個の状態を持つマルコフ情報源の遷移確率 $p_{i,j}$ を (i,j) 要素とする $N \times N$ 行列

$$\Pi = \begin{pmatrix} p_{0,0} & \cdots & p_{0,N-1} \\ \vdots & \ddots & \vdots \\ p_{N-1,0} & \cdots & p_{N-1,N-1} \end{pmatrix}$$

を**遷移確率行列**とよぶ．

例題 3.5 図 3.6 のマルコフ情報源について，その遷移確率行列 Π を求めよ．

（解答） 遷移確率行列 Π はつぎのようになる．

$$\Pi = \begin{pmatrix} 0 & 0.8 & 0.2 \\ 0.9 & 0.1 & 0 \\ 0 & 0.2 & 0.8 \end{pmatrix}.$$

□

【練習問題 3.4】 **図 3.9** のモデルで表されるマルコフ情報源 S の遷移確率行列を求めよ．

いま，状態 s_i から出発して，t 時点後に状態 s_j に到達する確率を $p_{i,j}^{(t)}$ と書くことにする．このとき，$p_{i,j}^{(1)} = p_{i,j}$ であることは明らかである．このとき，状態 s_i から $t-1$ 時点後に状態 s_k へと到達する確率は $p_{i,k}^{(t-1)}$ と書ける．また，状態 s_k から状態 s_j へ行く遷移確率は $p_{k,j}$ なので，状態 s_i から $t-1$ 時点後に状態 s_k を通って状態 s_j に行く確率は $p_{i,k}^{(t-1)} \cdot p_{k,j}$ である．これより，状態 s_i から t 時点後に状態 s_j へと遷移する確率は，

$$p_{i,j}^{(t)} = \sum_{k=0}^{N-1} p_{i,k}^{(t-1)} \cdot p_{k,j}$$

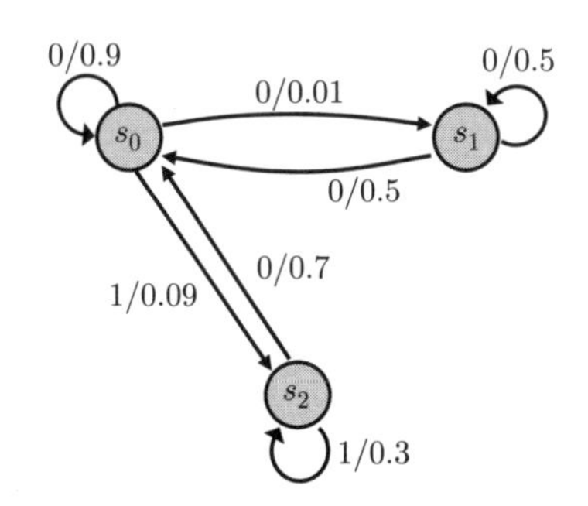

図 3.9　練習問題 3.4 のマルコフ情報源 S

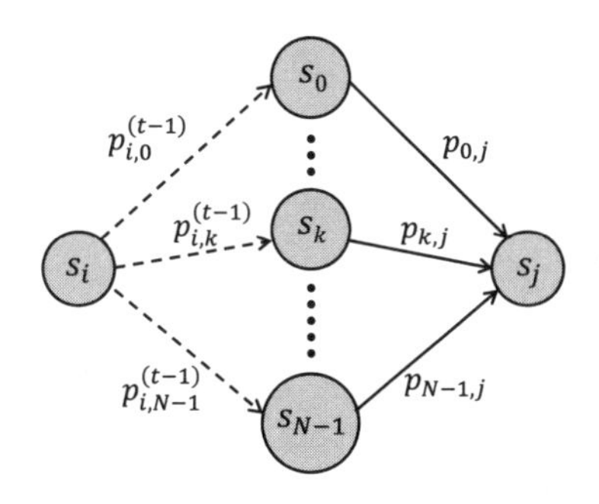

図 3.10　状態 s_i から t 時点で状態 s_j に遷移するパス

として計算できる（**図 3.10**）．このことから，すなわち，

$$p_{i,j}^{(2)} = \sum_{k=0}^{N-1} p_{i,k}^{(1)} \cdot p_{k,j} = \sum_{k=0}^{N-1} p_{i,k} \cdot p_{k,j} = \Pi^2 \text{ の } (i,j) \text{ 要素}$$

$$p_{i,j}^{(3)} = \sum_{k=0}^{N-1} p_{i,k}^{(2)} \cdot p_{k,j} = \Pi^3 \text{ の } (i,j) \text{ 要素}$$

$$\vdots$$

$$p_{i,j}^{(t)} = \sum_{k=0}^{N-1} p_{i,k}^{(t-1)} \cdot p_{k,j} = \Pi^t \text{ の } (i,j) \text{ 要素}$$

であることがわかる．このように，遷移確率行列を用いると，t 時点後への遷移確率が容易に計算できる．

例題 3.6　図 3.6 のマルコフ情報源について，時点 0 で状態 s_0 からスタートしたとして，時点 2 のときに状態 s_2 にいる確率はいくらになるか求めよ．

（解答）　例題 3.5 で求めた遷移確率行列 Π を使うと，Π^2 は，

$$\begin{aligned}\Pi^2 &= \begin{pmatrix} 0 & 0.8 & 0.2 \\ 0.9 & 0.1 & 0 \\ 0 & 0.2 & 0.8 \end{pmatrix} \begin{pmatrix} 0 & 0.8 & 0.2 \\ 0.9 & 0.1 & 0 \\ 0 & 0.2 & 0.8 \end{pmatrix} \\ &= \begin{pmatrix} 0.72 & 0.12 & 0.16 \\ 0.09 & 0.73 & 0.18 \\ 0.18 & 0.18 & 0.64 \end{pmatrix}\end{aligned}$$

となる．したがって，求める確率は $p_{0,2}^{(2)} = 0.16$ である．　□

【練習問題 3.5】　図 3.9 で表されるマルコフ情報源において，時点 0 で状態 s_0 にいたとして，時点 2 で状態 s_1 にいる確率はいくらか．

さて，それでは正規マルコフ情報源の場合について考えよう．正規マルコフ情報源の定義より，時点 0 から十分な時間が経過した後の時点 t_0 が存在し，任意の時点 $t > t_0$ において，$p_{i,j}^{(t)} > 0 (i,j = 0,1,\cdots,N-1)$ が成り立つ．証明は省略

するが，正規マルコフ情報源では $t \to \infty$ のとき，$p_{i,j}^{(t)}$ はスタート地点 s_i に無関係な値に収束する．すなわち，任意の $j(j = 0, 1, \cdots, N-1)$ について，i によらないある値 u_j が存在し，

$$\lim_{t \to \infty} p_{i,j}^{(t)} = u_j$$

が成り立つ．この関係を遷移確率行列を用いて表すと，

$$\lim_{t \to \infty} \Pi^t = U \tag{3.1}$$

となる．ここで，行列 U は，すべての行が，

$$\boldsymbol{u} = (u_0, u_1, \cdots, u_{N-1})$$

となる $N \times N$ 行列である．

いま，時点 t のときに状態 s_j にいる確率を $w_j^{(t)}$ と書くことにする．また，それを横に並べた N 次元ベクトル

$$\boldsymbol{w}_t = (w_0^{(t)}, w_1^{(t)}, \cdots, w_{N-1}^{(t)})$$

を**状態確率分布ベクトル** (state probability distribution vector) または単に**状態分布** (state distribution) とよぶ．すべての時点で必ずいずれかの状態にあるはずだから，

$$w_0^{(t)} + w_1^{(t)} + \cdots + w_{N-1}^{(t)} = 1$$

が成り立つ．初期の状態分布 $\boldsymbol{w}_0$ は**初期分布** (initial distribution) とよばれ，初期分布から時点 t まで状態遷移を繰り返したものが $\boldsymbol{w}_t$ であるので，

$$\boldsymbol{w}_t = \boldsymbol{w}_0 \Pi^t$$

が成り立つ．

ここで，$\boldsymbol{w}_t$ の $t \to \infty$ とした極限は**極限分布** (limit distribution) とよばれるが，正規マルコフ情報源では，式 (3.1) の関係より，

$$\begin{aligned}
\lim_{t \to \infty} \boldsymbol{w}_t &= \boldsymbol{w}_0 \lim_{t \to \infty} \Pi^t = \boldsymbol{w}_0 U \\
&= (w_0^{(t)} u_0 + \cdots + w_{N-1}^{(t)} u_0, w_0^{(t)} u_1 + \cdots + w_{N-1}^{(t)} u_1 \\
&\quad \cdots, w_0^{(t)} u_{N-1} + \cdots + w_{N-1}^{(t)} u_{N-1}) \\
&= (w_0^{(t)} + \cdots + w_{N-1}^{(t)})(u_0, u_1, \cdots, u_{N-1}) \\
&= \boldsymbol{u}
\end{aligned}$$

が成り立つ．つまり，十分な時間が経過すれば，状態分布は初期分布には依存せず，同じ分布に近づく．この極限分布によって示される，正規マルコフ情報源が落ち着く定常的な確率分布を**正規マルコフ情報源の定常分布**という．ちなみに，一般のマルコフ情報源においては，この極限分布は存在するとは限らない．

いま，正規マルコフ情報源の定常分布を $\boldsymbol{w} = (w_0, w_1, \cdots, w_{N-1})$ とする．このとき，$w_0 + w_1 + \cdots + w_{N-1} = 1$ であることに注意しよう．ある時点の状態分布が定常的であるということは，その時点の分布とつぎの時点の分布が同一であることを意味する．したがって，この分布 $\boldsymbol{w}$ は，

$$\boldsymbol{w}\Pi = \boldsymbol{w}$$

を満たす必要がある．実際，正規マルコフ情報源の遷移確率行列に対しては，この式を満たす定常分布 $\boldsymbol{w}$ が唯一存在し，それは極限分布と一致する．

例題 3.7　図 3.6 で表現される情報源 S の定常分布 $\boldsymbol{w} = (w_0, w_1, w_2)$ を求めよ．また，情報源 S が定常分布にあるときの各記号の生起確率を求めよ．

（解答）　定常分布が満たす式 $\boldsymbol{w} = \boldsymbol{w}\Pi$ より，

$$\begin{array}{llll} 0 & +0.9w_1 & +0 & = w_0 \\ 0.8w_0 & +0.1w_1 & +0.2w_2 & = w_1 \\ 0.2w_0 & +0 & +0.8w_2 & = w_2 \end{array}$$

が成り立つ（例題 3.5 参照）．さらに $w_0 + w_1 + w_2 = 1$ が成り立つので，これらの連立方程式を解くと，

$$(w_0, w_1, w_2) = \left(\frac{9}{28}, \frac{10}{28}, \frac{9}{28}\right)$$

となる．

情報源 S が定常分布にあるとき，このとき，$0, 1$ が出力される確率は，それぞれ，

$$\begin{aligned} P(0) &= \frac{9}{28} \times 0.8 + \frac{10}{28} \times 0.9 + \frac{9}{28} \times 0.8 = \frac{234}{280} = \frac{117}{140}, \\ P(1) &= \frac{9}{28} \times 0.2 + \frac{10}{28} \times 0.1 + \frac{9}{28} \times 0.2 = \frac{23}{140} = 1 - P(0) \end{aligned}$$

である．□

【練習問題 3.6】 つぎの図に対応するマルコフ情報源 S の定常分布を求めよ．また，この情報源 S が定常分布にあるときの各記号の生起確率を求めよ．

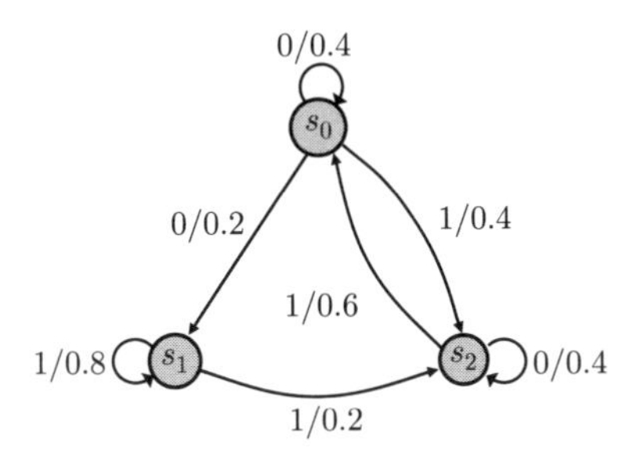

3.5　情報源のエントロピー

第 2 章では確率変数 X のエントロピーを定義した．ある事象の観測の結果を X とし，その結果を知ることで得られる平均的な情報量が X のエントロピー $H(X)$ であったことを思い出してほしい．

情報源アルファベット A が $\{a_1, a_2, \cdots, a_M\}$ であり，それぞれの記号が出力される確率が時点によらず，それぞれ $p_1, p_2, \cdots, p_M$ であるような定常な M 元情報源 S を考える．このとき，つぎの式

$$H_1(S) = -\sum_{k=1}^{M} p_k \log_2 p_k \tag{3.2}$$

で求められる $H_1(S)$ を，情報源 S の **1 次エントロピー** (first-order entropy) とよぶ．記憶のない定常情報源の場合，その 1 次エントロピーは，情報源の出力を確率変数 X と考えた場合のエントロピー $H(X)$ に等しいので，その情報源から 1 個の出力を受け取ったときに得られる平均的な情報量と考えることができる．しかし，記憶のある定常情報源の場合，各時点における記号の生起確率は過去に出力された系列に依存するため，1 記号あたりの平均情報量は 1 次エントロピーとは異なる．

そこで，長さ n の系列を考え，その系列全体のエントロピーから 1 記号あたりのエントロピーを算出することを考えよう．M 元情報源 S に対して，S が出力する n 個の情報源記号をまとめて 1 つの情報源記号と見ると，情報源アルファ

ベットの大きさが M^n である情報源と考えることができる．このような情報源を，S の **n 次拡大情報源** (n-th order extended source) といい，S^n と書く．

n 次拡大情報源 S^n に対する1次エントロピーを元に，1記号あたりの平均的なエントロピーを算出すると，

$$H_n(S) = \frac{H_1(S^n)}{n} \tag{3.3}$$

となる．この $H_n(S)$ を情報源 S の1情報源記号あたりの **n 次エントロピー** (n-th order entropy) とよぶ．ここで，$H_1(S^n)$ は，長さ n の情報源系列 $x_0x_1\cdots x_{n-1}$ の発生確率を $P(x_0,x_1,\cdots,x_{n-1})$ とすると，

$$H_1(S^n) = -\sum_{x_0}\sum_{x_1}\cdots\sum_{x_{n-1}} P(x_0,x_1,\cdots,x_{n-1})\log_2 P(x_0,x_1,\cdots,x_{n-1})$$

で求められる．

ここで，n 次エントロピーの $n\to\infty$ で極限をとった値を，

$$H(S) = \lim_{n\to\infty} H_n(S) \tag{3.4}$$

とおく．すなわち，十分に長い時間をかけて系列を観測したときの1記号あたりの平均情報量である．これを，情報源 S の1情報源記号あたりの**エントロピー**，あるいは単に情報源 S のエントロピーとよぶ．

とくに，記憶のない定常情報源 S に対しては，結合確率分布が，

$$P(x_0,x_1,\cdots,x_{n-1}) = P(x_0)P(x_1)\cdots P(x_{n-1})$$

であったので，

$$\begin{aligned}
H_1(S^n) &= -\sum_{x_0}\sum_{x_1}\cdots\sum_{x_{n-1}} P(x_0,x_1,\cdots,x_{n-1})\log_2 P(x_0,x_1,\cdots,x_{n-1}) \\
&= -\sum_{x_0}\sum_{x_1}\cdots\sum_{x_{n-1}} P(x_0)P(x_1)\cdots P(x_{n-1}) \\
&\qquad\qquad \times\log_2 P(x_0)P(x_1)\cdots P(x_{n-1}) \\
&= -\sum_{x_0}\sum_{x_1}\cdots\sum_{x_{n-1}} P(x_0)P(x_1)\cdots P(x_{n-1})\left(\sum_{k=0}^{n-1}\log_2 P(x_k)\right) \\
&= -\sum_{x_0} P(x_0)\log_2 P(x_0) - \sum_{x_1} P(x_1)\log_2 P(x_1)
\end{aligned}$$

$$\cdots - \sum_{x_{n-1}} P(x_{n-1}) \log_2 P(x_{n-1})$$

$$= nH_1(S)$$

となり，これより $H_n(S) = H_1(S)$ となることが導かれる．また同様に，$H(S) = H_1(S)$ が成り立つことも容易に導ける．

それでは，マルコフ情報源の場合のエントロピーはどのように計算すればよいだろうか．いま，N 個の状態 $\{s_0, s_1, \cdots, s_{N-1}\}$ で表現されるマルコフ情報源 S が与えられ，そこから情報源アルファベット $A = \{a_1, a_2, \cdots, a_M\}$ 上の記号が出力されるとする．状態が s_i にあるとき，情報源 S が記号 a_k を出力する確率を $P(a_k|s_i)$ とする．このとき，状態 s_i で条件付けられた出力 X のエントロピーは，

$$H(X|s_i) = -\sum_{k=1}^{M} P(a_k|s_i) \log_2 P(a_k|s_i)$$

となる．これは，状態 s_i にある場合の 1 記号あたりの平均情報量と見ることができる．マルコフ情報源が定常分布にあり，各状態 s_i にいる確率がそれぞれ w_i であるとすると，X の出力によって期待される情報量は，

$$\begin{aligned} H(X) &= \sum_{i=0}^{N-1} w_i H(X|s_i) \\ &= -\sum_{i=0}^{N-1} w_i \left[\sum_{k=1}^{M} P(a_k|s_i) \log_2 P(a_k|s_i) \right] \end{aligned}$$

となる．こうして求められる $H(X)$ は，**マルコフ情報源のエントロピー**であると考えることができる．なぜ定常分布にある場合のみを考えればよいかという理由は，情報源のエントロピーは時点について無限大の極限値として定義されているからである．つまり，定常分布に収束するまでの最初の状況についての影響は無視できる．証明は省略するが，実際に n 次エントロピー $H_n(S)$ はこの値に収束していき，極限としてのエントロピーと一致する．

例題 3.8　図 3.11 のマルコフ情報源 S のエントロピー $H(S)$ を求めよ.

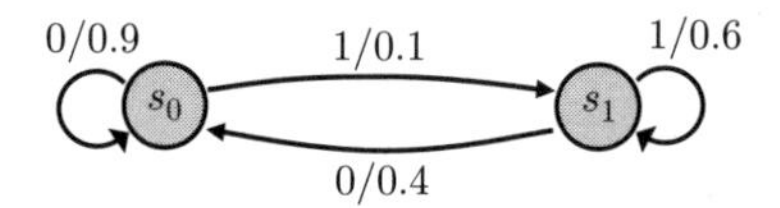

図 3.11　例題 3.8 のマルコフ情報源 S

（解答） S の定常分布を $\boldsymbol{w} = (w_0, w_1)$ と置くと,

$$(w_0 \quad w_1) \begin{pmatrix} 0.9 & 0.1 \\ 0.4 & 0.6 \end{pmatrix} = (w_0 \quad w_1).$$

また, $w_0 + w_1 = 1$ より, $w_0 = 0.8$, $w_1 = 0.2$ となることがわかる. いま, S が状態 s_0 にある場合のみに注目したエントロピーを $H_{s_0}(S)$ と書くと,

$$H_{s_0}(S) = \mathcal{H}(0.1) \approx 0.4690$$

となる. 同様に, S が状態 s_1 にあるときだけに注目すれば,

$$H_{s_1}(S) = \mathcal{H}(0.6) \approx 0.9710$$

となる. 定常分布では, s_0 と s_1 にいる確率は, それぞれ 0.8 と 0.2 なので, これで平均をとると,

$$H(S) \approx 0.8 \times 0.4690 + 0.2 \times 0.9710 = 0.5694$$

となる. □

ところで, 例題 3.8 の情報源 S において, S が定常分布にあるときに出力される 0, 1 の割合は, それぞれ,

$$P(0) = w_0 P(0|S_0) + w_1 P(0|S_1) = 0.8 \times 0.9 + 0.2 \times 0.4 = 0.8,$$

$$P(1) = w_0 P(1|S_0) + w_1 P(1|S_1) = 0.8 \times 0.1 + 0.2 \times 0.6 = 0.2$$

である. 各時点において 0, 1 を 0.8, 0.2 の確率で出力する記憶のない定常情報源 S' のエントロピー $H(S')$ を求めてみると, $H(S') = \mathcal{H}(0.8) \approx 0.7219$ なので, 上記の $H(S)$ と比べるとマルコフ情報源 S のエントロピーのほうが 0.1525 ほど低いことがわかる. これは, 記憶がある分だけつぎの記号が予想しやすくなっており, それだけ曖昧さが減っていることを意味している.

【練習問題 3.7】　練習問題 3.6 のマルコフ情報源 S のエントロピーを求めよ.

章末問題

3.1 つぎの (1)〜(8) の文章は正しいか．正しい場合は○をつけよ．また，間違っている場合は×をつけ，何が間違っているのか説明せよ．

(1) 情報源から出力される記号 a_i を情報源アルファベットとよぶ．

(2) 出力として $0, 1, 2$ をとる情報源を離散 2 元情報源とよぶ．

(3) 時点ごとに記号を 2 つずつ出力する情報源を離散 2 元情報源とよぶ．

(4) 記憶のない情報源から発生する情報源記号は，各時刻で独立した確率分布を持つ．

(5) エルゴード情報源では，その出力 X に関する集合平均と時間平均が一致する．

(6) 1 次のマルコフ情報源は，記憶のない情報源と同じである．

(7) 周期的でない閉じた状態集合を持つマルコフ情報源を正規マルコフ情報源とよぶ．

(8) 正規マルコフ情報源は，十分な時間が経過したのちは定常情報源とみなすことができる．

3.2 袋の中に当たりくじが 2 本，外れくじが 8 本入っている．このくじの当たり外れを離散的 2 元情報源と考え，情報源記号として当たりを 1, 外れを 0 とする．このとき，くじの引き方をつぎの 2 通り考える．

(1) 毎回くじを引いて袋に戻す．

(2) くじを引いてもすぐに袋に戻さず，つぎのくじを引いたあとに，1 回前のくじを袋に戻す．

このとき，つぎの問いに答えよ．

（ア） これらの情報源について，記憶のある情報源であるか，記憶のない情報源であるかを答えよ．

（イ） (2) の場合について，最初の状態を s_0，1 つ前に当たりくじを引いた状態を s_1，1 つ前に外れくじを引いた状態を s_2 として状態図を描け．

（ウ） (2) の場合について，過渡状態はどこか．また，それ以外の部分は周期的か否か．

3.3 2 つの壺 A と B に白と黒の碁石が入っている．最初，壺 A には白 2 個と黒 1 個が入っており，壺 B には白 2 個と黒 4 個が入っている．各時点において，まず双方の壺から1個ずつランダムに取り出し，それらを交換して壺に戻すという作業を行う．その後，壺Aに入っている黒の碁石の数を記号として出力するようなマルコフ情報源 S を考える．このとき，つぎの問いに答えよ．

（ア） この情報源の状態数はいくらか答えよ．

（イ） この情報源の遷移確率行列を示せ．

（ウ） この情報源のエントロピーはいくらか答えよ．

第4章　情報源符号化の限界

情報源符号化の目的は，情報源から出力される系列をできるだけ短い符号語列で表現することである．その鍵となるのが，前章で述べた情報源のエントロピーである．先に結論を述べると，データの損失を伴うことなく情報源を符号化する際，情報源の1記号あたりの平均符号長は情報源のエントロピーより小さくすることができない．すなわち，たとえどれほど巧みなデータ圧縮法を用いたとしても，情報源が本質的に持っているあいまいさの量を超えて際限なく小さく圧縮することはできないということを意味している．ただし，その限界にいくらでも近い符号化が可能であることも同時にわかっている．

本章では，情報源符号化に関する基礎的な考え方について紹介し，また，情報源符号化の限界について述べる．特に，情報源が情報源アルファベットと情報源の確率分布の2つで特徴づけられることに注意し，まずは情報源アルファベットに注目して，情報源符号化に求められる条件・性質を考察する．その後で，情報源記号（列）の確率分布を考慮し，望ましい性質を満たす符号について平均符号長の限界を調べる．なお，効率のよい情報源符号化の具体的な方策については次章で紹介する．

4.1　情報源符号化の基本

いま，ある情報源 S が与えられたとする．この情報源 S を，r 個の元を持つアルファベット $\Gamma = \{b_1, b_2, \cdots, b_r\}$ 上の系列に変換したい．置き換え先で使われる記号の集合 Γ を**符号アルファベット** (coding alphabet) とよび，このような記号の置き換えを（r **元**）**符号化** (coding) とよぶ．各情報源記号に対応する置き換え後の系列を**符号語** (codeword) とよび，その長さを**符号語長** (codeword length) とよぶ．また，実際の置き換え規則の集合（あるいは符号語の集合）を**符号** (code) とよぶ．とくに r 個の元からなる符号アルファベット上の符号は r 元符号とよばれる．符号化された系列を**符号語列** (codeword sequence) とよび，符号語列から元の情報源系列を復元することを**復号化** (decoding)（あるいは単に**復号**）とよぶ．**情報源符号化** (source coding) とは，とくに情報源から出力される系列に対し，その符号語列がなるべく短くなるように符号化をすることをいう．

まずは，簡単な例から始めよう．

【例 4.1】 情報源記号 $\Sigma = \{A, B, C, D\}$ を出力する記憶のない定常 4 元情報源 S を考える．いま，この S から出力される記号の発生確率が**表 4.1** のとおりであったとしよう．情報源 S から出力される系列を短く符号化したい．当然，符号化された系列から元の系列に正確に復号できなければならない．

表 4.1 符号 C1（等長符号）

x	$P(x)$	C1
A	0.50	00
B	0.25	01
C	0.20	10
D	0.05	11

情報源記号が 4 つであるので，それぞれ長さ 2 の 2 元系列を割り当ててやれば問題なく符号化できる．表 4.1 の 3 列目がその割り当て方を表している．ここで，各記号に割り当てられた 0,1 の列がそれぞれ符号語であり，その割り当て方全体を指して符号とよぶ．この場合，A の符号語は 00 で，割り当て方全体を符号 C1 とよぶ．たとえば，符号化後の系列が 11011000 である場合，元の系列は前から順に 0,1 を 2 個ずつ復元することで $DBCA$ と正しく復号できる．

一般的に，M 元情報源に対しては，各情報源記号に長さ $\lceil \log_2 M \rceil$ の符号語を割り当てることで符号化できる（ただし，$\lceil x \rceil$ は x 以上の最小の整数を表すものとする）．このように，符号語がすべて同じ長さである符号は**固定長符号** (fixed-length code) あるいは**等長符号**とよばれる．

さて，例 4.1 のような等長符号よりも効率のよい符号はあるだろうか．ここで，「効率のよい」というのは，より短い 2 元系列に符号化できるという意味である．符号語の長さは入力される情報源記号に依存するが，実際にどの情報源記号が入力されるかは事前にわからない．そのため，情報源記号の確率分布による符号語長の平均を用いて効率を比べることになる．この 1 記号あたりの平均的な符号語長を

平均符号長 (avarage codeword length) とよぶ．ここで,平均を考えているため,平均符号長の計算には情報源記号(列)の確率分布が必要であることに注意されたい.

いま，符号 C1 における平均符号長が 2 となることは自明であろう．では，平均符号長を 2 より短くすることは可能だろうか．もしも情報源記号の確率分布があらかじめわかっているのであれば，頻度の高い情報源記号に短い符号語を割り当てることで平均符号長を短くすることができる．つぎの例を見てほしい.

【例 4.2】 例 4.1 と同じ情報源 S を，今度は**表 4.2** の符号 C2 で符号化する．このとき，符号 C2 の平均符号長 L_{C2} は，各情報源記号の発生確率が $0.5, 0.25, 0.2, 0.05$ であるので,

$$
\begin{aligned}
L_{\mathrm{C2}} &= 0.5 \times 1 + 0.25 \times 2 + 0.2 \times 3 + 0.05 \times 4 \\
&= 0.5 + 0.5 + 0.6 + 0.2 \\
&= 1.8
\end{aligned}
$$

となる．つまり，情報源記号 1 つあたり平均 1.8 個の $0, 1$ で表現できる.

表 4.2　符号 C2（可変長符号）

x	$P(x)$	C2
A	0.50	0
B	0.25	10
C	0.20	110
D	0.05	1110

この符号 C2 は符号語長が情報源記号ごとに異なっている．このような符号を**可変長符号** (variable-length code) あるいは**非等長符号**とよぶ．先に述べたように，情報源記号の確率分布があらかじめわかっていれば，このような効率よい符号化を行うことができる[1].

符号 C2 は，確率が高い順に 1 が $0, 1, 2, 3$ 個並んで，最後に 0 がつくという符号語割り当てになっている．それゆえ，符号 C2 で符号化された場合でも系列は正しく復号できる．たとえば，符号語列 010110101110 を復号すると $ABCBD$ となる．つまり，0 を符号語の区切りとして用いていると考えるとわかりやすい.

[1] ただし，情報源のモデル化が不正確であった場合には，思ったほど改善されなかったり逆に悪くなったりすることもある.

このように，ある記号を区切りとして用いる符号は，**コンマ符号** (comma code) とよばれる．

4.2 符号が復号できるための条件

前節において，平均符号長の短さで符号の効率を測ると述べた．この観点からいえば，たとえば**表 4.3** の符号 C3 や C4 の平均符号語長はそれぞれ，

$$L_{\mathrm{C3}} = 0.5 \times 1 + 0.25 \times 2 + 0.2 \times 2 + 0.05 \times 1 = 1.45$$

$$L_{\mathrm{C4}} = 0.5 \times 1 + 0.25 \times 2 + 0.2 \times 2 + 0.05 \times 2 = 1.50$$

となるので，C2 よりもよいといえる．しかし，平均符号長が短ければつねによい符号であるというわけではなく，実際にこれらの符号には問題点がある．本節では，情報源記号の確率分布のことはあまり気にせず，符号に期待される復号のための条件について考える．

表 4.3　適切でない符号 C3, C4

x	$P(x)$	C3	C4
A	0.50	0	0
B	0.25	01	01
C	0.20	10	10
D	0.05	0	11
平均符号長		1.45	1.50

まず，符号 C3 について，記号 A と D の符号語がまったく同じであることに注意しよう．そのため，符号語列中の 0 を復号する際，果して A なのか D なのか判別がつかない．同じ符号語割り当てが存在するような符号は，**特異符号** (singular code) とよばれる．

一方，符号 C4 について，符号語割り当てはすべて異なっているので特異符号ではない．しかし，符号語列 01011 を復号すると，ACD とも取れるし BAD とも取れる．どちらが元の系列だったかは，与えられた符号語列からは判別することができない．したがって，この符号 C4 でも，元の系列を正しく復号することができない．このように，元の系列に一意に復号できない符号は，**一意復号不可**

能な符号 (non-uniquely decodable code) とよばれる．逆に，一意に復号できる符号は**一意復号可能な符号** (uniquely decodable code) とよばれる．たとえば，前節で登場した固定長符号 C1 とコンマ符号 C2 はともに一意復号可能な符号である．では，つぎの例の符号はどうだろうか．

【例 4.3】 例 4.1 と同じ情報源 S を，今度は**表 4.4** の符号で符号化する．このとき，符号 C5 と C6 の平均符号長 $L_{\mathrm{C5}}, L_{\mathrm{C6}}$ はどちらも，

$$L_{\mathrm{C5}} = L_{\mathrm{C6}} = 0.5 \times 1 + 0.25 \times 2 + 0.2 \times 3 + 0.05 \times 3 = 1.75$$

となる．符号語列 0101110110 に対して，符号 C5 は $BADCA$ と一意に復号できる．また，符号 C6 も同じ系列に対して，$ABDAC$ と一意に復号できる．

表 4.4　一意復号可能な符号 C5, C6

x	$P(x)$	C5	C6
A	0.50	0	0
B	0.25	01	10
C	0.20	011	110
D	0.05	111	111
平均符号長		1.75	1.75

上の例 4.3 の符号 C5, C6 は，どちらも同じ平均符号長を達成する一意復号可能な符号である．しかし，符号 C5 の復号は，符号 C6 に比べて手間がかかることに気がついただろうか．符号 C5 は，符号語列 0101110110 に対して，最初の記号 0 を見ただけでは，それが A なのか，あるいは B もしくは C の符号語の先頭の一部なのか判断がつかない．系列の先頭 3 文字 010 まで見て，ようやく最初 01 が B でしかありえないことがわかる．このように，符号語列の先頭から順番に復号する際，元の記号に対応する符号語の位置より後続の記号を見なければ一意に確定できない符号を**非瞬時符号** (non-instantaneous code) という．一方，符号 C6 のように，前から順番に符号語列を参照すれば，各記号の符号語の境目で復号すべき情報源記号が確定できる符号を**瞬時符号** (instantaneous code) という．非瞬時符号は復号処理が複雑になりがちなため，工学的な観点からは望ましくない符号であるといえる．

それでは，符号が瞬時符号であるための条件はどのようなものであろうか．先

の例の，非瞬時符号である符号 C5 をもう一度見てみよう．符号 C5 では，A の符号語は B, C の符号語の先頭 1 文字と等しい．同様に，B の符号語は C の符号語の先頭 2 文字と等しい．このように，ある符号語 x が別の符号語 y の先頭部分と一致するとき，x は y の語頭 (prefix)（あるいは接頭辞）であるという．この場合，0 は 01 と 011 の語頭であり，01 は 011 の語頭である．

ある符号語 x が別の符号語 y の語頭である場合，x に対応する系列があったときに，それが x に対応する記号なのか，y の符号語の先頭部分なのか判別できない．よって，そのような符号語の組が存在する符号は非瞬時符号となる．したがって，瞬時符号であるためには，まず，どの符号語も他の符号語の語頭であってはならない．これを**語頭条件** (prefix condition) という．逆に，語頭条件を満たすならば瞬時符号であることはすぐにわかる．この語頭条件を実際の符号が満たすかどうかを簡単に確認できる道具を次節で導入する．なお，これまでに扱った例のうち，符号 C1, C2, C6 の 3 つは語頭条件を満たし，瞬時符号である．

最後に，一意復号可能な符号，あるいは瞬時符号であるための条件は，情報源の確率分布とは無関係であることに注意されたい．具体的な瞬時符号には非常に多くの実現方法があり，その中で平均符号長の短いものを探すのが第 5 章のテーマである．

【練習問題 4.1】 情報源アルファベット $\Sigma = \{A, B, C, D, E\}$ の 2 元符号化を考える．瞬時符号を 1 つ求めよ．また，情報源記号の確率分布が与えられていないとき，その瞬時符号の平均符号長を求めることができるかどうか答えよ．

4.3 符号の木

符号の性質を議論する際，**図 4.1** のような**木構造**（あるいは単に**木** (tree)）を用いると，符号の全体像を知るのに便利である．木構造の形式的な定義は，グラフ理論の教科書を参照してもらいたい．

簡単に説明すると，木とは**節点** (node) と**枝** (branch) の集合からなるグラフの一種である．節点は図中では点で表され，枝は節点と節点を結ぶ直線で描かれる．ある節点から別の節点まで，枝をたどって到達できる場合には，それらは**連**

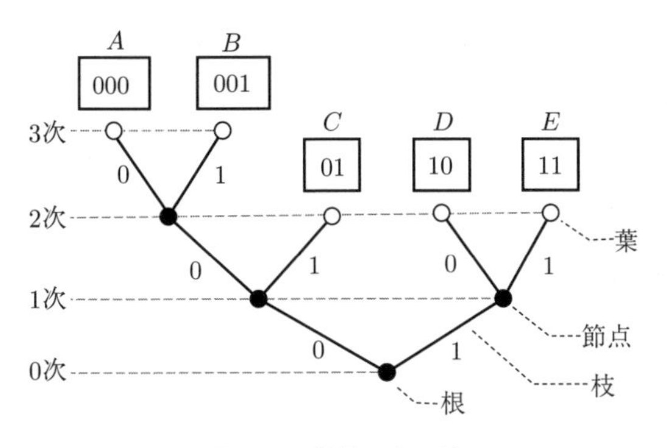

図 4.1 符号の木の例

結である (connected) という．ある節点から別の連結な節点までの連続した枝の並びを**路** (path) とよぶ．木では，ある節点から別の節点までの路はただ 1 つだけ存在する．複数の路が存在する場合は，そのような構造を木とはよばない．

節点に上下関係をつけて（すなわち枝に方向をつけて），一方を**親** (parent) とし，他方を**子** (child) とすることがある．ある 1 つの節点を除外して，その他すべての節点がただ 1 つの親を持つことを条件付けると，図 4.1 のような**根付き木** (rooted tree) になる．つまり，親を持たない節点（**根** (root) とよぶ）から分岐して子へつながり，さらに分岐してやがて根とは反対側の端点にたどり着く．この自身の子を持たない，根とは反対側の節点を**葉** (leaf) とよぶ．また，葉以外の節点を**内部節点** (internal node) とよぶ．各節点について，根からの路を考えたとき，その路上にある枝の数を**節点の深さ** (depth of node) とよび，深さが ℓ の節点を ℓ 次の深さにあるという．たとえば，根は 0 次であり，根の子は 1 次の深さにある．

図 4.1 では，根から 0 と 1 でラベル付けされた 2 本の枝で分岐して 2 つの子に接続されている．その先でさらに $0, 1$ で分岐している．このとき，各節点は，根からその節点までの路上の枝につけられたラベルをつなげてできる $0, 1$ の系列に 1 対 1 に対応している．よって，任意の符号語は木のどこかの節点に対応付けすることができ，それらの位置関係を簡単に把握できるようになる．このような木をとくに**符号の木**（あるいは単に**符号木** (code tree)）とよぶ．符号木を描く場

合，図 4.1 では根が下に葉が上になるように配置されているが，自由に回転して描いても構わない．どのように描いても，根と葉の方向さえわかれば符号木としては十全である．

瞬時符号は，各情報源記号に対応する符号語が必ず符号木の葉に対応付けられている．そのようにすれば，先に述べた語頭条件を満たすことが容易にわかるだろう．逆に言えば，非瞬時符号の場合には，葉以外の節点（内部節点）にも符号語が割り当てられている．**図 4.2** に，符号 C1, C2, C5, C6 の符号木をそれぞれ示す．符号 C1, C2, C6 の符号木は，葉のみに符号語が割り当たっており，瞬時符号であることがわかる．一方，符号 C5 は，内部節点にも符号語が割り当たっており，非瞬時符号であることがわかる．

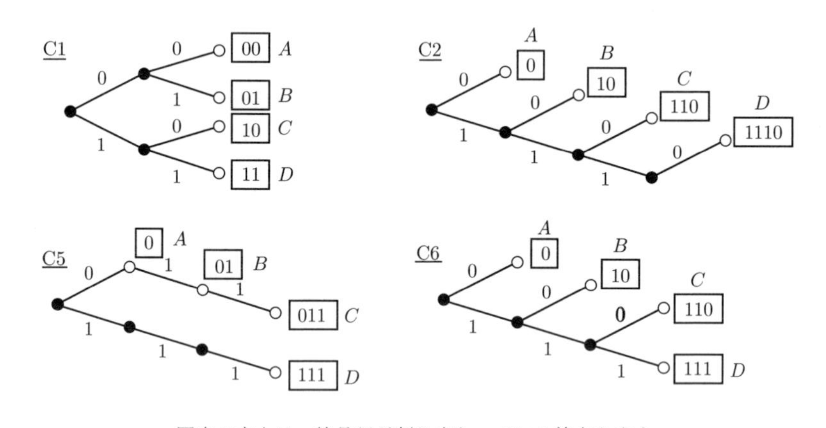

図中の白丸は，符号語が割り当たっている節点を表す．

図 4.2 符号 C1, C2, C5, C6 に対する符号木

4.4 クラフトの不等式

4.1 節と 4.2 節の例において，符号 C6 は瞬時符号で，なおかつ平均符号長が他の符号より短かった．それでは，この情報源に対する瞬時符号のなかで，符号 C6 よりももっと効率のよい符号を作ることはできるだろうか．符号 C6 の符号語長は，それぞれ $1, 2, 3, 3$ であったが，たとえば，二元瞬時符号で符号語長が

1,2,2,3 となるような符号語の割り当て方ができるだろうか.

実際に割り当てることができるか試してみよう. 2 元符号の符号の木では, 葉でない節点から出ている枝の本数は高々2 本である. そのような木を二分木という. 符号長が 1 の符号語は, 符号の木では深さ 1 の節点に割り当てられる. 瞬時符号の符号の木ではこの節点は葉でなければならない. 節点を葉にしてしまうと, その節点から枝を出して成長させることができない. つまり深さ 1 の節点に符号語を割り当てて葉にすることにより 1/2 の成長スペースを使ってしまったことになる (**図 4.3** 参照). 更に符号長が 2 の符号語が割り当てられた葉をこの符号の木に追加しよう. この葉は, 深さが 2 の節点として位置付けられるが, 深さが 2 の二分木の節点は最大 4 つあるので, そのうち 1 つを葉として使うことにより 1/4 の成長スペースを消費することになる. 符号長が 2 の符号語をもう 1 つ割り当てると更に 1/4 の成長スペースが使われる. さて, この符号の木に長さが 3 の符号語を割り当てた葉を追加することは可能であろうか. すでに消費した成長スペースは $1/2+1/4+1/4=1$ であり, 成長スペースを使い切ってしまっているので葉の追加は無理であることがわかる (図 4.3 参照). つまり, 符号長が 1,2,2,3 となるような二元瞬時符号は存在しない.

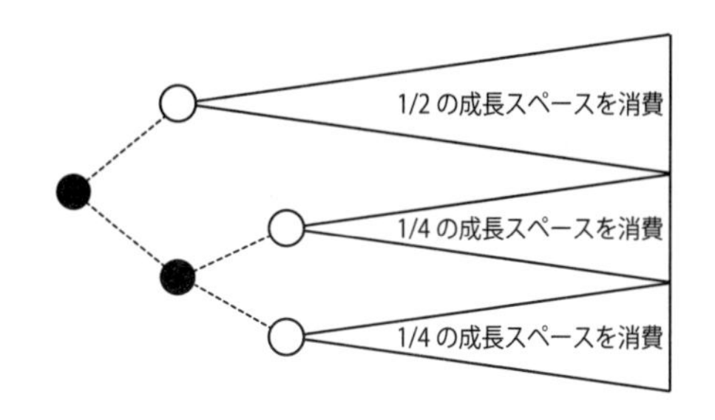

図 4.3 符号長 1,2,2 の符号の木. 成長スペースはない

一般に r 元符号の符号の木は, 葉でない節点から出ている枝の本数が高々r 本の r 分木として表現される. 長さが ℓ の符号語は, 符号の木においては, 深さが ℓ の節点に割り当てられ, 深さが ℓ の節点を葉とすることにより $r^{-\ell}$ の成長スペースが消費される. 消費スペースの合計は 1 を超えないので, 符号長が $\ell_1,\cdots,\ell_M$

である M 個の符号語を持つ r 元瞬時符号は $\sum_{i=1}^{M} r^{-\ell_i} \leq 1$ を満たす必要がある．実際，次の定理を導くことができる．

定理 4.1　長さが $\ell_1, \ell_2, \cdots, \ell_M$ となる M 個の符号語を持つ r 元符号で，瞬時符号となるものが存在するための必要十分条件は

$$r^{-\ell_1} + r^{-\ell_2} + \cdots + r^{-\ell_M} \leq 1 \tag{4.1}$$

である．この式 (4.1) を**クラフトの不等式** (Kraft's inequality) とよぶ．

すべての葉の深さが同じで，葉以外のすべての節点から r 本の枝が出ている木を完全 r 分木という．完全 r 分木に対して成り立つ以下の補助定理を使って定理 4.1 を証明する．

補助定理 4.1 各節点にその節点の深さ ℓ に対応した重み $r^{-\ell}$ が割り当てられている完全 r 分木に対し，以下が成り立つ．

(1) 葉の重みの合計は 1 である。

(2) 葉以外の各節点の子の重みの合計は，その節点の重みに等しい．

（証明） [(1) の証明] 完全 r 分木の深さを N とすると各葉の重みは r^{-N} であり，葉の個数は r^N であるので合計は 1 である．
[(2) の証明] 深さ ℓ の節点の重みは $r^{-\ell}$ であり，その子の重みは $r^{-(\ell+1)}$ で子の個数は r であるから子の重みの合計は節点の重みに等しい．□

（定理 4.1 の証明） 長さが $\ell_1, \ell_2, \cdots, \ell_M$ となる M 個の符号語を持つ r 元符号で，瞬時符号となるものが存在したとする．すると，符号の木で符号語が深さが $\ell_1, \ell_2, \cdots, \ell_M$ の葉に割り当てられたものが存在する．割り当てられた葉を $L_1, L_2, \cdots, L_M$ とする．葉以外のすべての節点からちょうど r 本の枝が出るように子を追加する．一番深い葉の深さを N とする．深さが N 未満の葉から r 本の枝を出して子を追加することを，深さ N の完全 r 分木になるまで繰り返す．各節点にその節点の深さ ℓ に対応した重み $r^{-\ell}$ を割り当てる．補助定理 4.1 より，節点の子の重みの合計は変わらないから，L_i $(i = 1, 2, \cdots, M)$ の子孫 (親を辿ることによって L_i に到達できる節点) である葉の重みの合計も L_i の重みに等しい．

できた完全 r 分木のすべての葉は高々 1 つの L_i の子孫である．補助定理 4.1 より，完全 r 分木の葉の重みの合計は 1 であるから $L_1, L_2, \cdots, L_M$ の葉の重みの合計 $\sum_{i=1}^{M} r^{-\ell_i}$ も 1 以下である．

逆に式 (4.1) を満たす $\ell_1, \ell_2, \cdots, \ell_M$ に対し，符号語が深さ $\ell_1, \ell_2, \cdots, \ell_M$ の葉に割り当てられた符号の木が存在することを示す．$\ell_1 \leq \ell_2 \leq \cdots \leq \ell_M$ とし，ℓ_M に関する数学的帰納法で証明する．$\ell_M = 0$ の場合，式 (4.1) を満たす $\ell_1, \ldots, \ell_M$ は $\ell_1 = 0$ $(M = 1)$ しかない．これは明らかに葉だけの符号の木として表現できる．$\ell_M \leq k$ のとき符号の木が存在すると仮定する．$\ell_M = k + 1$ のとき，$\ell_1 \leq \ell_2 \leq \cdots \leq \ell_M$ に対して式 (4.1) が満たされているとする．いま，$\ell_1 \leq \cdots \leq \ell_i < \ell_{i+1} = \cdots = \ell_M$ とする．$\ell_i \leq k$ であるから帰納法の仮定より，符号語が深さ $\ell_1, \ell_2, \cdots, \ell_i$ の葉に割り当てられた符号の木が存在する．割り当てられた葉を $L_1, L_2, \cdots, L_i$ とする．この木の葉以外のすべての節点からちょうど r 本枝が出るように子を追加する．さらに，深さが $k+1$ の完全 r 分木になるまで，葉を r 個の子を持つ節点に展開することを繰り返す．各節点にその節点の深さ ℓ に対応した重み $r^{-\ell}$ を割り当てる．補助定理 4.1 より，節点の子の重みの合計は変わらないから，L_j $(j = 1, 2, \cdots, i)$ の子孫である葉の重みの合計も L_j の重みに等しい．できた完全 r 分木のすべての葉は高々 1 つの L_j の子孫である．L_j $(j = 1, 2, \cdots, i)$ の子孫である葉の重みの合計は $r^{-\ell_1} + \cdots + r^{-\ell_i}$ であるが，補助定理 4.1 より，完全 r 分木の葉の重みの合計は 1 であるから，L_j $(j = 1, 2, \cdots, i)$ の子孫でない葉の重みの合計は $1 - (r^{-\ell_1} + \cdots + r^{-\ell_i})$ である．仮定より式 (4.1) を満たすから $r^{-\ell_{i+1}} + \cdots + r^{-\ell_M} \leq 1 - (r^{-\ell_1} + \cdots + r^{-\ell_i})$ が成り立つ．よって L_j $(j = 1, 2, \cdots, i)$ の子孫でない深さ $k+1$ の葉に, 残りの符号語をすべて割り当てることができる．符号語が割り当てられている子孫を持たない節点をすべて削除すると深さが $\ell_1, \ell_2, \cdots, \ell_M$ の葉に符号語が割り当てられた符号の木となる．よって $\ell_M \leq k+1$ のときにも成り立つ．したがって，式 (4.1) を満たす $\ell_1, \ell_2, \cdots, \ell_M$ に対し，符号語が深さ $\ell_1, \ell_2, \cdots, \ell_M$ の葉に割り当てられた符号の木が存在する．□

定理 4.1 から，瞬時符号であるならば式 (4.1) を満たすことが保証されるが，不等式を満たすからといって瞬時符号であるとは限らない．このクラフトの不等式は，それが瞬時符号であるならば，情報源記号の確率分布がどのようなものでも無関係に成り立つ．すなわち，瞬時符号の符号語長に関する限界を示していると考えることができる．

実は，一意復号可能な符号が存在する符号語長についての必要十分条件も，式 (4.1) を満たすことであることが証明されている．その結果はマクミラン (McMillan) によって導かれたので，式 (4.1) はマクミランの不等式とよばれることもある．

例題 4.1 5元情報源の各記号に対して，符号語長が $1, 2, 3, 3, 3$ となるような2元瞬時符号を作ることができるか否か答えよ．

(解答) この符号語長の集合に対し，クラフトの不等式の左辺を計算すると，

$$2^{-1} + 2^{-2} + 2^{-3} + 2^{-3} + 2^{-3} = 0.5 + 0.25 + 0.125 + 0.125 + 0.125 = 1.125 > 1$$

となり，クラフトの不等式を満たさない．したがって，そのような符号語長を持つ瞬時符号は存在しないことがわかる．同時に，たとえ条件を緩めて一意復号可能な符号まで考えたとしても，そのような符号語長を持つ一意復号可能な符号も存在しないことがわかる． □

【練習問題 4.2】 5元情報源の各記号に対して，符号語長がそれぞれ $2, 2, 2, 3, 3$ となるような2元瞬時符号が存在するか否かを答えよ．

4.5 平均符号長の限界

瞬時符号（および一意復号可能な符号化）は，式 (4.1) を満たす．それでは，この条件の下で，どこまで平均符号長を短くすることができるのだろうか．本節では，情報源記号の確率分布が与えられたときに，瞬時符号の平均符号長の限界がどのように与えられるかを調べる．

情報源アルファベットが $A = \{a_1, a_2, \cdots, a_M\}$ で，定常分布が $P(a_i) = p_i (i = 1, 2, \cdots, M)$ で与えられる定常情報源 S を考える．これを一意復号可能な r 元符号で符号化を行うとする．このとき，その平均符号長 L について，つぎの定理が成り立つ．

定理 4.2 定常分布が $P(a_i) = p_i (i = 1, 2, \cdots, M)$ である情報源 S に対して，各情報源記号を一意復号可能な r 元符号で符号化した場合，その平均符号長 L は

$$\frac{H_1(S)}{\log_2 r} \leq L \tag{4.2}$$

を満たす．また，平均符号長 L が，

$$L < \frac{H_1(S)}{\log_2 r} + 1 \tag{4.3}$$

となる r 元瞬時符号を作ることができる．ここで，$H_1(S)$ は S の 1 次エントロピーである．

（証明） まず，式 (4.2) が成り立つことを証明しよう．いま，一意復号可能な符号の各符号語の長さを $\ell_1, \ell_2, \cdots, \ell_M$ とする．ここで，$q_i = r^{-\ell_i} (i = 1, 2, \cdots, M)$ とおく．明らかに，$q_i > 0$ であり，$\ell_1, \ell_2, \cdots, \ell_M$ はクラフトの不等式を満たすので，$q_1, q_2, \cdots, q_M$ は，シャノンの補助定理（補助定理 B.1 参照）の前提条件 $\sum_{i=1}^{M} q_i \leq 1$ を満たす．$\ell_i = -\log_r q_i$ であることに注意すると，平均符号長 L は

$$\begin{aligned}
L &= \sum_{i=1}^{M} \ell_i p_i \\
&= -\sum_{i=1}^{M} p_i \log_r q_i \\
&= -\frac{1}{\log_2 r} \sum_{i=1}^{M} p_i \log_2 q_i \\
&\geq -\frac{1}{\log_2 r} \sum_{i=1}^{M} p_i \log_2 p_i \\
&= \frac{H_1(S)}{\log_2 r}
\end{aligned}$$

を満たすことがわかる．上式の 4 段目の不等式はシャノンの補助定理による．等号は，$p_i = r^{-\ell_i} (i = 1, 2, \cdots, M)$ が成立する場合のみである．以上から，定理の前半は証明された．

つぎに定理の後半を証明する．

$$-\log_r p_i \leq \ell_i < -\log_r p_i + 1 \tag{4.4}$$

を満たすように整数 ℓ_i を定める．このような ℓ_i はただ 1 つ存在する．

$$r^{-\ell_i} \leq r^{\log_r p_i} = p_i$$

なので，

$$\sum_{i=1}^{M} r^{-\ell_i} \leq \sum_{i=1}^{M} p_i = 1$$

となる．ゆえに，式 (4.4) を満たすような $\ell_1, \ell_2, \cdots, \ell_M$ はクラフトの不等式を満たす．したがって，符号語長が $\ell_1, \ell_2, \cdots, \ell_M$ となる瞬時符号が存在する．そこで，つぎにその平均符号長について考える．式 (4.4) の各辺に p_i を掛けて，$i = 1, 2, \cdots, M$ について和をとると，

$$\frac{H_1(S)}{\log_2 r} \leq L < \frac{H_1(S)}{\log_2 r} + 1$$

が直ちに導ける．以上より，式 (4.4) を満たすような $\ell_1, \ell_2, \cdots, \ell_M$ を選べば，そのような符号語長を持つ瞬時符号が構成できることが証明できた．□

定理 4.2 の意味するところは，どんなに工夫しても，各情報源記号に r 元符号語を割り当てる符号化では，平均符号長 L を $\frac{H_1(S)}{\log_2 r}$ までしか改善できないということを示している．逆にいうと，平均符号長 L をこの限界を超えて小さくした場合，そのような符号化は一意復号可能ではありえない．とくに，情報源記号ごとに 2 元符号化をする場合には，1 次エントロピー $H_1(S)$ が平均符号長の下限であることを示している．

また，定理 4.2 は，$\frac{H_1(S)}{\log_2 r} + 1$ よりも平均符号長が短い瞬時符号を必ず作ることができるということも同時に示している．実際にはこの $+1$ の差分はかなり大きい余裕を持った幅であり，工夫次第では，証明の方法で構成する符号よりもより限界に近づけられることが多い．ただし，情報源記号の確率分布によっては，どうしても平均符号長とその下限との間にいくらかの差が生じてしまう．これは，1 個の情報源記号に整数長の符号語を割り当てているために生じる差である．

例題 4.2　例 4.3 の情報源 S について，それを 2 元符号化した際の平均符号長の下限を求めよ．また，定理 4.2 の証明のとおりに符号を構築し，その平均符号長が定理 4.2 を満たすかどうか確かめよ．

（解答）　情報源 S の 1 次エントロピー $H_1(S)$ を求めると，

$$H_1(S) = -0.5 \log_2 0.5 - 0.25 \log_2 0.25 - 0.2 \log_2 0.2 - 0.05 \log_2 0.05$$

$$= -0.5\log_2\frac{1}{2} - 0.25\log_2\frac{1}{4} - 0.2\log_2\frac{1}{5} - 0.05\log_2\frac{1}{20}$$
$$= -0.5\log_2 2^{-1} - 0.25\log_2 2^{-2} - 0.2\log_2 5^{-1} - 0.05\log_2 (2^2\cdot 5)^{-1}$$
$$\approx -0.5\times(-1) - 0.25\times(-2) - 0.2\times(-2.322) - 0.05\times(-4.322)$$
$$\approx 1.68$$

となる．これが情報源 S を符号化する場合の平均符号長の下限となる．表 4.4 の符号 C6 の平均符号長 L_{C6} は 1.75 なので，確かに $H_1(S) < L_{\mathrm{C6}}$ を満たしていることがわかる．

つぎに，定理 4.2 の証明のとおりに $\ell_1, \ell_2, \ell_3, \ell_4$ を求める．まず，情報源記号 A に対応する符号語の符号長を ℓ_1 とすると，

$$-\log_2 0.5 = 1.0 \leq \ell_1 < -\log_2 0.5 + 1 = 2$$

なので，$\ell_1 = 1$ となる．同様に，B, C, D に対応する符号語長を ℓ_2, ℓ_3, ℓ_4 として求めると，それぞれ，$\ell_2 = 2, \ell_3 = 3, \ell_4 = 5$ となることがわかる．よって，このときの平均符号長 L は，

$$L = 0.5\times 1 + 0.25\times 2 + 0.2\times 3 + 0.05\times 5 = 1.85$$

となる．よって，$L < H_1(S) + 1$ を満たしていることが確認できた．□

【練習問題 4.3】 情報源アルファベットが $\Sigma = \{A, B, C, D\}$ で与えられる 4 元の記憶のない定常情報源 S を考える．情報源 S の各記号の発生確率がそれぞれ $0.1, 0.25, 0.6, 0.05$ であるとする．このとき，この情報源 S を定理 4.2 の証明にある式 (4.4) のとおりに符号化した場合の平均符号長を求めよ．また，この情報源 S に対する情報源符号の平均符号長の下限を求めよ．

定理 4.2 より，情報源記号ごとに符号語を割り当てる方法では 1 次エントロピーより平均符号長を短くすることはできなかった．では，いくつかの記号をまとめて符号語を割り当てる方法ではどうだろうか．

情報源 S の n 次拡大情報源 S^n に対して定理 4.2 を適用すると，

$$\frac{H_1(S^n)}{\log_2 r} \leq L_n < \frac{H_1(S^n)}{\log_2 r} + 1 \tag{4.5}$$

を満たす平均符号長 L_n の r 元瞬時符号を作ることができることがわかる．ここで，L_n は，n 次拡大情報源 S^n の 1 記号あたりの平均符号長である．したがって，元の S 上の 1 記号あたりの平均符号長を L とすると，

$$L = \frac{L_n}{n}$$

である．

さて，式 (4.5) を n で割って変形すると，

$$\frac{H_1(S^n)}{n\log_2 r} \leq \frac{L_n}{n} < \frac{H_1(S^n)}{n\log_2 r} + \frac{1}{n}$$

$$\therefore \quad \frac{H_n(S)}{\log_2 r} \leq L < \frac{H_n(S)}{\log_2 r} + \frac{1}{n} \tag{4.6}$$

が得られる．よって，元の系列を n 個ごとに符号化する場合，1 記号あたりの平均符号長 L の下限は $\frac{H_n(S)}{\log_2 r}$ であり，また，$L < \frac{H_n(S)}{\log_2 r} + \frac{1}{n}$ を満たす 2 元瞬時符号が存在することがわかった．さらに，上式において $n \to \infty$ の極限を考えると，つぎの定理が得られる．

定理 4.3　情報源 S は，任意の一意復号可能な r 元符号で符号化した場合，その平均符号長 L は

$$\frac{H(S)}{\log_2 r} \leq L \tag{4.7}$$

を満たす．また，任意の実数 $\varepsilon > 0$ について，平均符号長 L が，

$$L < \frac{H(S)}{\log_2 r} + \varepsilon \tag{4.8}$$

となる r 元瞬時符号を作ることができる．

とくに 2 元符号に符号化する場合を考えると，定理 4.3 より，任意の実数 $\varepsilon > 0$ に対して，

$$H(S) \leq L < H(S) + \varepsilon$$

を満たすような 2 元瞬時符号が存在することがいえる．すなわち，定理 4.3 の式 (4.7) は，どのような符号化を用いても，その平均符号長は情報源のエントロピーよりも小さくできないことを意味している．また同時に，式 (4.8) は，情報源のエントロピーにいくらでも近い瞬時符号が存在することを意味している．記憶のない定常情報源では $H_1(S) = H(S)$ となるので，1 次エントロピーが平均符号長の下限と一致する．だが，記憶のある定常情報源では，証明は省くが

$H_1(S) > H(S)$ となることが知られている．したがって，記憶のある情報源では拡大情報源を考えることで平均符号長の下限を下げることができる．

このように，定理 4.3 は，情報源符号化の限界が情報源のエントロピーで与えられることを明確に示している．よって，定理 4.3 は，**情報源符号化定理** (source-coding theorem) ともよばれている．

ノート 4.1 無記憶定常情報源 S に対する 2 元符号を考える．定理 4.2 から，一意復号可能な任意の符号について

$$H(S) \leq L$$

が成り立ち，さらに

$$L < H(S) + 1$$

を満たす瞬時符号が存在する．たとえば，平均符号長の最も短い瞬時符号の平均符号長 L^* は

$$H(S) \leq L^* < H(S) + 1$$

を満たす．定理 4.2 の証明からわかる通り，1 つめの不等式はシャノンの補助定理そのものである．そして，シャノンの補助定理を適用するために，瞬時符号の符号語長に関する条件であるクラフトの不等式が利用される．また，2 つめの不等式は，クラフトの不等式により正しいことが確認される．情報源符号化定理（定理 4.2, 4.3）は情報理論における重要な結果であり，その定理を支えていることからもクラフトの不等式の重要性がわかる．ここで注意したいのは，クラフトの不等式は次の 2 つの内容を持っていたことである．1. 瞬時符号であれば符号語長がクラフトの不等式を満たす，2. 符号語長がクラフトの不等式を満たせばその符号語長を持つ瞬時符号が存在する．定理 4.2 の 1 つめの不等式の証明には 1 が使われ，2 つめの不等式の証明には 2 が使われている．

章末問題

4.1 つぎの (1)〜(8) の文章は正しいか．正しい場合は○をつけよ．また，間違っている場合は×をつけ，何が間違っているのか説明せよ．

(1) 符号化において，各情報源記号に対応する置き換え後の系列を符号とよぶ．

(2) 符号化において，情報源記号の 1 記号あたりの符号語長の長さを平均符号長とよぶ．

(3) 非等長符号では，符号語長はすべて異なっている．

(4) 語頭条件は，瞬時符号であるための必要十分条件である．

(5) 木構造においては，内部節点も葉になることがある．

(6) クラフトの不等式を満たすならば，そのような符号語の割り当てはすべて瞬時符号となる．

(7) ある情報源 S を 2 元符号化する場合，その平均符号長の下限は情報源のエントロピー $H(S)$ に等しい．

(8) どんな 1 次マルコフ情報源 S を 2 元符号化する場合でも，その平均符号長を 1 次エントロピー $H_1(S)$ より小さくすることはできない．

4.2 つぎの表の確率分布を持つ記憶のない定常情報源から情報源系列 ABBDACA が出力されたとする．この系列を表の符号 C によって符号系列に変換せよ．また，その平均符号長はいくらか求めよ．

x	$P(x)$	C
A	1/2	0
B	5/16	10
C	1/8	110
D	1/16	111

4.3 例 4.1 の符号 C1 で符号化された系列が，0110110010 であったとする．この符号語系列を元の系列に復号せよ．

4.4 例 4.3 の符号 C5 または C6 で符号化された系列が，011011110 であったとする．符号 C5 または C6 それぞれの場合について，この符号語系列を元の系列に復号せよ．

4.5 つぎの表の符号は，それぞれ瞬時符号か否か答えよ．また，その理由について述べよ．

x	C1	C2	C3
A	111	0	1
B	100	1	01
C	110	01	001
D	101	11	000

4.6 1, 0 を確率 0.1, 0.9 で出力する記憶のない定常情報源 S を考える．このとき，S の 1 次エントロピーよりも平均符号長が小さくなる符号化は可能か答えよ．

第5章　情報源符号化法

本章では，効率のよい具体的な符号化方法の1つとしてハフマン符号を紹介する．ハフマン符号は，1952年にハフマン博士によって提案された簡便で効率のよい情報源符号化方式である．情報源記号の定常的な確率分布が既知である場合には，ハフマン符号化によって平均符号長が最短となるような符号語を各情報源記号に割り当てることができる．さらに，記号ごとではなく，適当に区切った情報源系列ごとにハフマン符号を割り当てることで，より効率のよい符号化を行うことができる．

本章ではまた,「ひずみ」が許される場合の情報源符号化についても簡単に触れる．実は，元の情報源系列に完全には復元できなくてもかまわないという状況では，平均符号長を情報源のエントロピーより小さくすることが可能になる．たとえば，元が画像や音楽といったアナログデータの場合，人間の目や耳には違いがわからない程度に元データをひずませることで，データ量を大幅に削減することができる．

5.1　ハフマン符号

与えられた定常情報源 S に対し，情報源記号ごとに符号語を割り当てる一意復号可能な符号のうち，その平均符号長がもっとも短くなるような符号を**コンパクト符号** (compact code) という．**ハフマン符号** (Huffman code) は，歴史的にも応用的にも重要なコンパクト符号の1つである．

以下ではまず，ハフマン符号による符号化（ハフマン符号化）の手順について解説する．ハフマン符号化では，情報源 S の各情報源記号の確率分布が既知である場合，それを手掛かりに**ハフマン木** (Huffman tree) とよばれる最適な瞬時符号の符号木を構築する．そして，ハフマン木を用いて情報源系列を1記号ずつ符号化する．一般に r 元のハフマン符号を考えることもできるが，説明が煩雑になるので，ここでは2元符号化の場合について説明する．符号木の構築手順はつぎのとおりである．

〈ハフマン木の構築手順〉

(1) まず，各情報源記号に対応する葉を作る．このとき，各葉には，情報源記号の生起確率をつけておく．これを葉の確率とよぶことにする．

(2) 確率のもっとも低い葉を2つ選び，それらを束ねる親を作る．つまり，新たな節点を作って，そこから選んだ2つの葉へ分岐する枝を張る．この2本の枝の一方には0を，他方には1をラベルとしてつける．新たにできた親には2つの葉の確率の和をつけ，これをそれらの葉に代わる新しい葉とする．すなわち，元の2つの葉が束ねられて1つの葉になったとみることにする．

(3) すべての葉が束ねられ，1つになっていれば終了する．そうでなければ，(2)に戻って，(束ねられて1つになった葉も含めて）残っている葉の中で確率がもっとも小さいものを2つ選んで束ねる手順を繰り返す．

この手順によって，最後にできた頂点を根とする木が完成する．すべての情報源記号はその木の葉に対応しており，根から葉への路上のラベルが各符号語に対応している．すなわち，この手順で作られる木は瞬時符号の符号木となっている．ここで，枝へのラベルのつけ方には自由度があるが，一方が0で他方が1になっていればどちらであっても構わない．また，確率がもっとも小さい葉を2つ選ぶとき，同じ確率の葉が複数ある場合はどちらでも好きなほうを選んで束ねて構わない．その理由は後述する．まずはつぎの例を見てみよう．

【例 5.1】 情報源記号 A, B, C, D, E, F, G をそれぞれ確率 0.34, 0.3, 0.12, 0.1, 0.08, 0.05, 0.01 で出力する定常情報源 S を考える．この情報源 S に対するハフマン木を手順に従って構築してみよう．

まず，各情報源記号を並べ，それに対応する葉を作る（**図 5.1**(a)）．一番小さい確率の葉のペアは，F と G であるから，それらを束ねる親 V_1 を作る．V_1 の確率は F と G の確率の和で，0.06 となる（同図 (b)）．V_1 を新たな葉として，残る A, B, C, D, E, V_1 の中から最小の確率の葉を2つ選ぶと，E と V_1 である．これらを束ねて V_2 を作る（同図 (c)）．V_2 の確率は $0.06 + 0.08 = 0.14$ である．つぎに A, B, C, D, V_2 から選ぶと，C と D が一番小さいので，これらを束ねて V_3 を作る（同図 (d)）．以下，繰り

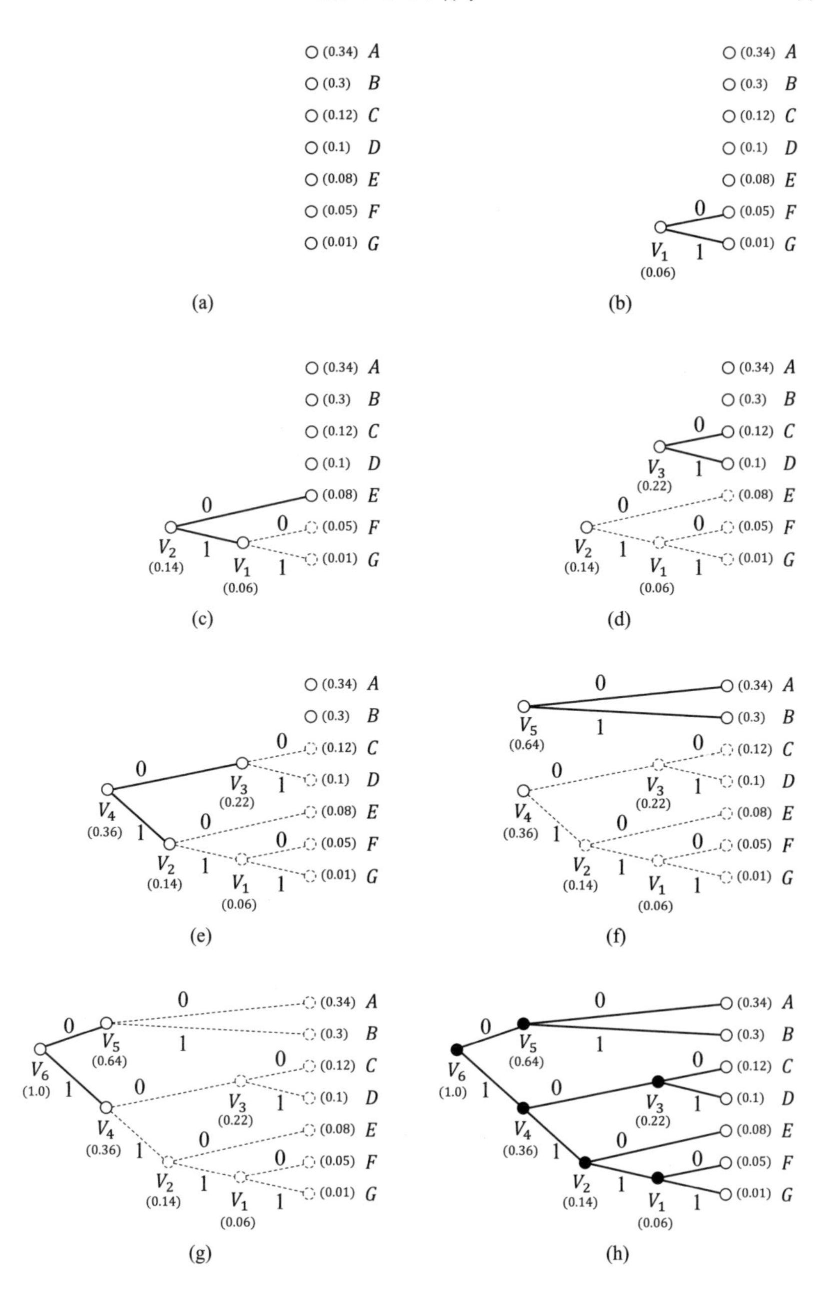

図 5.1 ハフマン木の構築例

返すと，A, B, V_3, V_2 から V_2, V_3 を束ねて V_4 ができ（同図 (e)），A, B, V_4 から A, B が束ねられて V_5 が（同図 (f)），最終的に V_5 と V_4 が束ねられて V_6 となって構築手順が終了する（同図 (g)）．葉を束ねる途中でできる枝には，一方に 0 が，他方に 1 がラベル付けされることに気をつける．以上で，V_6 を根としたハフマン木（同図 (h)）が構築された．

図 5.1 では枝どうしの交差はなかったが，記号の配置の仕方によっては交差が生じることがある．最初に生起確率の順番に記号を並べておけば比較的に交差の少ない図になるが，それでも交差が生じることはある．

例題 5.1　上の例 5.1 と同じ情報源 S に対するハフマン符号を構成せよ．また，その符号の平均符号長を求め，S の 1 次エントロピーとの差を求めよ．

（解答）　情報源 S に対してハフマン木を構築すると図 5.1(h) のようになるので，情報源記号 A, B, C, D, E, F, G に対する符号語は，それぞれ，00, 01, 100, 101, 110, 1110, 1111 となる．したがって，その平均符号長を L とすると，

$$
\begin{aligned}
L &= 2 \times 0.34 + 2 \times 0.3 + 3 \times 0.12 \\
&\qquad + 3 \times 0.1 + 3 \times 0.08 + 4 \times 0.05 + 4 \times 0.01 \\
&= 0.68 + 0.6 + 0.36 + 0.3 + 0.24 + 0.2 + 0.04 \\
&= 2.42
\end{aligned}
$$

となる．一方，情報源 S の 1 次エントロピー $H_1(S)$ は，

$$
\begin{aligned}
H_1(S) &= -0.34 \log_2 0.34 - 0.3 \log_2 0.3 - 0.12 \log_2 0.12 \\
&\qquad - 0.1 \log_2 0.1 - 0.08 \log_2 0.08 - 0.05 \log_2 0.05 - 0.01 \log_2 0.01 \\
&\approx 2.324
\end{aligned}
$$

したがって，その差は $2.42 - 2.324 = 0.096$（ビット）である．□

【練習問題 5.1】　情報源記号 A, B, C, D をそれぞれ確率 $0.5, 0.25, 0.2, 0.05$ で出力する定常情報源 S を考える．この情報源 S に対するハフマン符号を構成せよ．また，その符号に対する平均符号長を求め，情報源 S の 1 次エントロピーとの差を求めよ．

つぎに，ハフマン符号がコンパクト符号であることを証明しよう．その前にまず，つぎの補助定理が成り立つことを示しておく．

補助定理 5.1 コンパクトな瞬時符号の符号木において，もっとも長い符号語に対応する葉は少なくとも 2 つあり，それらのどの葉に対しても共通の親を持つもう 1 つの葉が存在する．そして，これらの 2 つの葉が生起確率のもっとも小さい 2 つの情報源記号に対応しているコンパクトな瞬時符号の符号木が必ず存在する．

（証明） 後出の練習問題 5.2 よりコンパクト符号が存在するので，コンパクト符号を 1 つ用意する．その符号の最長の符号語に対応する任意の情報源記号を α とし，その生起確率を p_α とする．また，葉 α の親を N とする．

いま，節点 N で分岐していないと仮定すると，N を葉として α の符号語を割り当てたほうが平均符号長が短くなる．これは，元の符号木がコンパクト符号の木であることに反する．したがって，節点 N で必ず分岐しており，N には α の他にもう 1 つの子が存在する．α の葉は木の深さが最大であることから，もう一方の子も葉でなければならない．したがって，もっとも長い符号語に対応する葉は少なくとも 2 つあり，そのうちの 2 つは共通の親を持っている．

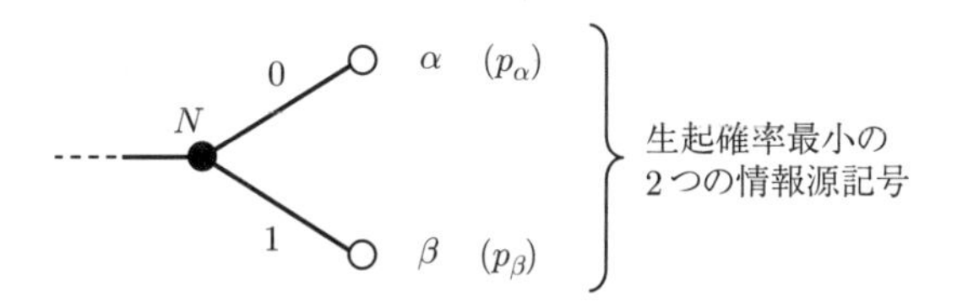

図 5.2 コンパクト符号の符号木における最高次の葉

いま，節点 N のもう一方の子に対応する情報源記号を β とする．ここで，その生起確率を p_β とすると，$p_\alpha \le p_\beta$ と仮定しても一般性を失わない．もし，β よりも確率の低い記号 γ（生起確率 $p_\gamma < p_\beta$）が，これらより次数の低い葉に割り当てられていたと仮定すると，β と γ を入れ替えることで平均符号長を短くすることができる．よって，これも元の符号がコンパクトであることに反する．したがって，β よりも生起確率が小さい記号は，すべて深さ最大の節点に割り当てられている．これらの節点への割り当てはどのように入れ替えても平均符号長は変わらないので，生起確率がもっとも小さい 2 つの情報源記号を，節点 N の 2 つの子として割り当てるコンパクトな瞬時符号の符号木が存在する。 □

【練習問題 5.2】 コンパクト符号が存在することを示せ.[1)]

定理 5.1 ハフマン符号はコンパクト符号である.

(証明) 情報源アルファベットのサイズを M とする. ハフマン木の構築手順は, 葉を統合されて最終的に根でまとめられ 1 つの符号木になった. 以下に述べる定理の証明では, ハフマン符号の符号木を最初の木 T_0 とし, 構築手順のステップ (2) によって葉が統合されて小さい木が順に作られていくとみる. このとき, i ステップ目にできる木を T_i とすると, ステップごとに葉の個数は 1 ずつ減少する. また, T_i は $M-i$ 個の葉を持つ (情報源記号が $M-i$ 個の) 瞬時符号の符号木とみることができる. ここで, 最後の段階 ($M-2$ ステップ目) では木 T_{M-2} は $M-(M-2)=2$ 個の葉からなる木になることに注意する. そのような木は明らかにコンパクト符号の木である. そこで, T_{i+1} がコンパクト符号の木であると仮定して, T_i もコンパクト符号の木であることを証明できれば, 帰納法により T_0 もコンパクト符号の木であることが証明できる.

符号木 T_i における平均符号長を L_i とする. このとき, L_{i+1} と L_i の関係について考えてみよう. T_i の確率最小の 2 つの葉を α, β とし, それぞれの生起確率を p_α, p_β とする. T_{i+1} では, これらが 1 つの葉にまとめられて枝が 1 本分短くなる葉ができる (図 5.3 参照) ので, α, β らが ℓ 次の葉であるとすると,

$$
\begin{aligned}
L_{i+1} &= L_i - \ell p_\alpha - \ell p_\beta + (\ell - 1)(p_\alpha + p_\beta) \\
&= L_i - p_\alpha - p_\beta
\end{aligned}
$$

となる. ここで, T_{i+1} がコンパクト符号の木であるのに, T_i はそうではないと仮定する. すると, T_i と同じ葉を持つ, より平均符号長が短いコンパクトな瞬時符号の木が存在するはずである. そのような木で α, β が共通の親 N' を持つ最大次数 ℓ' の葉であるような木を T_i' とし, その平均符号長を L_i' とする. 補助定理 5.1 よりそのような木 T_i' は必ず存在する. 仮定より $L_i' < L_i$ であることに注意しよう.

T_i' の 2 つの葉 α, β を節点 N' にまとめて新たな符号木 T_{i+1}' を作る. この木は T_{i+1} と同じ葉を持ち, その平均符号長は

$$
\begin{aligned}
L_{i+1}' &= L_i' - \ell' p_\alpha - \ell' p_\beta + (\ell' - 1)(p_\alpha + p_\beta) \\
&= L_i' - p_\alpha - p_\beta \\
&< L_i - p_\alpha - p_\beta = L_{i+1}
\end{aligned}
$$

1) この練習問題は補助定理 5.1 の証明に興味を持った読者に挑戦してもらいたい. 他の練習問題よりも難易度が高く, 必ずしも自力で解ける必要はない.

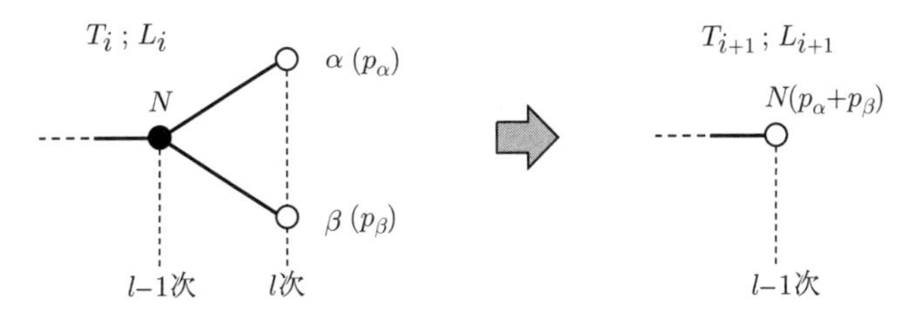

図 5.3　T_i と T_{i+1} の関係

となる．これは，T_{i+1} がコンパクト符号の木であるという前提に矛盾する．したがって，T_i もコンパクト符号であることが導かれる（以上の証明の構造を図解すると，**図 5.4** のようになっている）．　□

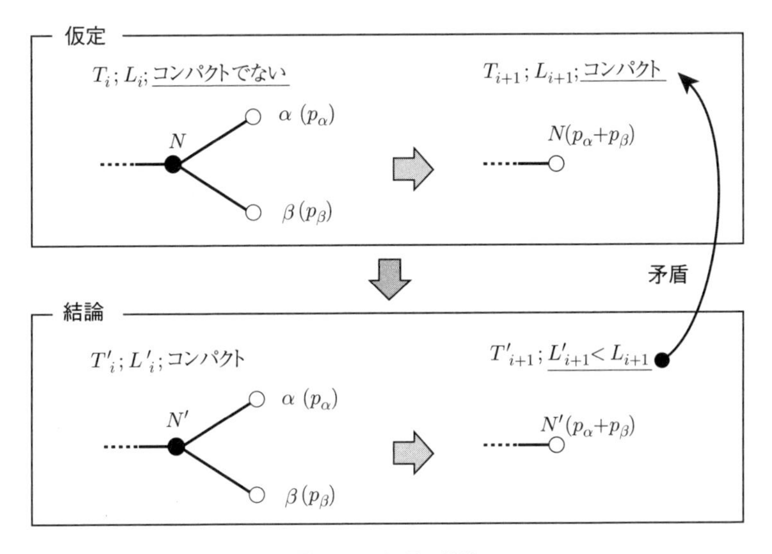

図 5.4　証明の構造

先のハフマン符号の構築手順に従うと，分岐先の枝への 0, 1 の割り当て方によって割り当てられる符号語の見かけが異なる．また，情報源記号の生起確率分布によっては，途中の葉の選択の仕方が複数通り存在することがある．しかしながら，それらはどのようにしても，符号の平均符号長はすべて等しくなる．

【例 5.2】 情報源記号が A, B, C, D で，各情報源記号の生起確率が 0.35, 0.3, 0.25, 0.1 である 4 元情報源 S を考える．このとき，情報源 S に対するハフマン符号の符号木を構築すると，枝ラベルの割り当て方を区別しない場合，**図 5.5** のように 2 通りの木が構築できる．

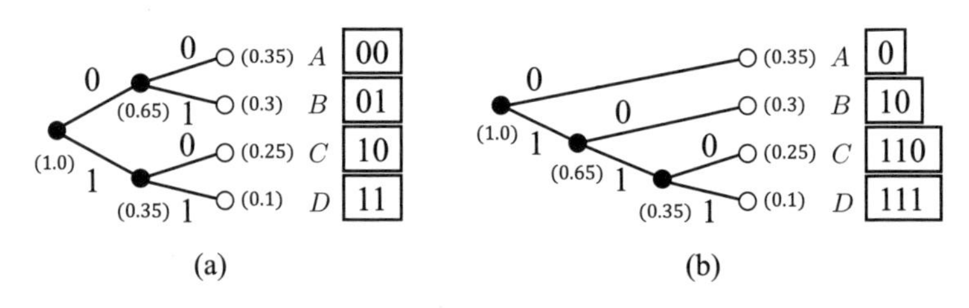

図 5.5　符号語長が異なるハフマン符号

左の (a) の木の平均符号長 L_a は明らかに 2 である．右の (b) の木の平均符号長 L_b を計算すると，

$$L_b = 1 \times 0.35 + 2 \times 0.3 + 3 \times 0.25 + 3 \times 0.1$$

$$= 0.35 + 0.6 + 0.75 + 0.3 = 2$$

となる．すなわち，$L_a = L_b$ であることが確認できる．

5.2　ブロックハフマン符号化

前節では，ハフマン符号によって情報源記号ごとに最適な符号語を割り当てられることを示した．しかし，たとえば情報源記号 $0, 1$ がそれぞれ確率 $0.8, 0.2$ で生起するような 2 元情報源 S に対してハフマン符号はうまく符号語を割り当てられるだろうか．この情報源の 1 次エントロピーは $H_1(S) = \mathcal{H}(0.8) \approx 0.7219$ であるが，1 記号ずつ取り扱ったのではたとえハフマン符号を使ったとしても，平均符号長を 1 より小さくすることができないのは明らかである．この場合，第 4 章の情報源符号化定理（定理 4.3）のところで議論したように，n 次拡大情報源を考えるとうまく平均符号長を小さくできる．つぎの例を見てみよう．

【例 5.3】 情報源記号 $0, 1$ がそれぞれ確率 $0.8, 0.2$ で生起するような記憶のない 2 元情報源 S に対して，その 2 次拡大情報源 S^2 を考える．すると，各情報源記号は，$00, 01, 10, 11$ の 4 つとなり，それぞれの生起確率は $0.64, 0.16, 0.16, 0.04$ となる．これらに対し，ハフマン木を構築すると**図 5.6** のようになるので，S^2 の各情報源記号にそれぞれ $0, 10, 110, 111$ という符号語を割り当てることになる．このとき S^2 上の 1 記号あたりの平均符号長 L_2 は，

$$\begin{aligned} L_2 &= 1 \times 0.64 + 2 \times 0.16 + 3 \times 0.16 + 3 \times 0.04 \\ &= 1.56 \end{aligned}$$

であるので，元の S 上の 1 記号あたりの平均符号長 L は $L = L_2/2 = 1.56/2 = 0.78$ となる．確かに 1 記号あたり 1 ビット以下で符号化できており，1 次エントロピー $H_1(S) \approx 0.7219$ に近づいていることがわかる．

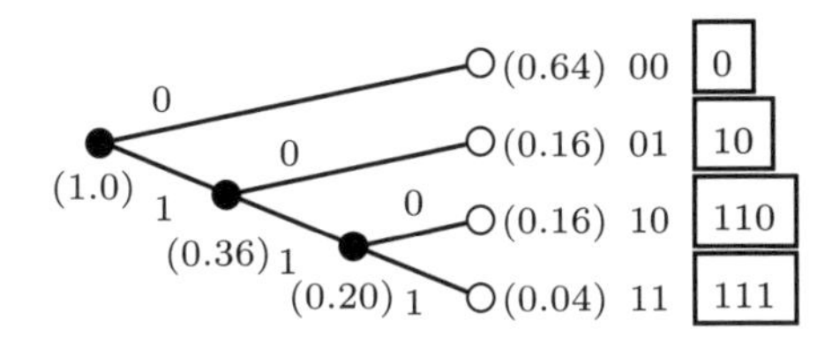

図 5.6　2 次拡大情報源に対するハフマン符号

この例のように，情報源系列を一定個数の情報源記号ごとにまとめて符号化することを，**ブロック符号化** (block coding) という．とくに，n 次拡大情報源をハフマン符号化する符号は**ブロックハフマン符号** (Block Huffman code) とよばれる[2)]．

> **例題 5.2**　情報源記号 0, 1 を確率 0.8, 0.2 で発生する記憶のない 2 元情報源 S を考える．この情報源 S が出力する系列に対して，平均符号長が 0.74 より小さくなるような符号化を行え．

(解答)　先の例 5.3 より，S^2 に対するハフマン符号は平均符号長は 0.78 であるので，さらに大きな n に対するブロック符号化を考える必要がある．3 次拡大情報源 S^3 を考えてみよう．この場合，ハフマン木を構築すると**図 5.7** のようになる．したがって，S^3 上の 1 記号あたりの平均符号長 L_3 は，

$$\begin{aligned} L_3 &= 1 \times 0.512 + 3 \times (0.128 + 0.128 + 0.128) \\ &\quad + 5 \times (0.032 + 0.032 + 0.032 + 0.008) \\ &= 2.184 \end{aligned}$$

2) ハフマンブロック符号 (Huffman block code) ともよばれる．ハフマンとブロックのどちらを先にすべきかは意見が分かれるところである．

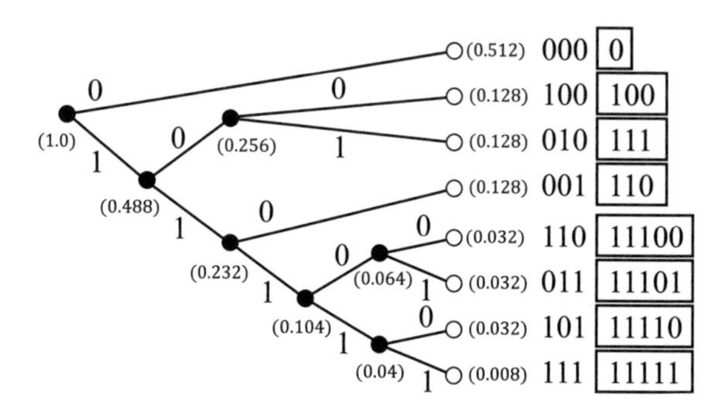

図 5.7　3 次拡大情報源に対するハフマン符号

となる．よって，元の S 上の 1 記号あたりでは $L = L_3/3 = 2.184/3 = 0.728 < 0.74$ となり，題意を満たす．□

【練習問題 5.3】 情報源記号 0, 1 を確率 0.9, 0.1 で発生する記憶のない 2 元情報源 S を考える．この情報源 S が出力する系列に対して，平均符号長が 1 より小さくなるような符号化を行え．

5.3　非等長情報源系列の符号化

先の例 5.3 や例題 5.2 のように，ブロックハフマン符号化の場合，n を増やせばそれだけ 1 情報源記号あたりの平均符号長を下限に近づけることができる．第 4 章で説明したように，コンパクト符号の平均符号長は $H_n(S) + 1/n$ で抑えられる（式 (4.6), $r = 2$）．したがって，ブロックハフマン符号の平均符号長は，多くの場合に $1/n$ の速さで下限に近づいていく．一方，n を増やすとハフマン木の大きさも指数的に増大してしまう．たとえば，平均符号長を下限との差分が 0.1 となるようにするためには，$n = 10$ 程度にする必要がある．そしてこのとき，ハフマン木の葉の数，すなわちハフマン符号の符号語の数は，元が 2 元情報源だとしても $2^{10} = 1024$ 個にもなる．したがって，あまり n が大きいと，どれほど高速・大容量の計算機であっても計算が困難なものとなる．

この問題に対する改善策の 1 つは，異なる長さに区切った情報源系列を 1 つの記号だと見なして符号化することである．すなわち，よく発生する長い系列にはなるべく短い符号語を割り当てるようにして符号化を行う．そのようにすることで，符号化すべき系列の個数を減らしつつ，n の次数が高いブロックハフマン符号と同程度の効果を得ることができる．

【例 5.4】 情報源記号 0, 1 がそれぞれ確率 0.8, 0.2 で生起するような記憶のない 2 元情報源 S に対して，この情報源 S が発生する系列を 1, 01, 001, 000 の 4 種類の非等長な系列に分割する．この 4 つの系列によって，元の情報源系列は一意に分割される．その理由は，**図 5.8** のような木を考えるとわかりやすい．この木は，符号木とは逆に，枝に情報源記号がラベル付けされており，各葉は符号語を割り当てる系列に一対一に対応している．また，葉にはその系列の出現確率がつけられている．各節点はある長さの情報源系列に対応しており，情報源 S の出力に対してこの木を根からたどりながら葉に到達した時点で系列を区切り，根から探索を再開することで元の系列を一意に分割することができる．分割が一意であることは，選択する系列が葉のみに割り当てられていることから明らかである．このような木を**分節木** (parse tree) とよぶ[3)]．

このとき，分割された各系列 000, 001, 01, 1 を情報源記号と考えてハフマン符号を行うと，**図 5.9** のようになる．平均符号長 $\bar{L}$ を計算すると，

$$
\begin{aligned}
\bar{L} &= 1 \times 0.512 + 3 \times 0.128 + 3 \times 0.16 + 2 \times 0.2 \\
&= 1.776
\end{aligned}
$$

となる．分割される系列の平均長 $\bar{n}$ が，

$$
\begin{aligned}
\bar{n} &= 1 \times 0.2 + 2 \times 0.16 + 3 \times 0.128 + 3 \times 0.512 \\
&= 2.44
\end{aligned}
$$

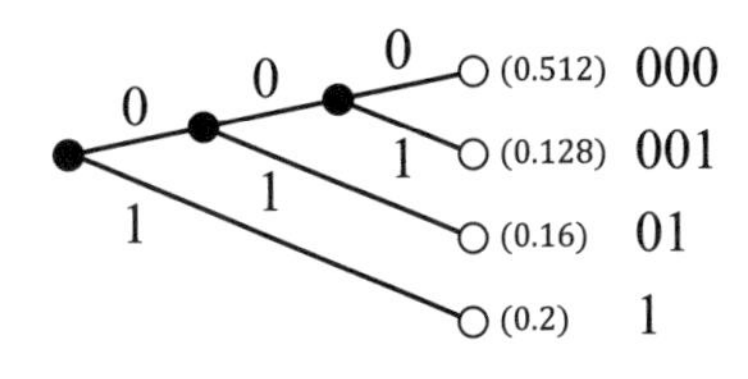

図 5.8　情報源系列に対する分節木

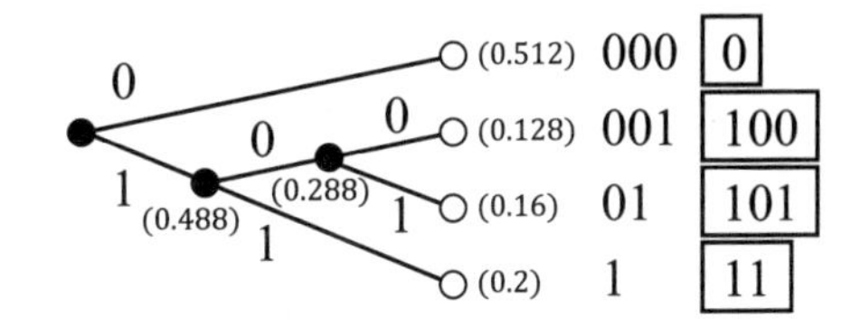

図 5.9　情報源系列に対する分節木

3) 系列に対する符号が瞬時符号であれば，実は情報源系列の分割が一意である必要はない．つまり，分節木の内部節点に対応する系列を選択しても復号化は正しくできる．

であることに注意すると，元の情報源 S の1記号あたりの平均符号長 L は，

$$L = \frac{\bar{L}}{\bar{n}} = \frac{1.776}{2.44} \approx 0.728$$

となる．

例5.3や例題5.2と比べてみると，わずか4つの系列だけに符号語を割り当てているにも関わらず，3次拡大情報源に対するブロックハフマン符号（符号語数8個）と同じ効率で符号化できることがわかる．

上の例は，元の系列を長さ3までの連続する0で区切っているとみることができる．すなわち，情報源系列 $1, 01, 001, 000$ はそれぞれ0の連続（**ラン** (run)）が，$0, 1, 2, 3$ であることを示している．たとえば，系列0011010011000001を図5.8の分節木で分割すると，$001, 1, 01, 001, 1, 000, 001$ となり，ランの長さで表示すると $2, 0, 1, 2, 0, 3, 2$ となる．情報源系列において，同じ記号が連続する長さを**ランレングス** (run length) といい，これを符号化する手法を一般的に**ランレングス符号化** (run-length coding) とよぶ．また，例5.4のように，ランレングスをハフマン符号化する方式は，**ランレングス・ハフマン符号化** (run-length Huffman coding) とよばれる．このランレングス・ハフマン符号化は，実際にFaxの符号化方式の1つとして標準化されている．実際，Faxでは，送信する文書は白い背景に黒いペンで文字や図形が書かれることが多いので，白い領域を0，黒い領域を1としてディジタル化すると，頻繁に0が連続するためランレングス符号化の効果が非常に大きい．

さて，このランレングス・ハフマン符号の平均符号長について考察してみよう．情報源記号 $0, 1$ の生起確率が $1-p, p$ の記憶のない2元情報源について考える．ここで，$p < 1-p$ であると仮定しても一般性は失わない．このとき，$N-1$ 個までの0のランレングスをハフマン符号化することを考える．分節木は**図5.10**のようになる．ランレングス i に対する系列の出現確率を p_i とすると，$0 \leq i \leq N-2$ においては $p_i = (1-p)^i p$ であり，また $p_{N-1} = (1-p)^{N-1}$ となることから，これら N 個の系列の平均符号長 $\bar{n}$ は，

$$\bar{n} = \sum_{i=0}^{N-2} (i+1)p_i + (N-1)p_{N-1}$$

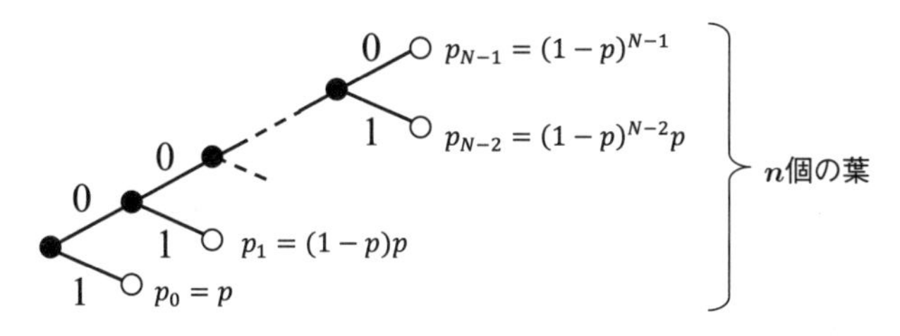

図 5.10　ランレングス符号化のための分節木

$$= \sum_{i=0}^{N-2} (i+1)(1-p)^i p + (N-1)(1-p)^{N-1}$$

$$= \sum_{i=0}^{N-2} (1-p)^i$$

$$= \frac{1-(1-p)^{N-1}}{p}$$

となる[4]．この N 個の系列をハフマン符号化したときの平均符号長を L_N とする．p の値によってハフマン木の構成は変わるので一般的に L_N を見積もることは難しいが，ハフマン符号がコンパクト符号であることから定理 4.2 が成り立つので，L_N は，

$$L_N < -\sum_{i=0}^{N-1} p_i \log_2 p_i + 1$$

を満たす．先にも述べたとおり，$0 \leq i \leq N-2$ においては $p_i = (1-p)^i p$ であり，また $p_{N-1} = (1-p)^{N-1}$ となることから，この右辺は，

$$\begin{aligned} L_N &< -\sum_{i=0}^{N-1} p_i \log_2 p_i + 1 \\ &= -\sum_{i=0}^{N-2} p_i \log_2 p_i - p_{N-1} \log_2 p_{N-1} + 1 \\ &= -\sum_{i=0}^{N-2} p_i \log_2 (1-p)^i p - p_{N-1} \log_2 (1-p)^{N-1} + 1 \end{aligned}$$

---

[4] 3 行目への式変形は，$S_{N-1} = \sum_{i=0}^{N-2} (i+1)(1-p)^i p$ とおくと，$S_{N-1} = \sum_{i=0}^{N-2} (1-p)^i - (N-1)(1-p)^{N-1}$ と変形できることから求められる．（変形は次章「ノート 6.1」参照）

$$
\begin{aligned}
&= -\sum_{i=0}^{N-2} p_i(i\log_2(1-p)+\log_2 p) - p_{N-1}(N-1)\log_2(1-p)+1 \\
&= -[\log_2(1-p)]\left(\sum_{i=0}^{N-2} ip_i + (N-1)p_{N-1}\right) - [\log_2 p]\sum_{i=0}^{N-2} p_i + 1 \\
&= -[\log_2(1-p)]\left(\sum_{i=0}^{N-2}(i+1)p_i + (N-1)p_{N-1} - \sum_{i=0}^{N-2} p_i\right) \\
&\quad - [\log_2 p]\sum_{i=0}^{N-2} p_i + 1
\end{aligned}
$$

$\bar{n} = \sum_{i=0}^{N-2}(i+1)p_i + (N-1)p_{N-1}$, $\sum_{i=0}^{N-2} p_i = 1 - p_{N-1} = \bar{n}p$ であることを使うと,

$$
\begin{aligned}
L_N &< -[\log_2(1-p)](\bar{n}-\bar{n}p) - [\log_2 p]\bar{n}p + 1 \\
&= \bar{n}(-(1-p)\log_2(1-p) - p\log_2 p) + 1 \\
&= \bar{n}H(S) + 1
\end{aligned}
$$

となり，すなわち,

$$
L_N < H(S)\bar{n} + 1
$$

を満たすことがいえる．よって，情報源 S の 1 記号あたりの平均符号長 L は,

$$
L = \frac{L_N}{\bar{n}} < H(S) + \frac{1}{\bar{n}} \tag{5.1}
$$

を満たす．ランレングスの平均長は $\bar{n} = (1-(1-p)^{N-1})/p$ であったので，N が増大するに従って急速にその極限である $1/p$ へと収束していく．すなわち，平均符号長の上限は $H(S)+p$ へと漸近することになる．

一方，ブロックハフマン符号化の場合は，1 情報源記号あたりの平均符号長 L の上限が,

$$
L < H(S) + \frac{1}{n}
$$

であり，情報源系列の長さ n と個数 N との関係は $n = \log_2 N$ であった．すなわち，N に対する n の増加は $\bar{n}$ に比べると緩やかで，p が小さいときはランレングス・ハフマン符号のほうが早く $H(S)$ に近づく．たとえば，$p = 0.01$ とすると $\frac{1}{n}$ が p 以下になるのは $n \geq 100$ のときとなり，同程度の平均符号長をブロックハフ

マン符号で得ようとすると n をかなり大きくとる必要があることが予想される．**図 5.11** に，$p = 0.01$ の場合について，ブロックハフマン符号化とランレングス・ハフマン符号化それぞれの 1 情報源記号あたりの平均符号長の上限を示す．

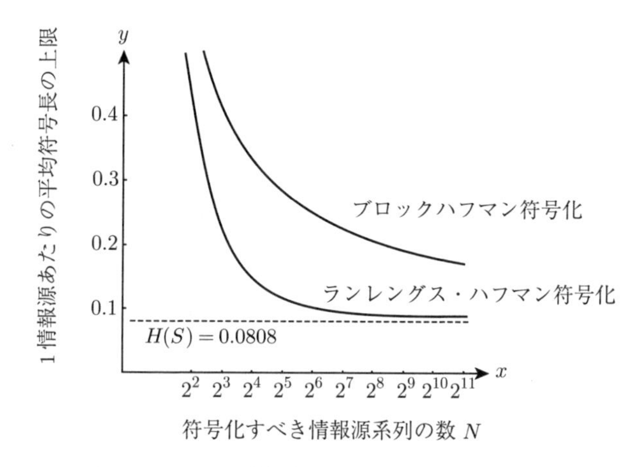

図 5.11 ブロックハフマン符号化とランレングス・ハフマン符号化の上限

例 5.4 では，2 元情報源に対してランレングス符号化を用いた情報源系列の分割を行った．ランレングス符号化が有効なのは，同じ記号がなるべく連続して出現する場合である．先の例では p が 0 に非常に偏っているとき，すなわち 0 が連続しやすく稀にしか 1 が出ないような場合である．p が 0.5 に近いと，ランレングス符号化はうまく働かない．また，2 元ではなく M 元情報源の場合も同様で，各情報源記号の生起確率にかなりの偏りがなければランレングス符号化の効果は薄くなる．では，どのように情報源系列を分割するのがもっとも効率がよいだろうか．

ここで，効率がよい分割というのは平均符号長をより短くするという意味である．式 (5.1) の関係を思い出すと，すなわちそれは，分割された系列の平均長がなるべく長くなるような分割を意味する．詳細な証明は省略するが，記憶のない M 元情報源において各記号 $\{a_0, a_1, \cdots, a_{M-1}\}$ の生起確率 $p_i (0 \leq i \leq M-1)$ が与えられているとき，そのような分割を達成できる最適な分節木はつぎのような手順で構築できる．ただし，符号語を割り当てる葉は N 個以下であるとする．

〈最適な分節木の構築手順〉

(1) まず，根から各情報源記号に対応する M 本の枝を伸ばし，i 番目の葉に確率 p_i をつける．これを初期木とする．

(2) 現在の分節木の葉の数に $M-1$ を足したものが N を超えないのであれば，つぎのステップを実行する．そうでなければ終了する．

(3) 葉の中から確率が最大となるものを 1 つ選ぶ．その確率を $\hat{p}$ とする．その葉から各情報源記号に対応する M 本の子を伸ばして新たな葉を作り，その i 番目の葉に確率 $\hat{p}p_i$ をつける．そしてステップ (2) へ戻る．

この手順によって構築される分節木は，分割される系列の平均長を最大にする．このことは，この構成法ではつねに最大の確率を持つ葉を伸ばしていることからも直観的にわかるだろう．この構成法によって構築される分節木は，**タンストール木** (Tunstall tree) とよばれる．つぎの例を見てみよう．

【例 5.5】 例 5.4 と同じ記憶のない定常情報源 S を考える．すなわち，情報源記号は $0, 1$ でそれぞれ $0.8, 0.2$ の確率で生起する．この S から出力される情報源系列を 4 種類の系列に分割するためのタンストール木を構築してみよう．いま，$p_0 = 0.8$, $p_1 = 1 - p_0 = 0.2$ で $M = 2$, $N = 4$ という条件である．まず最初のステップで根と 2 つの葉を作る（**図 5.12**(a)）．ここで，0 がラベル付けされた枝をたどった葉（以降，0 側の葉）には確率 0.8 を，1 がラベル付けされた枝をたどった葉（以降，1 側の葉）には確率 0.2 をつける．つぎに，最大の確率を持つ葉を選ぶと，2 つの葉のうち 0 に対応する葉が最大なので，そこからさらに枝を 2 つ伸ばす（図 5.12(b)）．0 側の葉の確率は $0.8 \times 0.8 = 0.64$ で，1 側の葉の確率は $0.8 \times 0.2 = 0.16$ となる．この時点ではまだ葉の数は 3 つなので，$3 + (2 - 1) = 4 \leq N$ より，木の延長を続ける．確率最大の葉は 00 に対応する葉であるので，そこからさらに枝を 2 つ伸ばす（図 5.12(c)）．ここでようやく葉の数が 4 つになったので構築を終了する．

この場合，最終的に出来上がったタンストール木は，結局のところ図 5.8 の木と同じになることが確認できる．これは $0, 1$ の出現確率が偏っていたためで，符号語の数が 9 個までのタンストール木はランレングス符号と同じ分節木になるが，葉の数が 9 個の最適な分節木では (0 が 8 つ並ぶ確率) $= 0.8^8 \approx 0.1678 < 0.2$ よ

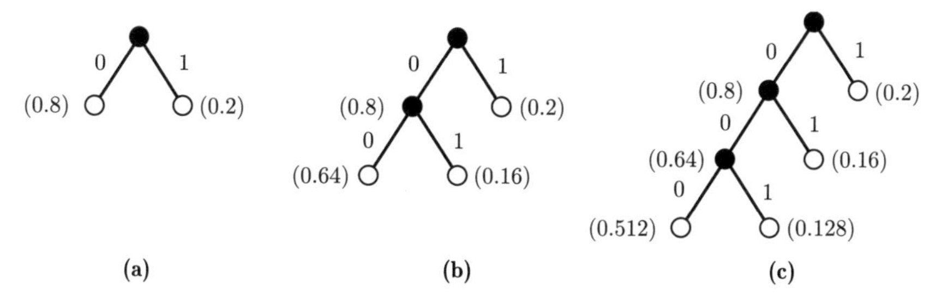

図 5.12　タンストール木の構築例

り根の 1 側の葉の確率が最大になり，こちらの葉の下に枝が伸び，葉の数が 10 個でようやく形が違う木になる．

例題 5.3　情報源記号 a, b, c を確率 $0.5, 0.4, 0.1$ で発生する記憶のない 3 元情報源 S を考える．この情報源 S が出力する系列に対して，葉の数が 7 個のタンストール木を構築し，分割される系列の平均長を計算せよ．また，タンストール木を分節木として情報源系列を分割し，ハフマン符号化すると平均符号長がいくらになるか計算せよ．

（解答）　与えられた情報源 S に対して，タンストール木の構築手順に従い分節木を構築すると，**図 5.13** のようになる．

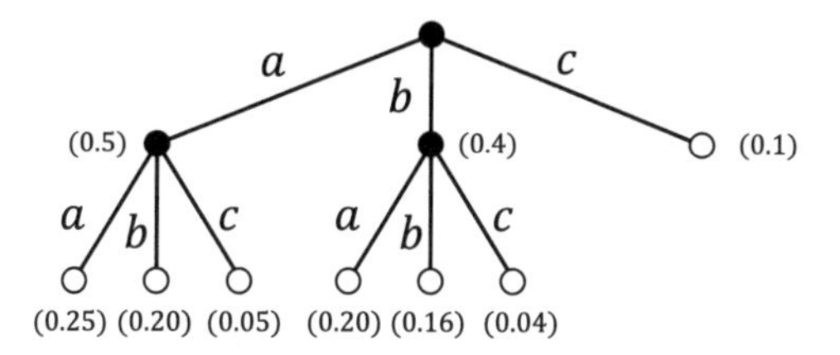

図 5.13　情報源 S の葉の数が 7 個のタンストール木

したがって，系列の平均長 $\bar{n}$ は，

$$\begin{aligned}\bar{n} &= 2 \times (0.25 + 0.20 + 0.05) + 2 \times (0.20 + 0.16 + 0.04) + 1 \times 0.1 \\ &= 1.9\end{aligned}$$

である．また，各系列を 1 記号とみなしてハフマン木を構築すると，**図 5.14** のようになる．

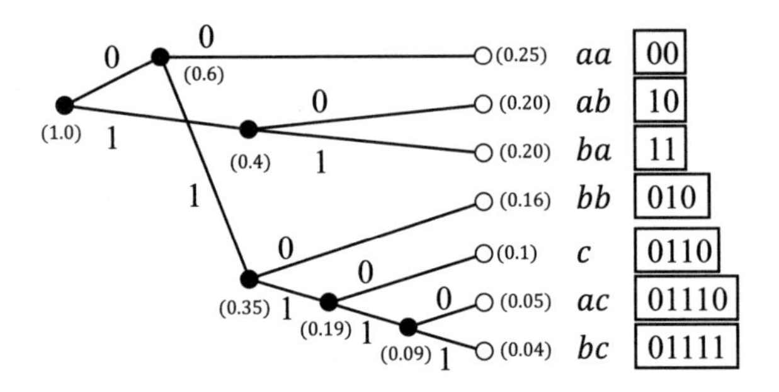

図 5.14 図 5.13 の分節木による情報源系列に対するハフマン木

このときの，系列ごとの平均符号長 L_T は，

$$L_T = 2 \times (0.25 + 0.20 + 0.20) + 3 \times 0.16 + 4 \times 0.1 + 5 \times (0.05 + 0.04)$$
$$= 2.63$$

となる．よって，元の 1 記号あたりの平均符号長 L は，

$$L = \frac{L_T}{\bar{n}} = \frac{2.63}{1.9} \approx 1.384$$

となる．

ちなみに，この情報源 S のエントロピーは $H(S) = H_1(S) \approx 1.361$ で，情報源 S に対して通常のハフマン符号を行った場合の平均符号長は 1.5 である．さらに 2 次拡大情報源に対してブロックハフマン符号をすると 1.415 となる．このように，2 次のブロックハフマン符号では 9 つの系列に符号語を割り当てているのに比べて，8 つの系列だけに符号語を割り当てているにも関わらず，より短い平均符号長を達成していることがわかる． □

【練習問題 5.4】 情報源記号 $0, 1$ を確率 $0.6, 0.4$ で発生する記憶のない 2 元情報源 S を考える．この情報源 S が出力する系列に対して，葉の数が 6 個のタンストール木を構築し，分割される系列の平均長を計算せよ．また，タンストール木を分節木として情報源系列を分割し，ハフマン符号化すると平均符号長がいくらになるか計算せよ．さらに，情報源 S の 3 次拡大情報源 S^3 に対するブロックハフマン符号の平均符号長と比べてどちらがより短くなるか答えよ．

もしも符号語の個数 N を十分大きくとれるのであれば，葉の確率分布は一様なものに近づくので，さらにハフマン符号化するまでもなく $\log_2 N$ ビットの固定長符号を割り当てたほうが簡単である．そのような符号は，提案者の名をとって**タンストール符号** (Tunstall code) とよばれる．タンストール符号は，古典的な**可変長系列–固定長符号**（Variable-length-to-Fixed-length code; VF 符号）である．タンストール符号も，ハフマン符号と同様，N の極限においてはエントロピー $H(S)$ に収束することが知られているが，ブロックハフマン符号と比べて平均符号長が下限に収束する速度が遅いため，一般にはブロックハフマン符号のほうが効率がよく，実際的にも用いられることは少ない．しかしながら，符号語が固定長であることは復号の際に便利であり，工学的見地から有益な点がある．ハフマン符号などの可変長符号化に比べると少数ではあるが，これまでに VF 符号の効率を改善するための研究がなされている．

仮にタンストール木を際限なく大きくすることができるとすると，ある長さ n の系列を 1 つの符号語に対応させることができる．実際には分節木を大きくしすぎると取り扱いが大変になるので単純には実現できないが，同じように情報源系列全体を 1 つの符号語に符号化するという考え方に基づいた符号化に**算術符号化** (arithmetic coding) がある．本書では詳しく紹介しないが，算術符号化とそのバリエーションは装置化が比較的簡単で効率がよく，さまざまな情報源に対して適用できる優れた符号化である．算術符号化に関する詳細は，他の文献（たとえば今井秀樹著「情報理論」（オーム社）など）を参照していただきたい．

5.4　ひずみが許される場合の情報源符号化

画像や音声などのマルチメディアデータも，これまで本書で取り扱ってきたような記号列で同様に表現することができる．たとえば画像データの場合，2 次元平面に並んだ目の細かい格子（ドットという）に色を並べたものとして表現できる．色は RGB 表色系の場合，赤 (red)，緑 (green)，青 (blue) の光の 3 原色について その強さを離散値として表し，その 3 つ組みで表現することができる．離散値は記号として取り扱えるので，ようするに 1 枚の画像は 3 つの記号で示した各ドットを一列に並べたものとして表現できる．

このようなデータに対して，これまで議論した情報源符号化を行えば，確かにデータ量を小さくすることが可能である．しかし，元がアナログ量で表現されるデータは，完全に元通りに復元できなくても人間が感じ取るうえで不都合がなければ問題ない場合が多い．たとえば，**図 5.15** と**図 5.16** は 2004 年 5 月に著者が撮影した北大ポプラ並木の写真であるが，図 5.15 のほうは上述したような表現のデータ（ビットマップ形式ファイル）であり，図 5.16 のほうはそれを JPEG 形式とよばれるひずみを許した圧縮形式で保存したものである．画像のサイズは 512×512 であり，ビットマップ形式のファイルサイズは 768KB である．一方の JPEG 形式のファイルサイズは 90.9KB で，ビットマップ形式のおよそ 12 %程度まで小さくなっている．このように大幅にデータ量を削減しているにも関わらず，BMP 形式とほぼ遜色ないレベルでデータが復元できていることが見て取れる．

図 5.15　BMP ファイル (768KB)　　　**図 5.16**　JPEG ファイル (90.9KB)

そもそも，アナログ量を離散化する段階ですでに元の情報からは**ひずみ** (distortion) が生じている．画像の例のように，ある程度の品質が保証されるのであれば，符号化する際にわざとひずみを加えてでも平均符号長をより小さくしたいという場合は多い．ところで，情報源符号化定理によると，平均符号長の下限は情報源のエントロピーであった．では，ひずみを加えることで，どのくらいこの下限を下げることができるだろうか．

ある情報源 S からの出力 X に対し符号化する時点でひずみを加え，(理想的な)

通信路を経由して相手先に送ったとしよう．通信の相手側では，通信路から出てきた符号語を復元して Y を受け取ったとする．とすると，受信した側は Y の値を知ることになるが，S の元の出力 X に関してなお平均 $H(X|Y)$ のあいまいさが残ることになる．すなわち，伝えられる情報の量は $H(X) - H(X|Y) = I(X;Y)$ となり，ひずみを許した場合の限界は X と Y の相互情報量で表されることがわかる．

では，どの程度ひずませれば，どのくらい相互情報量が小さくなるのだろうか．まずは，ひずみの量について定義しなければならない．

2つの値 x と y の相違を評価する関数 $d(x,y)$ を考える．$d(x,y)$ が大きいほど x と y は異なっており，すなわちひずみが大きいと考えるのである．また，$d(x,y)$ は $d(x,y) \geq 0$ であり，$x = y$ のとき $d(x,y) = 0$ を満たす性質を持つものとする．このような $d(x,y)$ を，**ひずみ測度** (distortion measure) とよぶ．ひずみ測度の平均値を**平均ひずみ** (average distortion) とよび，$\bar{d}$ で表す．すなわち，

$$\bar{d} = \sum_{x} \sum_{y} d(x,y) P_{XY}(x,y) \tag{5.2}$$

である．ここで，$P_{XY}(x,y)$ は，x と y の結合確率分布である．

【例 5.6】 たとえば，情報源アルファベットを $\Sigma = \{0,1\}$ とし，ひずみ測度を，

$$d(x,y) = \begin{cases} 0 & (x = y) \\ 1 & (x \neq y) \end{cases} \tag{5.3}$$

とすると，このときの平均ひずみは，

$$\begin{aligned} \bar{d} &= \sum_{x} \sum_{y} d(x,y) P_{XY}(x,y) \\ &= P(1,0) + P(0,1) \end{aligned}$$

となる．すなわち，復号された記号が元の記号と異なる確率であり，**ビット誤り率** (bit error rate; BER) とよばれる．

【例 5.7】 情報源アルファベットを有限個の整数または実数の集合とする．このとき，ひずみ測度を，

$$d(x,y) = |x - y|^2 \tag{5.4}$$

とすれば，平均ひずみは**2乗平均誤差** (mean square error) とよばれる量になる．実際のひずみの評価量としてよく用いられている．

つぎに，ひずみ測度 $d(x,y)$ と相互情報量 $I(X;Y)$ の関係について述べる．実は，相互情報量 $I(X;Y)$ が同じであっても，平均ひずみ $\bar{d}$ は同じになるとは限らない．また同時に，平均ひずみ $\bar{d}$ が同じであっても，$I(X;Y)$ は符号化の仕方で異なってくる．たとえば，A,B,C,D が等確率で生起する4元情報源について，どの記号が生起しても A を出力するようひずませると，誤り率（平均ひずみ）は75%でも相互情報量は0になってしまいまったく復元不可能になる．しかし，$A \to A$, $B \to C$, $C \to D$, $D \to B$ というようにひずませると，誤り率は同じだが相互情報量は元の情報量と一致するので完全に復元できる．このように，ひずみの量と情報損失の量は一対一に対応していない．そこで，ある与えられた値 D に対し，平均ひずみ $\bar{d}$ が，

$$\bar{d} \leq D \tag{5.5}$$

を満たす条件の下であらゆる情報源符号化法を考え，そのときの相互情報量 $I(X;Y)$ の最小値を $R(D)$ とおく．すなわち，

$$R(D) = \min_{\bar{d} \leq D} I(X;Y) \tag{5.6}$$

とする．D は許容できるひずみの上限であり，その品質を満たす中での平均符号長の限界を $R(D)$ とおいている．この $R(D)$ を，情報源 S の**速度・ひずみ関数** (rate-distortion function) とよぶ．証明は省略するが，情報源符号化定理の変形として，ひずみがある場合にはつぎの定理が成り立つ．

定理 5.2 平均ひずみ $\bar{d}$ を D 以下に抑えるという条件の下で，任意の実数 $\varepsilon > 0$ に対して，情報源 S を1記号あたりの平均符号長 L が，

$$R(D) \leq L < R(D) + \varepsilon$$

となるような2元符号へ符号化できる．しかし，どのような符号化を行っても，$\bar{d} \leq D$ である限り，L をこの式の左辺より小さくすることはできない．

この定理のとおり，ひずみを許した場合の情報源符号化の限界は速度・ひずみ

関数によって与えられる．しかしながら，具体的な $R(D)$ を求めることは一般には非常に難しい．本書では，もっとも単純な，記憶のない 2 元情報源に対する速度・ひずみ関数について紹介するだけにとどめておく．

【例 5.8】 $1, 0$ を確率 $p, 1-p$ で出力する記憶のない 2 元情報源 S を考える．また，ひずみ測度としては例 5.6 のものを用いる．すなわち，

$$d(x,y) = \begin{cases} 0 & (x = y) \\ 1 & (x \neq y) \end{cases} \tag{5.7}$$

である．このとき，平均ひずみ $\bar{d}$ はビット誤り率となる．この情報源 S に対して，$0 \leq D \leq 0.5$ が与えられたとき，$\bar{d} \leq D$ の下での速度・ひずみ関数 $R(D)$ を求めてみよう．

相互情報量は $I(X;Y) = H(X) - H(X|Y)$ であり，いま $H(X) = \mathcal{H}(p)$ なので，$I(X;Y)$ を最小化するには $H(X|Y)$ を最大化すればよい．ここで，Y は X にひずみ E を加えたものである．ひずみ E を確率 $\bar{d}, 1-\bar{d}$ で $1, 0$ を出力する情報源の出力と考えると，Y は X と E の排他的論理和として表せる．すなわち，$Y = X \oplus E$ である（例題 3.4 参照）．また同時に $X = Y \oplus E$ となることに注意すると，

$$H(X|Y) = H(Y \oplus E|Y) = H(E|Y)$$

が得られる．2 つめの等号は，$Y = 0$ のときは明らかに $H(0 \oplus E|Y = 0) = H(E|Y = 0)$ であり，$Y = 1$ のときは $1 \oplus E$ の分布は E の分布の 0 と 1 を交換したものになるため $H(1 \oplus E|Y = 1) = H(E|Y = 1)$ が成り立つことによる．ここで，$H(E|Y)$ は，Y の値を知ったときの E のあいまいさであるから，何も知らないときの E のあいまいさ $H(E)$ より大きくなることはない．すなわち，

$$H(E|Y) \leq H(E)$$

である．さらに，E に記憶がなく定常であれば $H(E) = \mathcal{H}(\bar{d})$ であり，そうでなければ $H(E) < \mathcal{H}(\bar{d})$ となる．よって，

$$H(E|Y) \leq \mathcal{H}(\bar{d})$$

となる．いま，$\bar{d} \leq D \leq 0.5$ なので，さらに，

$$\mathcal{H}(\bar{d}) \leq \mathcal{H}(D)$$

が成り立つ．したがって，相互情報量 $I(X;Y)$ に関して

$$I(X;Y) = H(X) - H(X|Y) \geq \mathcal{H}(p) - \mathcal{H}(D)$$

という関係が成り立つ．この式の等号は E が無記憶定常で $\bar{d} = D$ のとき成立することから，記憶のない定常2元情報源 S の速度・ひずみ関数は，

$$R(D) = \mathcal{H}(p) - \mathcal{H}(D)$$

で与えられることが導かれる．

図 5.17 で示すように，この速度・ひずみ関数 $R(D)$ は D に関して単調減少であり，下に凸な関数である．一般の速度・ひずみ関数も同様の性質を持つことが知られている．

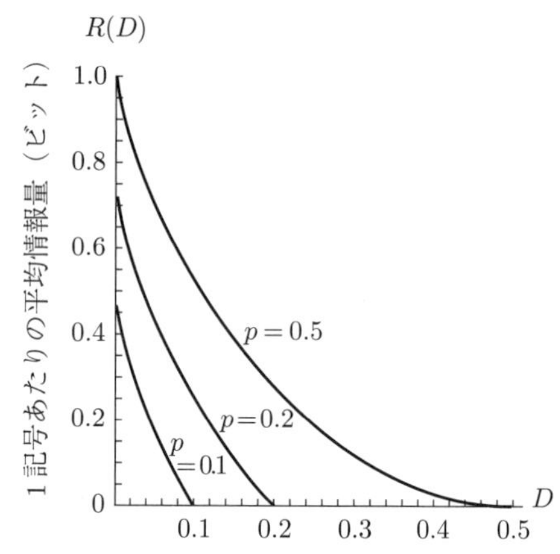

図 5.17　記憶のない2元情報源の速度・ひずみ関数

さて，符号化する際にひずみを加えると述べたが，実際的にはつぎのような段階を踏んで符号化を行う．

(1) M 元情報源から出力される長さ n の情報源系列に対して，平均ひずみが最小となる m 個（ただし $m < M^n$）の系列を選ぶ．

(2) 元の系列を，m 個のうち一番近い（一番ひずみが小さくなる）系列に置き換えて，ひずみのない情報源符号化によって符号化する．

最初の例で述べた JPEG 形式の符号化では，画像を 8×8 ピクセルの小領域の集合に分割し，各領域ごとに離散コサイン変換したあとで量子化を行い，画像の高周波成分（人間の目では変化をとらえにくい成分）を大きくひずませることで情報量を削減している．ひずみを許した情報源符号化の基本的な手順を理解する手助けとして，つぎの簡単な例を考えてみよう．

【例 5.9】 例 5.1 と同じ情報源 S を考える．すなわち，情報源アルファベットは $\{A,B,C,D,E,F,G\}$ である．この情報源の長さ 1 の情報源系列（つまり情報源記号 1 個からなる系列）に対して 5 個の系列を選んで符号化を行う．すなわち，$n=1$, $m=5$ としてひずみを加えた符号化を行いたい．

この場合，記号 E,F,G をすべて E に置き換えてひずませると，記号の誤り率が $0.05+0.01=0.06$ となり最小である．このように置き換えた系列に対してハフマン符号化を行うと，A,B,C,D,E はそれぞれ $00,01,100,101,11$ と符号化され，平均符号長 L は 2.22 となり，ひずませない場合の平均符号長 2.42 より短くなる．さらにいえば，情報源 S の 1 次エントロピー $H(S)\approx 2.324$ よりも小さくなっている．

このときの相互情報量は，

$$
\begin{aligned}
I(X;Y) &= H(X) - H(X|Y) \\
&\approx 2.324 - \left[- \sum_{y\in\{A,\cdots,E\}} P(y) \sum_{x\in\{A,\cdots,G\}} P(x|y)\log_2 P(x|y) \right] \\
&= 2.324 - \left[-0.14 \times \left(\frac{8}{14}\log_2\frac{8}{14} + \frac{5}{14}\log_2\frac{5}{14} + \frac{1}{14}\log_2\frac{1}{14} \right) \right] \\
&\approx 2.324 - 0.1770 \\
&= 2.147
\end{aligned}
$$

となり，確かに平均符号長は相互情報量よりも大きいことが確かめられる．

このように，2 元符号化の場合には，ハフマン符号において出現確率の低いものを順にまとめて m 個に集約する方法で符号化できる．

章末問題

5.1 つぎの (1)〜(8) の文章は正しいか．正しい場合は○をつけよ．また，間違っている場合は×をつけ，何が間違っているのか説明せよ．

(1) コンパクト符号とは，与えられた定常情報源に対して，情報源記号ごとに符号語を割り当てる一意復号可能な符号のうち，その平均符号長がもっとも短くなるような符号である．

(2) 記憶のない定常情報源 S に対する 3 次拡大情報源を考えたときのブロックハフマン符号化は，元の 1 情報源記号あたりの平均符号長が 1 次エントロピー $H_1(S)$ よりも小さくなることがある．

(3) マルコフ情報源 S に対する n 次拡大情報源を考えたときのブロックハフマン符号化は，元の 1 情報源記号あたりの平均符号長を 1 次エントロピー $H_1(S)$ より小さくすることができない．

(4) 情報源系列において，同じ記号が連続する長さをランレングスという．

(5) ランレングス・ハフマン符号化は，つねにブロックハフマン符号化よりも効率がよい．

(6) 与えられた情報源記号の定常分布に対して，タンストール木は，分割される系列の平均長をもっとも長くするという意味で最適な分節木である．

(7) 平均ひずみが同じであれば，情報源からの出力 X とひずませた後の情報 Y との相互情報量 $I(X;Y)$ は一定である．

(8) 平均ひずみ $\bar{d}$ を D 以下に抑えるという条件の下での情報源 S の 1 記号あたりの平均符号長の下限は，ひずみ測度によって示される．

5.2 つぎの表の確率分布を持つ記憶のない定常情報源に対し，ハフマン符号を求め，その平均符号長を計算せよ．

x	$P(x)$
A	0.363
B	0.174
C	0.143
D	0.098
E	0.087
F	0.069
G	0.045
H	0.021

5.3 情報源記号 A, B, C をそれぞれ $0.6, 0.3, 0.1$ の確率で発生する記憶のない 3 元情報源 S について，以下の問いに答えよ．

(1) 情報源 S をハフマン符号を用いて 2 元符号に符号化し，その平均符号長 L_1 を求めよ．

(2) 情報源 S の 2 次拡大情報源 S^2 を，ブロックハフマン符号化法を用いて 2 元符号化した場合の 1 情報源記号あたりの平均符号長 L^2 を求めよ．

(3) 情報源 S から発生する系列を符号化する場合，1 情報源記号あたりの平均符号長の下限 L を求めよ．

5.4 例題 3.4 のような 1 次マルコフ情報源 S' を考える．この情報源 S' の 1 次エントロピー $H_1(S')$ とエントロピー $H(S')$ をそれぞれ求めよ．また，この情報源 S' に対して，平均符号長が $H_1(S')$ よりも小さくなるような符号を与えよ．

5.5 下の表 1 に示す無記憶 7 元定常情報源に対して，表 2 のように情報源記号をまとめて 1 つ減らしてからハフマン符号化を行うことにより，ひずみを許した情報源符号を作る方法が知られている．このとき以下の問いに答えよ．

表 1

x	$P(x)$
A	0.4
B	0.2
C	0.1
D	0.1
E	0.1
F	0.05
G	0.05

表 2

x	$P(x)$
A	0.4
B	0.2
C	0.1
D	0.1
E	0.1
F	0.1

(1) この方法による平均ひずみ（誤り率）を求めよ．

(2) 表 1 と表 2 の情報源に対するハフマン符号をそれぞれ作り，ひずみを許したことによって平均符号長がどれだけ減少するかを調べよ．

(3) 表 1 と表 2 の情報源に対する平均符号長の下限をそれぞれ計算して比較せよ．

(4) 表 1 と表 2 の情報源同士の相互情報量を求め，ひずみを許した符号（表 2 に対するハフマン符号）の平均符号長と比較せよ．

第6章　通信路のモデル

この章では通信路の確率モデルについて学ぶ．通信路の統計的な性質は，入力系列で条件を付けた出力系列の確率分布により記述され，その条件付き分布により，その通信路が 1 記号あたりに送ることができる情報量が決まる．しかし，実際にはその条件付き確率分布は与えられるものではなく，与えられた通信路に対して統計データを基に推定しなければならないものである．推定に必要なデータ数を考えると，できるだけ推定すべきパラメータが少ないモデルで，現実にできるだけ合っているものが望ましい．以下では，そのために満たすべき仮定と，よく用いられる基本的なモデルについて学ぶ．

6.1　通信路の統計的表現

通信路は，各時点 t において，**入力アルファベット** $A = \{a_1, a_2, \cdots, a_r\}$ に属する 1 記号 X_t の入力を受け取り，**出力アルファベット** $B = \{b_1, b_2, \cdots, b_s\}$ に属する 1 記号 Y_t を出力する（**図 6.1**）．$A = B$，つまり入力アルファベットと出力アルファベットが同じとき，そのアルファベットに属する記号の数が r であれば，その通信路を $\boldsymbol{r}$ **元通信路** (r-ary channel) とよぶ．各々の入力記号に対し，通信路を介して出力される記号がつねに同じであれば情報の損失は全くないが，現実の通信路ではノイズなどの影響により，同じ記号が入力されても異なる記号が出力されることがある．そのような通信路のモデル化としてここでは，入力された記号に対して出力記号が確率的に定まるモデルを考える．

図 6.1　通信路のモデル

時点 t に通信路に入力される記号を確率変数 X_t，それに対応して通信路から出力される記号を確率変数 Y_t で表す．いま，長さ n の入力系列 $X_0X_1\cdots X_{n-1}$ に対する通信路の出力系列 $Y_0Y_1\cdots Y_{n-1}$ を考えたとき，時点 0 から時点 $n-1$ までのこの通信路における統計的な性質は，条件付き確率分布

$$\begin{aligned}&P_{Y_0Y_1\cdots Y_{n-1}|X_0X_1\cdots X_{n-1}}(y_0,y_1,\cdots,y_{n-1}|x_0,x_1,\cdots,x_{n-1})\\&=[X_0=x_0,X_1=x_1,\cdots,X_{n-1}=x_{n-1}\text{の条件の下で}\\&\qquad Y_0=y_0,Y_1=y_1,\cdots,Y_{n-1}=y_{n-1}\text{となる確率}]\end{aligned} \tag{6.1}$$

により完全に記述される．しかし，何の仮定もない一般的な場合には，この確率分布を推定するのに $r^n(s^n-1)$ 個[1]の値を推定しなければならない．たとえば，$r=s=2$，$n=100$ の場合，約 1.6×10^{60} 個の値を推定する必要があり，現実的に無理である．以下では，少ないパラメータで記述でき，パラメータの推定が現実的に可能であるモデルについて述べる．

6.2 記憶のない定常通信路

6.2.1 定義と主な表現法

定義 6.1 各時点 t において，通信路から出力される記号 Y_t が入力された記号 X_t にのみ依存し，その他の時点の入出力記号 $X_s,Y_s(s\neq t)$ と互いに独立である場合，そのような通信路を**記憶のない通信路** (memolyless channel) あるいは**無記憶通信路**という．

記憶のない通信路の場合，式 (6.1) で表される条件付き確率分布は，

$$\begin{aligned}&P_{Y_0Y_1\cdots Y_{n-1}|X_0X_1\cdots X_{n-1}}(y_0,y_1,\cdots,y_{n-1}|x_0,x_1,\cdots,x_{n-1})\\&=P_{Y_0|X_0}(y_0|x_0)P_{Y_1|X_1}(y_1|x_1)\cdots P_{Y_{n-1}|X_{n-1}}(y_{n-1}|x_{n-1})\end{aligned}$$

と表現される．したがって，この確率分布は nrs 個の値から計算でき，推定すべきパラメータの数は $nr(s-1)$ となり大幅に削減されたことがわかる．$r=s=2$,

[1] $x_0x_1\cdots x_{n-1}\in A^n$ それぞれに対し，s^n 次元の確率分布を推定する必要があるが，確率分布は和が 1 であることを考慮すると，s^n-1 個の値を推定すれば十分である．

$n=100$ の例では，200個の値を推定すればよく，約 $1/10^{58}$ 倍にまで削減される．

定義 6.2 時間をずらしても統計的性質がかわらない，つまり，任意の正の整数 n, t に対し

$$P_{Y_0Y_1\cdots Y_{n-1}|X_0X_1\cdots X_{n-1}}(y_0, y_1, \cdots, y_{n-1}|x_0, x_1, \cdots, x_{n-1})$$
$$= P_{Y_tY_{t+1}\cdots Y_{t+n-1}|X_tX_{t+1}\cdots X_{t+n-1}}(y_0, y_1, \cdots, y_{n-1}|x_0, x_1, \cdots, x_{n-1})$$

が成り立つとき，このような通信路を**定常通信路** (stationary channel) という．

記憶のない定常通信路 (memolyless stationary channel) の場合，式 (6.1) で表される条件付き確率分布はさらに簡略化され，

$$P_{Y_0Y_1\cdots Y_{n-1}|X_0X_1\cdots X_{n-1}}(y_0, y_1, \cdots, y_{n-1}|x_0, x_1, \cdots, x_{n-1})$$
$$= \prod_{t=0}^{n-1} P_{Y|X}(y_t|x_t)$$

と表現される．ただし，$P_{Y|X}(y|x) = P_{Y_t|X_t}(y|x)$ $(x \in A, y \in B, t = 0, 1, \cdots, n-1)$ とする．このような条件付き確率分布 $P_{Y|X}(y|x)$ の存在は定常性より保証される．この確率分布は n の値に関係なく rs 個の値から計算でき，推定すべきパラメータの数は $r(s-1)$ まで減る．$r = s = 2$，$n = 100$ の例では，たった2個の値 $P_{Y|X}(1|0), P_{Y|X}(0|1)$ を推定するのみですむ．

記憶のない定常通信路の場合，rs 個の値で記述できる条件付き確率分布 $P_{Y|X}(y|x)$ $(x \in A, y \in B)$ により統計的な性質が完全に記述できる．したがって $r \times s$ の行列や，r 個の各々の頂点から s 個の頂点に向かう rs 本の（確率が割り当てられた）辺を持つ図で表現可能である．

定義 6.3　r 元入力アルファベットに属する記号が入力され，s 元出力アルファベットに属する記号を出力する記憶のない定常通信路において，各時点に入力される記号 X で条件をつけた入力に対応して出力される記号 Y の確率分布 $P_{Y|X}(y|x)$ $(x \in A = \{a_1, a_2, \ldots, a_r\}, y \in B = \{b_1, b_2, \ldots, b_s\})$ を表現する，次式で定義される $r \times s$ 行列 T のことを**通信路行列** (channel matrix) とよぶ．ただし，$p_{ij} = P_{Y|X}(b_j|a_i)$ とする．

$$T = \begin{bmatrix} p_{11} & p_{12} & \cdots & p_{1s} \\ p_{21} & p_{22} & \cdots & p_{2s} \\ \vdots & \vdots & \ddots & \vdots \\ p_{r1} & p_{r2} & \cdots & p_{rs} \end{bmatrix}$$

また，条件付き確率分布 $P_{Y|X}(y|x)$ をより直感的に表現する，a_i でラベル付けた頂点から b_j でラベル付けた頂点への辺に p_{ij} を書き入れた図（**図 6.2**）を**通信路線図** (channel diagram) とよぶ．通信路線図では，$P_{Y|X}(b_j|a_i) = 0$ の場合，a_i でラベル付けた頂点から b_j でラベル付けた頂点への辺を省略して描くことが多い．

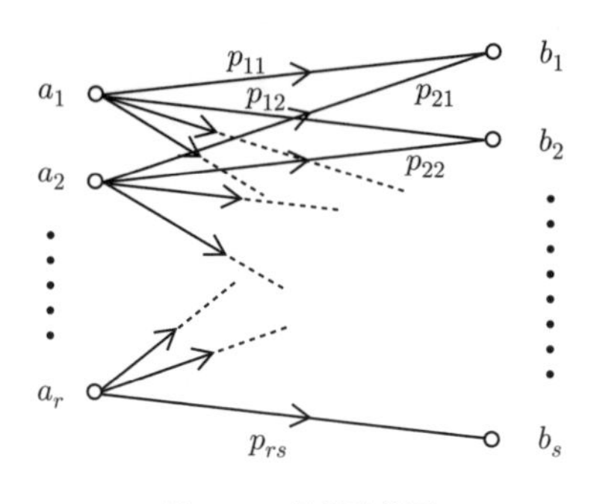

図 6.2　通信路線図

例題 6.1 入力アルファベットを $A=\{a_1,a_2,a_3\}$，出力アルファベットを $B=\{b_1,b_2,b_3\}$ とする通信路を考える．入力 X で条件をつけた出力 Y の確率分布 $P_{Y|X}(y|x)$ $(x\in A, y\in B)$ が以下の表で与えられるとき，この通信路の通信路行列を求め，通信路線図を描け．

$P_{Y\|X}(y\|x)$		y		
		b_1	b_2	b_3
x	a_1	0.5	0.2	0.3
	a_2	0	0.6	0.4
	a_3	0.8	0.1	0.1

（解答） 通信路行列 T および通信路線図は以下のとおり．

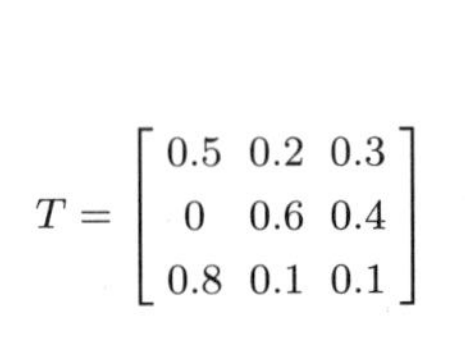

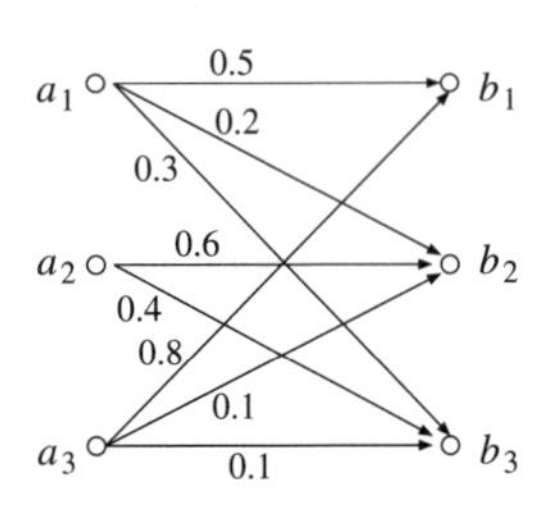

□

【練習問題 6.1】 入力アルファベットを $A=\{0,1\}$，出力アルファベットを $B=\{0,\emptyset,1\}$ とする通信路を考える．入力 X で条件をつけた出力 Y の確率分布 $P_{Y|X}(y|x)$ $(x\in A, y\in B)$ が以下の表で与えられるとき，この通信路の通信路行列を求め，通信路線図を描け．

$P_{Y\|X}(y\|x)$		y		
		0	$\emptyset$	1
x	0	0.9	0.1	0
	1	0	0.2	0.8

6.2.2 一様な通信路

記憶のない定常通信路は，通信路行列で表現でき比較的扱いやすいが，その中でもとくに扱いやすいのは対称性を持つ場合である．

定義 6.4 記憶のない定常通信路において，通信路行列のどの行もその要素を適当に並べ替えると等しくなるような通信路を**入力に対して一様な通信路**，通信路行列のどの列もその要素を適当に並べ替えると等しくなるような通信路を**出力に対して一様な通信路**とよぶ．入力に対して一様な通信路であり，かつ出力に対しても一様な通信路を**2 重に一様な通信路**とよぶ．

【例 6.1】［2 元対称通信路］ 入力アルファベット，出力アルファベットがともに $\{0,1\}$ の 2 元通信路で，$0 \leq p \leq 1$ に対し，$P_{Y|X}(1|0) = P_{Y|X}(0|1) = p$，$P_{Y|X}(0|0) = P_{Y|X}(1|1) = 1-p$ となる通信路を（記憶のない定常）**2 元対称通信路** (binary symmetric channel; BSC) とよぶ．この通信路の通信路行列 T は，

$$T = \begin{bmatrix} 1-p & p \\ p & 1-p \end{bmatrix}$$

であるから，2 重に一様な通信路である．

【例 6.2】［2 元対称消失通信路］ 入力アルファベットが $\{0,1\}$，出力アルファベットが $\{0,\emptyset,1\}$ の 2 元通信路で，$0 \leq p$，$p_\emptyset \leq 1$ に対し，$P_{Y|X}(1|0) = P_{Y|X}(0|1) = p$，$p_{Y|X}(\emptyset|0) = P_{Y|X}(\emptyset|1) = p_\emptyset$，$P_{Y|X}(0|0) = P_{Y|X}(1|1) = 1-p-p_\emptyset$ となる通信路を（記憶のない定常）**2 元対称消失通信路** (binary erasure channel; BEC) とよぶ．ここで，'$\emptyset$' は消失 (erasure)，つまり 0 とも 1 とも判定できないことを意味する．

この通信路の通信路行列 T は，

$$T = \begin{bmatrix} 1-p-p_\emptyset & p_\emptyset & p \\ p & p_\emptyset & 1-p-p_\emptyset \end{bmatrix}$$

であるから，入力に対して一様な通信路であるが出力に対しては一様ではない．

【問 6.1】 2 元対称通信路および 2 元対称消失通信路の通信路線図を描け．

6.3　加法的 2 元通信路

6.3.1　定義

入力アルファベット，出力アルファベットがともに $\{0,1\}$ である 2 元通信路において，時点 t の入力記号，出力記号をそれぞれ X_t，Y_t としたとき，$E_t = X_t \oplus Y_t$ で定義される確率変数 E_t を考える．このとき，$X_t = x_t$ という条件の下で，

$$Y_t = y_t \Leftrightarrow E_t = x_t \oplus y_t$$

であるから，式 (6.1) で表される条件付き確率分布は

$$\begin{aligned}&P_{Y_0Y_1\cdots Y_{n-1}|X_0X_1\cdots X_{n-1}}(y_0,y_1,\cdots,y_{n-1}|x_0,x_1,\cdots,x_{n-1})\\ &= P_{E_0\cdots E_{n-1}|X_0\cdots X_{n-1}}(x_0\oplus y_0,\cdots,x_{n-1}\oplus y_{n-1}|x_0,\cdots,x_{n-1})\end{aligned}$$

と書ける．$E_0E_1\cdots E_{n-1}$ と $X_0X_1\cdots X_{n-1}$ が互いに独立であれば，この式はさらに，

$$\begin{aligned}&P_{Y_0Y_1\cdots Y_{n-1}|X_0X_1\cdots X_{n-1}}(y_0,y_1,\cdots,y_{n-1}|x_0,x_1,\cdots,x_{n-1})\\ &= P_{E_0\cdots E_{n-1}}(x_0\oplus y_0,\cdots,x_{n-1}\oplus y_{n-1})\end{aligned}$$

と書ける．これは，$E_t = X_t \oplus Y_t$ で定義される確率変数の系列 $E_0E_1\cdots E_{n-1}$ と $X_0X_1\cdots X_{n-1}$ が互いに独立な場合には，1 つの $\{0,1\}^n$ 上の確率分布

$$P_{E_0\cdots E_{n-1}}(e_0,e_1,\cdots,e_{n-1}) \qquad ((e_0,e_1,\cdots,e_{n-1})\in\{0,1\}^n)$$

により，2^n 個の $\{0,1\}^n$ 上の確率分布

$$\begin{aligned}&P_{Y_0Y_1\cdots Y_{n-1}|X_0X_1\cdots X_{n-1}}(y_0,y_1,\cdots,y_{n-1}|x_0,x_1,\cdots,x_{n-1})\\ &\qquad\qquad ((x_0,x_1,\cdots,x_{n-1}),(y_0,y_1,\cdots,y_{n-1})\in\{0,1\}^n)\end{aligned}$$

が定まることを意味する．$r = s = 2$，$n = 100$ の例でいえば，推定すべきパラメータの数は 1.6×10^{60} から，その $1/2^{100}\approx 7.9\times10^{-31}$ 倍に減ることになる．

このモデルは推定すべきパラメータ数が減るというメリットの他に，E_0, E_1, ……を記憶のある情報源からの出力系列とすることにより，記憶のある通信路も表すことができるという点である．この点について説明しよう．

$E_t = X_t \oplus Y_t$ は，両辺に X_t を（排他的論理和の演算により）足して左辺と右辺を逆にすると $Y_t = X_t \oplus E_t$ となる．いま，仮定により，E_t と X_s $(s = 0,1,\cdots,n-1)$ は互いに独立なので，E_t は時点 t に通信路に生じる雑音のようなものだと考え

ることができる．つまり，**図 6.3** のように，情報源（誤り源）S_E は各時点 t に E_t を発生し，それが入力 X_t に加わったものが Y_t として通信路から出力されるというモデルに対応する．このモデルでは，$E_t = 0$ のとき $Y_t = X_t$, $E_t = 1$ のときには $Y_t = X_t \oplus 1$ となるので，$E_t = 0$ のときは誤りなく送信され入力と同じ記号が出力されるが，$E_t = 1$ のときには誤りが生じ入力と異なる記号が出力されると解釈するのが自然である．

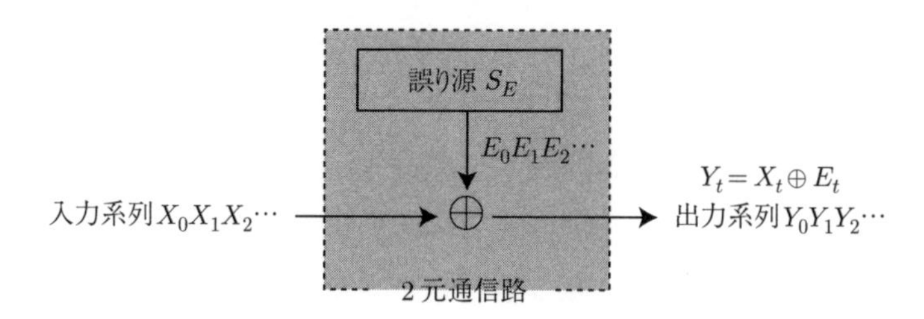

図 6.3　加法的 2 元通信路モデル

このように，誤りが生じたら 1，生じなかったら 0 という記号を各時点で出力する，入力と無関係な情報源（誤り源）を考えることにより，入出力の値を考慮することなく，誤り源としてどのような情報源のモデルを使うかを決めるのみで通信路のモデルを作ることができる．そして，誤り源として無記憶情報源を用いれば無記憶通信路のモデルを，記憶のある情報源を用いれば記憶のある通信路のモデルを作ることができるのである．

定義 6.5　入力アルファベット，出力アルファベットがともに $\{0,1\}$ である 2 元通信路において，時点 t の入力 X_t に対応する出力 Y_t が，情報源アルファベット $\{0,1\}$ の 2 元情報源 S_E からの出力 E_t を用いて $Y_t = X_t \oplus E_t$ で表される通信路を**加法的 2 元通信路** (additive binary channel) とよぶ．ただし，$X_0X_1X_2\cdots$ と $E_0E_1E_2\cdots$ は互いに独立であるとする．このモデルにおいて S_E は**誤り源**，$E_0E_1E_2\cdots$ は**誤り系列**とよばれる．

X_t の系列と $X_t \oplus Y_t$ の系列が互いに独立であるという仮定から導かれる加法的 2 元通信路のモデルは，大変便利で扱いやすいが，現実の通信路では不調になると出力が 0 に固定されてしまう誤りなどもあり，このモデルでうまく表せない通信路も存在することに注意すべきであろう．

6.3.2 ランダム誤り通信路

誤り源として無記憶定常 2 元情報源 S を用いたモデルを考えよう．これは誤りの発生確率 p のみで記述でき，確率 p で誤りが発生（入力ビットが反転）し，確率 $1-p$ で入力ビットがそのまま出力されるモデルである．つまりこれは，例 6.1 の 2 元対称通信路に他ならない．

誤り源が無記憶情報源であるため，この通信路における誤りの発生は他の時点の誤りの発生と独立である．このような誤りを**ランダム誤り** (random error) という．誤りの発生確率は**ビット誤り率** (bit error rate) とよばれるが，2 元対称通信路のビット誤り率は p となる．

6.3.3 バースト誤り通信路

実際の通信路においては，誤りがランダムに起こるのではなく，不安定な状態になるとしばらくの間続けて誤りが発生する場合が多い．このように，密集して生じる誤りを**バースト誤り** (burst error) という．

バースト誤りが発生しやすい通信路は，誤り源として記憶のある情報源を用いることにより表すことができる．

【例 6.3】 誤り源として，**図 6.4** のような単純マルコフ情報源で表される場合を考える．時点 t における誤り源からの出力を E_t とすれば，$P_{E_{t+1}|E_t}(1|0) = P$, $P_{E_{t+1}|E_t}(0|1) = p$ という式で表現できるモデルであり，p を小さくすれば誤りの発生確率が高い状態 s_1 からなかなか抜け出せないため，誤りが続く確率が高くなり，バースト誤りが発生しやすくなる．P を小さくすれば誤りの発生確率が低い状態 s_0 に長くとどまり，バースト誤りの発生頻度が少なくなる．

それでは，このモデルにおいてどのくらいの長さのバースト誤りがどのくらいの確率で起こるのかを調べてみよう．ただし，ここでいうバースト誤りとは**ソリッドバー**

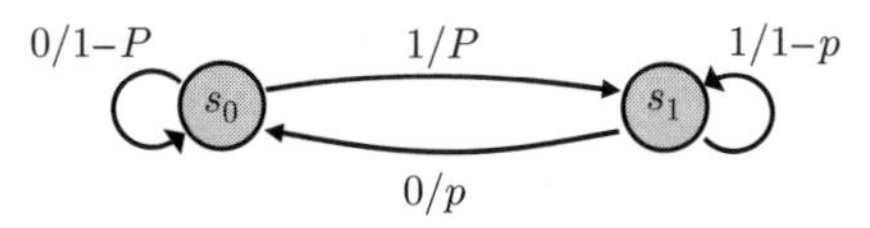

図 6.4　単純マルコフ情報源として表される誤り源

スト誤り (solid burst error) とよばれる連続な誤りであり，誤り源から発生する記号系列において，連続する 1 を意味するものとする．

ある時点で誤りが発生したという条件の下で，その時点から連続して発生する 1 の数（**バースト長**）を表す確率変数を L とおくと，

$$P_L(\ell) = (1-p)^{\ell-1}p \tag{6.2}$$

であるから期待値は，

$$E(L) = \lim_{n\to\infty}\sum_{\ell=1}^{n} \ell P_L(\ell) = 1/p \tag{6.3}$$

となる．(計算は次の「ノート 6.1」を参照)

同じ誤りの発生確率を持つランダム誤りモデルと比べて，バースト誤りがどのくらい起こりやすくなっているのだろうか．まず，このモデルのビット誤り率を調べると，例題 6.2（後述）より，

$$\frac{P}{P+p}$$

であることがわかる．$p' = P/(P+p)$ とすれば，同じビット誤り率 p' を持つランダム誤りモデルにおいて，連続する 1 の長さ（バースト長）L' は，確率分布

$$P_{L'}(\ell) = p'^{\ell-1}(1-p')$$

に従うので，その期待値は，

$$E(L') = 1/(1-p')$$

となる．したがって，$P \ll p$ であれば，$p' \approx 0$ となるので $E(L') \approx 1$ となる．この場合，同じビット誤り率 p' であるにも関わらず，バースト長の期待値は，マルコフモデルの方が無記憶のランダム誤りモデルに比べかなり長くなることがわかる．たとえば，$P = 0.001$, $p = 0.1$ とすると，両モデルのビット誤り率は同じ $p' \approx 0.01$ であるが，バースト長の期待値は，マルコフモデルの場合が 10 であるのに対し，ランダム誤りモデルの場合は 1.01 でほぼ 1 となっていることがわかる．

ノート 6.1　式 (6.2) で表される分布は幾何分布とよばれる分布で，確率変数 L は，独立試行を繰り返したとき，確率 p で起こる事象が初めて起こるまでの試行回数と解釈できる．式 (6.3) は幾何分布の平均であり，平均的に $1/p$ 回目にその事象が起こることを意味する．たとえばサイコロを振り続ければ，平均的に 6 回目に初めて 1 の目が出ることになる．式 (6.3) の導出は，以下のように行うことができる．そこから数えて事象が何回目であっても，初めて起こるまでまでの試行回数の期待値 $E(L)$ は同じであるから

$$E(L) = p \times 1 + (1-p)(1+E(L))$$

が成り立つ．よって

$$E(L) = \frac{1}{p}$$

となる．

例題 6.2　図 6.4 の状態図で表されるマルコフ情報源の遷移確率行列を求めよ．また，この情報源を誤り源とする通信路のビット誤り率を求めよ．

（解答）　遷移確率行列を Π とすれば，

$$\Pi = \begin{bmatrix} 1-P & P \\ p & 1-p \end{bmatrix}$$

と書ける．このマルコフモデルの状態の定常分布を (w_0, w_1) とすれば，$(w_0, w_1)\Pi = (w_0, w_1)$ より，

$$\begin{aligned} w_0(1-P) + w_1 p &= w_0 \\ w_0 P + w_1(1-p) &= w_1 \end{aligned}$$

が成り立つ．これと確率分布の条件 $w_0 + w_1 = 1$ より，

$$w_0 = \frac{p}{P+p}, \quad w_1 = \frac{P}{P+p}$$

となる．この情報源の出力の定常分布を $(P_E(0), P_E(1))$ とすればビット誤り率は $P_E(1)$ であり，

$$P_E(1) = w_0 P + w_1(1-p) = \frac{Pp}{P+p} + \frac{P(1-p)}{P+p} = \frac{P}{P+p}$$

となる．□

【練習問題 6.2】　**図 6.5** の状態図で表されるマルコフ情報源の遷移確率行列を求めよ．また，この情報源を誤り源とする通信路のビット誤り率を求めよ．

例 6.3 で考えたモデルは，ソリッドバースト誤りのモデルにはなってはいるが，実際のバースト誤りは，誤りが完全に連続して起こるわけではなく，誤りの多い連続部分系列として起こるのがふつうである．例 6.3 のマルコフモデルでは，状態遷移と出力が完全に連動しているため，1 を出力している間は悪い状態 s_1 に留まり，0 を出力したら悪い状態 s_1 から必ず脱出している．状態遷移と出力を切り離すことにより，0 を出力しても悪い状態に留まるモデルを構築できる．

【例 6.4】［ギルバートモデル］図 6.6 の状態図で表されるマルコフ情報源を誤り源とする通信路を考える．ただし，このマルコフ情報源から出力される記号は状態遷移とは関係なく，状態 G（良状態）のときにはつねに 0 を出力し，状態 B（悪状態）のときには h の確率で 1，$1-h$ の確率で 0 を出力するものとする．このモデルでは，状態 B に連続して留まるとバースト誤りとなるが，留まっている間，確率 h でしか誤りが生じないため，不連続なバースト誤りを表すことができる．このバースト誤り発生のモデルを**ギルバートモデル** (Gilbert Model) という．バースト長は，状態 B に連続して留まる長さと考えれば，例 6.3 のモデルと同じになり，その期待値は $1/p$ となる．マルコフモデルの状態の定常分布を (w_G, w_B) とすれば，例 6.3 のモデルの定常分布 (w_0, w_1) と同じになり，ビット誤り率は，

$$w_B h = w_1 h = \frac{Ph}{P+p}$$

となる．これは，ギルバートモデルでは，例 6.3 よりも小さいビット誤り率で，(不連続なバースト誤りではあるが) 同じバースト長の分布を実現できることを意味している．

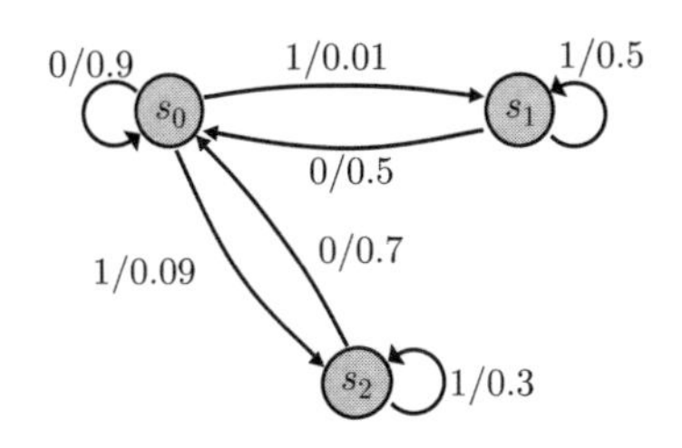

図 6.5　マルコフ情報源として表される誤り源

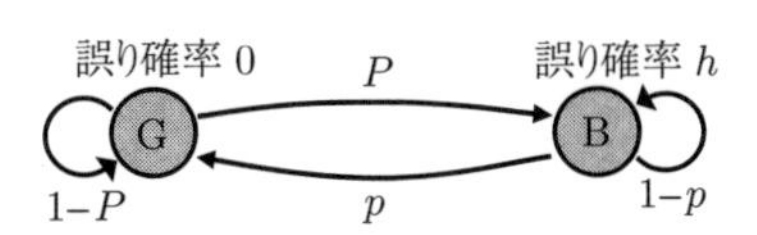

図 6.6　ギルバートモデル

章末問題

6.1 (1)〜(11) の文章は正しいか．正しい場合は○をつけよ．また，間違っている場合は×をつけ，何が間違っているのか説明せよ．

(1) 記憶のない通信路とは，任意の時点 t と $s(\neq t)$ の入力記号 X_t, X_s が互いに独立な通信路のことである．

(2) 定常通信路であれば，任意の時点 t, s における入力記号 X_t, X_s，出力記号 Y_t, Y_s に対して，$P_{Y_t|X_t}(y|x) = P_{Y_s|X_s}(y|x)$ が任意の入力記号 x，出力記号 y について成り立つ．

(3) 記憶のない通信路であれば，定常でなくても（入力アルファベットサイズ）×（出力アルファベットサイズ）の 1 つの通信路行列で表現できる．

(4) 通信路行列の各列の値の和は必ず 1 である．

(5) 2 元対称消失通信路は 2 重に一様な通信路である．

(6) 2 元対称通信路は，ビット誤り率の値 1 つで定まる誤り源による加法的通信路としても表現できる．

(7) 100 回以上連続して 0 を送ると調子が悪くなり，誤りが生じやすくなる 2 元通信路は，記憶のある誤り源を用いた加法的 2 元通信路のモデルで表現できる．

(8) ビット誤り率が低いのにバースト誤りが多いのは，記憶のある通信路である．

(9) 不連続な誤りは，密集して生じてもバースト誤りといわない．

(10) 一般的な加法的 2 元通信路は，一般的な 2 元通信路と比べ推定すべきパラメータ数がちょうど半分である．

(11) 誤り源としてマルコフ情報源を用いることにより，記憶のある加法的 2 元通信路のモデルを表現できる．

6.2 誤り源として下図の状態図で表されるマルコフモデルを考える.

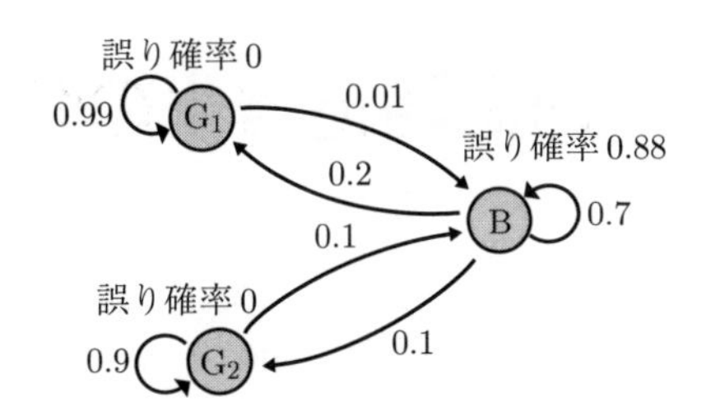

(1) 状態 B に留まっている間バースト誤りが起こっていると考えた場合，状態 B に入ったという条件の下で，長さ ℓ のバースト誤りが起こる確率を求めよ.

(2) バースト長の期待値を求めよ.

(3) この誤り源により表される通信路のビット誤り率を求めよ.

第7章　通信路符号化の限界

通信路の振る舞いは確定的でないため，入力された情報を100%確実に伝達することは不可能である．そこで，データに冗長性を付加してから送ることにより，通信途中で一部変わってしまったとしても，受信側では冗長性をうまく利用して送られた情報を高い精度で推定することができ，通信により生じた誤りを訂正したり検出したりすることが可能となる．付加する冗長性を高めれば，誤り訂正・検出能力を高めることができるが，その反面，情報の伝達の速度は下がってしまう．それでは，与えられた通信路に対して，情報をほぼ確実に伝達するためにはどのくらいの冗長性が必要なのであろうか．この章ではその限界について学ぶ．

7.1　通信路符号化

7.1.1　基礎概念

入力，出力アルファベットが共に A であるような r 元通信路を考える．送信側ではアルファベットが Σ の q 元記号列が与えられ，それを r 元記号列に符号化し通信路に入力する．受信側では，それに対する r 元記号列を通信路から受け取り，復号して q 元記号列に戻す．ここでの符号化・復号は，効率よく与えられた系列を送るのが目標ではなく，できる限り効率を落とさず，与えられた系列をほとんど誤りなく送ることが目標となる．

通信路符号化・復号は，**図 7.1** のように行われる．まず，入力 q 元記号列を長さ k ごとのブロックに区切り，各ブロックの記号列 x を長さ n の r 元記号列 w_x に符号化し通信路に入力する．通信路からは長さ n の r 元記号列 w'_x が受信され，復号により長さ k の q 元記号列 x' に変換される．入力記号列のブロック x が符号化されたもの w_x を**符号語** (codeword)，それに対して通信路から受け取る記号列 w'_x を**受信語** (received word) とよぶ．できる限り q 元記号列のブロックを表現するのに必要なビット数 $k\log_2 q$ に比べて r 元符号語を表現するのに必

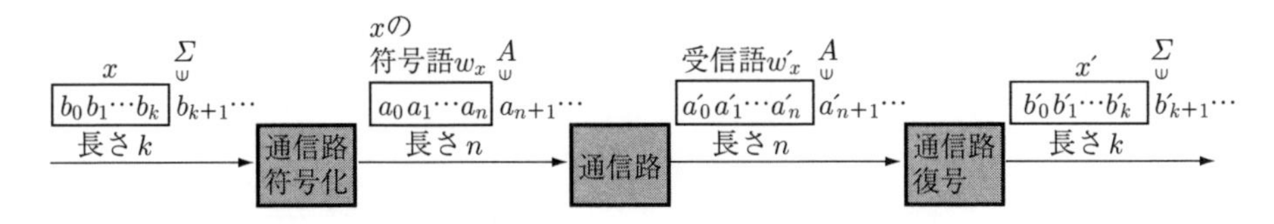

図 7.1 与えられた q 元記号列の r 元通信路に対する通信路符号化・復号

要なビット数 $n\log_2 r$ を大きくせずに，$P\{x' \neq x\}$ をほとんど 0 としたい．

通信路において誤りが生じた場合，受信語 w'_x は，入力された符号語 w_x と異なるものになる．$n = k(\log_2 q)/(\log_2 r)$ としてしまうと，長さ k の入力記号列の数 q^k と可能な最大符号語数 r^n が一致してしまうため，通信路で生じた誤りにより w_x と 1 記号でも異なる記号列 w'_x が受信されると，Σ^k の他の要素に対する符号語と一致してしまい，区別がつかなくなるため誤りの検出さえできなくなる．そこで $n > k(\log_2 q)/(\log_2 r)$ とし，r^n 個の記号列全部ではなく，一部である q^k 個を符号語として使うことで，通信路で誤りが生じても受信語が符号語でない記号列になった場合には，誤りを検出できる．さらに，受信語が符号語でなくてもその記号列 w'_x になる確率が他と比べて高い符号語が 1 つだけあれば，高い確率で誤りを訂正し，元の符号語 w_x に戻すことができ，復号によりそれに対応する長さ k の記号列 x に戻すことができる．

通信路復号の基礎概念を**図 7.2** を用いてもう少し詳しく見ていこう．長さ n の r 元記号列の空間は A^n であるが，そのうちの一部である $M(= q^k)$ 個を符号語として使う．符号語の集合 C を**通信路符号** (channel code) または単に**符号**という．通信路へは C の要素しか入力されないが，A^n のどの要素も受信される可能性がある．その意味で，A^n は**受信空間** (output space) ともよばれる．図の w_1, w_2, w_3, w_4 は符号語であり，各 w_i の周辺の領域 Ω_i は，復号方式によって定まる**復号領域** (decoding region) とよばれる領域で，受信語 y が Ω_i の領域に入ったとき送信された符号語は w_i だと推定され，w_i に対応する 2 元記号列に復号される．実際に送信された符号語が w_i であれば，正しく復号されるが，そうでなければ誤った復号がなされることになる．受信語 y がどの Ω_i にも入らない場合は，通信路において誤りが生じたことは検出するが，どの符号語が送られたかまでは推定せず，復号は行わない．

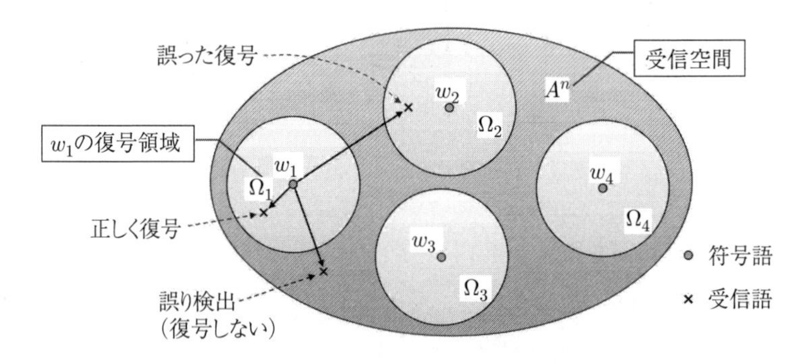

図 7.2　通信路復号の基礎概念

通信路に入力される符号語の 1 記号あたりの平均情報量 R ビットは，各符号語が等確率で送られると仮定すれば，

$$R = \frac{\log_2 M}{n} \quad (\text{ビット/記号})$$

となる．このように定義される R を，**情報伝達速度** (information transmission rate) または**情報速度**という．ここでの設定のように $M = q^k$ の場合は，

$$R = \frac{k \log_2 q}{n} \quad (\text{ビット/記号})$$

となる．情報速度 R を用いて，通信路符号化の目標を言い換えると，情報速度 R をできるだけ落とさずに，与えられる系列をほとんど誤りなく送ることである．受信空間全体 A^n を符号 C としたとき情報速度は最大となり，最大値 $\log_2 r$ をとる．R をこの最大値で割って正規化した値

$$\eta = \frac{\log_2 M}{n \log_2 r}$$

を符号 C の**効率**または**符号化率** (code rate) とよぶ．ここでの設定のように $M = q^k$ の場合は符号化率は，

$$\eta = \frac{k \log_2 q}{n \log_2 r}$$

となる．とくに $q = r$ の場合は，

$$\eta = \frac{k}{n}$$

となり，さらに $q = r = 2$ であれば R も k/n となり，符号 C を用いた場合の情報速度 R（ビット/記号）と C の効率 η が一致する．符号 C の効率 η のとりうる範囲は $0 \leq \eta \leq 1$ であるが，情報を少しでも伝えるためには $\eta > 0$ でなければならず，しかも誤り検出や訂正を行うためには $\eta < 1$ でなければならない．また，$\rho = 1 - \eta$ の値は，符号 C の**冗長度** (redundancy) とよばれる．ほとんど誤りなく情報を送るのに，できるだけ高い効率の符号を作るのが目標であるが，それは，できるだけ少ない冗長度の符号を作ることに他ならない．

【例 7.1】 第 1 章の問 1.3 で考えた通信路符号化について考えてみよう．この符号化では，$\Sigma = A = \{0, 1\}$ であり，このとき $q = r = 2$ である．与えられた記号列を 1 記号ごと，長さ 3 の符号語に符号化する．つまり，$k = 1$, $n = 3$ である．具体的には $0 \to 000$, $1 \to 111$ と符号化する．このとき，受信空間は

$$\{0,1\}^3 = \{000, 001, 010, 100, 011, 101, 110, 111\}$$

となる．復号は 3 ビットの多数決で行われるので，000, 111 の復号領域はそれぞれ

$$\{000, 001, 010, 100\}, \ \{011, 101, 110, 111\}$$

となる．この符号では，復号しない領域はない．1 ビットまでの誤りが生じても，与えられた記号は正しく復号されるが 2 ビット以上の誤りが生ずると，誤って復号されることになる．この符号の情報速度 R（ビット/記号）および効率 η は，

$$R = \eta = k/n = 1/3$$

であり冗長度は 2/3 となる．

7.1.2 最尤（さいゆう）復号法

前節の設定において，符号 C が決まっていれば，C に属する符号語が等確率で送られるという仮定の下に最適な復号領域の決め方が存在する．本節では，その方法について説明する．

$C = \{w_1, w_2, \cdots, w_M\}$ とし，符号語 w_i の復号領域を Ω_i とする．復号領域の集合は，受信空間 A^n 全体の分割になっているとする．つまり，

$$\Omega_i \cap \Omega_j = \emptyset \ \ (i \neq j), \ \bigcup_{i=1}^{M} \Omega_i = A^n$$

が成り立つとする．正しく復号される確率を P_c とすれば，復号しない領域を作ると P_c は下がってしまうので，P_c の最大化を考えるうえでこの仮定は一般性を失わない．受信空間 A^n の復号領域による分割 $(\Omega_1, \Omega_2, \cdots, \Omega_M)$ を定めることは，A^n から C への写像 ω を定めることと同じである．つまり，ω が定まれば，

$$\Omega_i = \{y | \omega(y) = w_i\}$$

により A^n の分割 $(\Omega_1, \Omega_2, \cdots, \Omega_M)$ が定まるし，逆に A^n の分割 $(\Omega_1, \Omega_2, \cdots, \Omega_M)$ から，$y \in \Omega_i$ のとき

$$\omega(y) = w_i$$

と定めれば写像 ω が定まる．ここでは，写像 ω を定めることにより復号領域を決めることを考える．

送られる符号語を確率変数 W，それに対する受信語を確率変数 Y で表す．定常通信路であると仮定すれば，w_i が入力されたときに y が受信される確率 $P_{Y|W}(y|w_i)$ は時点によらず一定である．そこで，y が受信されたとき，$P_{Y|W}(y|w_i)$ が最大となるような符号語 w_i が送られたと推定することにする．つまり，写像 ω を，

$$\omega(y) = \arg \max_{w_i \in C} P_{Y|W}(y|w_i)$$

で定める．ただし，$P_{Y|W}(y|w_i)$ が最大となる符号語が2つ以上あるような y に対しては，それらのうちの1つをとればよい．受信語 y からもとの符号語 w を推定する問題は，y がパラメータ w を持つ確率モデル $P_{Y|W}(\cdot|w)$ $(w \in \{w_1, w_2, \cdots, w_M\})$ から発生したと仮定した場合のパラメータ値の推定問題とみなせる．確率モデルのパラメータ推定問題とみたとき，$P_{Y|W}(y|w_i)$ は w_i の**尤度** (likelihood) とよばれる値であり，それが最大となる w_i を推定パラメータ値とする推定法を**最尤推定** (maximum likelihood estimation) という．上述した w_i の推定は最尤推定そのものであり，**最尤復号法** (maximum likelihood decoding) とよばれる．

C に属する符号語が等確率で送られるという仮定の下で，最尤復号法による受信空間の分割が正しく復号される確率 P_c を最大化することは，以下のように示される．正しく復号される確率 P_c は，

$$P_c = \sum_{y \in A^n} P_{WY}(\omega(y), y)$$

となる．仮定より任意の $y \in A^n$ に対して $P_W(\omega(y)) = 1/M$ が成り立つので，

$$P_c = \sum_{y \in A^n} P_{Y|W}(y|\omega(y)) P_W(\omega(y)) = \frac{1}{M} \sum_{y \in A^n} P_{Y|W}(y|\omega(y))$$

となる．$P_{Y|W}(y|\omega(y))$ は $\omega(y)$ のみに依存し，他の $y' \in A^n$ の $\omega(y')$ に全く依存しないことを考えると，P_c を最大にする写像 ω は，個々の $y \in A^n$ に対し，$P_{Y|W}(y|\omega(y))$ を最大にする写像に他ならない．最尤復号法で定まる写像を ω とすれば，ω が個々の $y \in A^n$ に対し，$P_{Y|W}(y|\omega(y))$ を最大にする写像になっていることは定義から明らかである．

最尤復号法は，符号語が等確率で送られるときに正しく復号される確率を最大化するという意味において強力な復号法ではあるが，各 y に対して M 個の値を計算し比較しなければならないため，符号語数 M が大きい場合には実際に使うのは難しい．

【問 7.1】 符号 $C = \{000, 111\}$ を使ってビット誤り率 10^{-3} の 2 元対称通信路を介して情報を送る．最尤復号法を用いた場合の符号語 000，111 の復号領域を求めよ．

7.2 通信路容量

通信路容量は，その通信路を使って情報を送る際，実際に情報が伝わる情報速度の限界値であり，通信路ごとに定まるものである．情報源符号化定理において，情報源のエントロピーが 1 記号あたりの平均符号長の限界を与えたように，通信路容量は通信路符号化定理において，ほとんど誤りなく情報を送れる情報速度の限界を与える量である．この節では，通信路容量の定義を述べ，比較的簡単に計算できるケースとして，記憶のない定常通信路および加法的 2 元通信路の通信路容量の計算式を示す．

7.2.1 定義

入力アルファベットが $A = \{a_1, a_2, \cdots, a_r\}$，出力アルファベットが $B = \{b_1, b_2, \cdots, b_s\}$ の定常通信路を考える．A^n 上の確率分布の集合を $\mathcal{P}_n$ とする．この通信

路に長さ n の系列 $\mathbf{X}_n$ を，ある確率分布 $P_{\mathbf{X}_n} \in \mathcal{P}_n$ に従って入力すると，長さ n の系列 $\mathbf{Y}_n$ が出力されるものとする．このとき，$\mathbf{Y}_n$ を受け取ることにより得られる $\mathbf{X}_n$ に関する 1 記号あたりの平均情報量は，

$$I(\mathbf{X}_n; \mathbf{Y}_n)/n \qquad \text{(ビット/記号)}$$

である．ただし，$\mathbf{Y}_n$ の分布は，$\mathbf{X}_n$ の分布 $P_{\mathbf{X}_n}$ と通信路の統計的性質を表す条件付き確率分布 $P_{\mathbf{Y}_n|\mathbf{X}_n}$ から以下のように定まることに注意されたい．

$$P_{\mathbf{Y}_n}(y) = \sum_{x \in A^n} P_{\mathbf{Y}_n|\mathbf{X}_n}(y|x) P_{\mathbf{X}_n}(x) \quad (y \in B^n).$$

$I(\mathbf{X}_n; \mathbf{Y}_n)/n$ は，この通信路を介して送ることができる 1 記号あたりの平均情報量と考えることができる．条件付き確率分布 $P_{\mathbf{Y}_n|\mathbf{X}_n}$ は，通信路固有のものであり変化しない．1 記号あたりの平均情報量を上げるためには，通信路符号化によって入力の分布 $P_{\mathbf{X}_n}$ を調整するしかない．したがって，この通信路を介して長さ n の系列により送ることが可能な 1 記号あたりの平均情報量の限界値は，

$$C_n = \max_{P_{\mathbf{X}_n} \in \mathcal{P}_n} I(\mathbf{X}_n; \mathbf{Y}_n)/n \tag{7.1}$$

となる．一般に，送る系列の長さ n を長くすると限界の情報速度 C_n は大きくなり，$\lim_{n\to\infty} C_n$ の値 C が真の限界を与える量として定義される．

定義 7.1 長さ n の入力系列 $\mathbf{X}_n$ に対する通信路の出力系列を $\mathbf{Y}_n$ とした場合，

$$C = \lim_{n\to\infty} \max_{P_{\mathbf{X}_n} \in \mathcal{P}_n} I(\mathbf{X}_n; \mathbf{Y}_n)/n$$

を**通信路容量** (channel capacity) とよぶ．ただし，$\mathcal{P}_n$ は長さ n の入力系列上の分布の集合とする．

後述する定理 7.4 により，通信路容量 C は，その通信路を介して実際に情報を伝達することができる情報速度の限界を表しているものと考えることができる．

7.2.2 記憶のない定常通信路の通信路容量

定義 7.1 によれば，通信路容量を計算するためには極限を求めなければならないので面倒である．しかし，記憶のない定常通信路の場合は極限を求めることなく，比較的容易に計算できる．

定理 7.1 各時点に記号 X が入力され，それに対し記号 Y が出力される記憶のない定常通信路の通信路容量 C は，

$$C = \max_{P_X \in \mathcal{P}} I(X;Y)$$

で計算できる．ただし，$\mathcal{P}$ は入力アルファベット上の分布の集合とする．

証明は結構煩雑であるためここでは省略するが，7.5 節に載せておくので興味のある読者は参照されたい．

定理 7.1 を使って実際に通信路容量を計算してみよう．

例題 7.1 ビット誤り率 p の 2 元対称通信路に，確率 q で 1 となるような入力記号 X を与えたときの出力記号を Y とする．以下の問いに答えよ．ただしエントロピー関数 $\mathcal{H}(x) = -x\log_2 x - (1-x)\log_2(1-x)$ を用いてもよいものとする．

(1) 出力記号 Y が 1 になる確率 $P_Y(1)$ を求めよ．

(2) 出力記号 Y のエントロピー $H(Y)$ を求めよ．

(3) 出力記号のエントロピー $H(Y)$ を q の関数とみたとき，$H(Y)$ の最大値を求めよ．

(4) 入力記号 X で条件をつけた出力記号 Y のエントロピー $H(Y|X)$ を求めよ．

(5) 通信路容量 C を求めよ．

（解答） (1)

$$\begin{aligned} P_Y(1) &= P_X(0)P_{Y|X}(1|0) + P_X(1)P_{Y|X}(1|1) \\ &= (1-q)p + q(1-p) = p + q - 2pq. \end{aligned}$$

(2) $H(Y) = \mathcal{H}(p+q-2pq)$.

(3) $q = 1/2$ とすれば $p+q-2pq = 1/2$ となる．エントロピー関数 $\mathcal{H}(x)$ は $x = 1/2$ のとき最大値 1 をとるので（図 2.1 参照），$H(Y)$ の最大値は 1（$q = 1/2$ のとき）となる．

(4)

$$\begin{aligned} H(Y|X) &= P_X(0)H(Y|0) + P_X(1)H(Y|1) \\ &= (1-q)\mathcal{H}(p) + q\mathcal{H}(p) = \mathcal{H}(p). \end{aligned}$$

(5)

$$\begin{aligned} C &= \max_{0 \le q \le 1} I(X;Y) \\ &= \max_{0 \le q \le 1} [H(Y) - H(Y|X)] \\ &= \max_{0 \le q \le 1} H(Y) - \mathcal{H}(p). \\ &= 1 - \mathcal{H}(p). \qquad (\because (3)) \end{aligned}$$

□

【練習問題 7.1】 確率 p でビット反転し，確率 $p_\emptyset$ で '$\emptyset$'（消失）を出力する2元対称消失通信路に，確率 q で1となるような入力記号 X を与えたときの出力記号を Y とする．以下の問いに答えよ．ただしエントロピー関数 $\mathcal{H}(x) = -x\log_2 x - (1-x)\log_2(1-x)$ を用いてもよいものとする．

(1) 出力記号 Y が1になる確率 $P_Y(1)$ を求めよ．

(2) 出力記号 Y のエントロピー $H(Y)$ に関し，

$$H(Y) = (1-p_\emptyset)\mathcal{H}(P_Y(1)/(1-p_\emptyset)) + \mathcal{H}(p_\emptyset)$$

が成り立つことを示せ．

（ヒント） 一般に $p_0, p_1 \geq 0$，$0 < p_0 + p_1 \leq 1$ のとき，

$$-p_0\log_2 p_0 - p_1\log_2 p_1 = (p_0+p_1)\left[\mathcal{H}(p_1/(p_0+p_1)) - \log_2(p_0+p_1)\right]$$

が成り立つことを用いよ（「ノート 7.1」参照）．

(3) 出力記号のエントロピー $H(Y)$ を q の関数とみたとき，$H(Y)$ の最大値を求めよ．

(4) 入力記号 X で条件をつけた出力記号 Y のエントロピー $H(Y|X)$ に関し，

$$H(Y|X) = (1-p_\emptyset)\mathcal{H}(p/(1-p_\emptyset)) + \mathcal{H}(p_\emptyset)$$

が成り立つことを示せ．

（ヒント） (2) のヒントを用いよ．

(5) 通信路容量 C を求めよ．

ノート 7.1 練習問題 7.1 の (2) のヒントの式は以下のようにして導かれる．

$$\begin{aligned}
&-p_0\log_2 p_0 - p_1\log_2 p_1 \\
&= (p_0+p_1)\left[-\frac{p_0}{p_0+p_1}\left(\log_2\frac{p_0}{p_0+p_1} + \log_2(p_0+p_1)\right)\right. \\
&\qquad\qquad \left. - \frac{p_1}{p_0+p_1}\left(\log_2\frac{p_1}{p_0+p_1} + \log_2(p_0+p_1)\right)\right] \\
&= (p_0+p_1)\left[\left(-\frac{p_0}{p_0+p_1}\log_2\frac{p_0}{p_0+p_1} - \frac{p_1}{p_0+p_1}\log_2\frac{p_1}{p_0+p_1}\right)\right. \\
&\qquad\qquad \left. - \log_2(p_0+p_1)\right] \\
&= (p_0+p_1)\left[\mathcal{H}(p_1/(p_0+p_1)) - \log_2(p_0+p_1)\right].
\end{aligned}$$

例題 7.1 では 2 重に一様な 2 元通信路，練習問題 7.1 では入力について一様な 2 元通信路の通信路容量を求めているが，一般の r 元入力アルファベット，s 元出力アルファベットの一様な記憶のない定常通信路の通信路容量に関しても，一様性を利用して計算を簡略化できる．

定理 7.2　r 元入力アルファベットに属する記号 X を入力，s 元出力アルファベットに属する記号 Y を出力する記憶のない定常通信路の通信路容量を C とする．このとき，以下が成り立つ．

(1) 入力について一様な場合，通信路行列の各行の要素の集合を $\{p_1, p_2, \cdots, p_s\}$ とすれば

$$C = \max_{P_X \in \mathcal{P}} H(Y) + \sum_{i=1}^{s} p_i \log_2 p_i$$

が成り立つ．ただし，$\mathcal{P}$ は A 上の分布の集合とする．

(2) 2 重に一様な場合，通信路行列の各行の要素の集合を $\{p_1, p_2, \cdots, p_s\}$ とすれば

$$C = \log_2 s + \sum_{i=1}^{s} p_i \log_2 p_i$$

が成り立つ．

（証明）　(1) 入力アルファベットの集合を $A = \{a_1, a_2, \cdots, a_r\}$，出力アルファベットを $B = \{b_1, b_2, \cdots, b_s\}$ とする．入力について一様であるから，$p_{ij} = P_{Y|X}(b_j|a_i)$ とすれば，

$$H(Y|a_i) = -\sum_{j=1}^{s} p_{ij} \log_2 p_{ij} = -\sum_{j=1}^{s} p_j \log_2 p_j$$

となり，$H(Y|a_i)$ の値は i に依存しない．よって

$$\begin{aligned} H(Y|X) &= \sum_{i=1}^{r} P_X(a_i) H(Y|a_i) \\ &= -\sum_{i=1}^{r} P_X(a_i) \sum_{j=1}^{s} p_j \log_2 p_j = -\sum_{j=1}^{s} p_j \log_2 p_j \end{aligned}$$

となり，$H(Y|X)$ の値は入力の分布 P_X に依存しない．無記憶定常通信路であるから定理 7.1 より，

$$\begin{aligned} C &= \max_{P_X \in \mathcal{P}} I(X;Y) \\ &= \max_{P_X \in \mathcal{P}} [H(Y) - H(Y|X)] \\ &= \max_{P_X \in \mathcal{P}} H(Y) + \sum_{j=1}^{s} p_j \log_2 p_j \end{aligned}$$

が成り立つ．

(2) (1) より，

$$C = \max_{P_X \in \mathcal{P}} H(Y) + \sum_{j=1}^{s} p_j \log_2 p_j$$

が成り立つ．また，

$$P_Y(b_j) = \sum_{i=1}^{r} P_X(a_i) P_{Y|X}(b_j|a_i) = \sum_{i=1}^{r} P_X(a_i) p_{ij}$$

である．このとき $P_X(a_i) = 1/r$ とすれば，

$$P_Y(b_j) = (1/r) \sum_{i=1}^{r} p_{ij}$$

が成り立つ．出力について一様な場合，$\sum_{i=1}^{r} p_{i1} = \sum_{i=1}^{r} p_{i2} = \cdots = \sum_{i=1}^{r} p_{is}$ であるから $P_Y(b_1) = P_Y(b_2) = \cdots = P_Y(b_s) = 1/s$ となる．このとき明らかに $H(Y)$ は最大となり（定理 2.1 (3)），最大値 $\log_2 s$ となる．よって，

$$C = \log_2 s + \sum_{j=1}^{s} p_j \log_2 p_j$$

が成り立つ． □

7.2.3 加法的 2 元通信路の通信路容量

定理 7.3 誤り源 S_E により定義される加法的 2 元通信路の通信路容量 C は，

$$C = 1 - H(S_E)$$

である．

（証明） 式 (7.1) の C_n について，$C_n = 1 - H_n(S_E)$ であることを示せば，

$$C = \lim_{n\to\infty} C_n = \lim_{n\to\infty} [1 - H_n(S_E)] = 1 - \lim_{n\to\infty} H_n(S_E) = 1 - H(S_E)$$

より，定理は証明される．ただし，$H_n(S_E)$ は S_E の n 次エントロピーであることに注意されたい．

S_E の n 次拡大情報源 S_E^n から出力される情報源記号を $\mathbf{E}_n = E_0E_1\cdots E_{n-1}$ とする．長さ n の入力 $\mathbf{X}_n = X_0X_1\cdots X_{n-1}$ に対する出力 $\mathbf{Y}_n = Y_0Y_1\cdots Y_{n-1}$ は，

$$\mathbf{X}_n \oplus \mathbf{E}_n = (X_0 \oplus E_0)(X_1 \oplus E_1)\cdots(X_{n-1} \oplus E_{n-1})$$

と定義すれば，$\mathbf{Y}_n = \mathbf{X}_n \oplus \mathbf{E}_n$ と書ける．このとき，

$$\begin{aligned} I(\mathbf{X}_n;\mathbf{Y}_n) &= H(\mathbf{Y}_n) - H(\mathbf{Y}_n|\mathbf{X}_n) \\ &= H(\mathbf{X}_n \oplus \mathbf{E}_n) - H(\mathbf{X}_n \oplus \mathbf{E}_n|\mathbf{X}_n) \end{aligned}$$

が成り立つ．$\mathbf{E}_n$ と $\mathbf{X}_n$ は互いに独立なので，$\mathbf{E}_n$ は $\mathbf{X}_n$ の値に影響を受けない．よって，$\mathbf{X}_n = \mathbf{x}_n$ という条件の下での $\mathbf{x}_n \oplus \mathbf{E}_n$ の分布は，$\mathbf{E}_n$ の分布が $\mathbf{x}_n$ だけシフトしただけなので，$H(\mathbf{x}_n \oplus \mathbf{E}_n|\mathbf{x}_n)$ の値は $\mathbf{x}_n$ によらず $H(\mathbf{E}_n)$ に等しい．つまり，

$$H(\mathbf{X}_n \oplus \mathbf{E}_n|\mathbf{X}_n) = H(\mathbf{E}_n)$$

が成り立つ．よって，

$$\begin{aligned} C_n &= \max_{P_{\mathbf{X}_n} \in \mathcal{P}_n} I(\mathbf{X}_n;\mathbf{Y}_n)/n \\ &= \max_{P_{\mathbf{X}_n} \in \mathcal{P}_n} H(\mathbf{X}_n \oplus \mathbf{E}_n)/n - H(\mathbf{E}_n)/n \end{aligned}$$

が成り立つ．ただし，$\mathcal{P}_n$ は $\{0,1\}^n$ 上の分布の集合とする．$\mathbf{X}_n$ と $\mathbf{E}_n$ は互いに独立なので，$\mathbf{X}_n$ が $\{0,1\}^n$ 上の一様分布に従うとすれば，$\mathbf{E}_n = \mathbf{e}_n$ のとき $\mathbf{X}_n \oplus \mathbf{e}_n$ の分布も $\{0,1\}^n$ 上の一様分布となる．つまり，$\mathbf{E}_n$ がどんな分布であっても $\mathbf{X}_n \oplus \mathbf{E}_n$ は一様分布になる．$\mathbf{X}_n \oplus \mathbf{E}_n$ が一様分布のとき $H(\mathbf{X}_n \oplus \mathbf{E}_n)$ は最大値 $\log_2 2^n = n$ をとる（定理 2.1 (3)）．よって，

$$C_n = 1 - H_n(S_E)$$

が成り立つ．　□

【例 7.2】 代表的な記憶のない 2 元通信路である 2 元対称通信路の場合，誤り源 S_E が確率 p で 1 を出力する無記憶情報源である加法的 2 元通信路であると考えることができる．この場合，

$$H(S_E) = \mathcal{H}(p)$$

であるから通信路容量 C は，定理 7.3 より，

$$C = 1 - \mathcal{H}(p)$$

となる．これは例題 7.1 で求めた値と一致する．

例題 7.2 誤り源 S_E が図 6.4 の状態図で表されるマルコフ情報源で表される加法的 2 元通信路の通信路容量 C を求めよ.

(解答) 例題 6.2 の解答より，このマルコフモデルの状態の定常分布 (w_0, w_1) は,

$$w_0 = \frac{p}{P+p}, \quad w_1 = \frac{P}{P+p}$$

である．よって,

$$H(S_E) = w_0\mathcal{H}(P) + w_1\mathcal{H}(p) = \frac{p\mathcal{H}(P) + P\mathcal{H}(p)}{P+p}$$

であるから,

$$C = 1 - H(S_E) = \frac{p(1-\mathcal{H}(P)) + P(1-\mathcal{H}(p))}{P+p}$$

となる. □

【練習問題 7.2】 誤り源 S_E が図 6.5 の状態図で表されるマルコフ情報源である加法的 2 元通信路の通信路容量 C を求めよ．ただし，$\log_2 3 \approx 1.585$，$\log_2 7 \approx 2.807$，$\log_2 10 \approx 3.322$ とし，小数点以下 3 桁まで求めよ.

例題 7.2 で扱った通信路のビット誤り率は例題 6.2 より $\frac{P}{P+p}$ である．これと同じビット誤り率をもつ 2 元対称通信路の通信路容量 C' は,

$$C' = 1 - \mathcal{H}\left(\frac{P}{P+p}\right)$$

となる．$P = 0.01$, $p = 0.09$ とすると，ビット誤り率 $\frac{P}{P+p}$ は約 0.1 である．エントロピー関数値を計算すると $\mathcal{H}(0.1) \approx 0.4690$，$\mathcal{H}(0.09) \approx 0.4365$，$\mathcal{H}(0.01) \approx 0.0808$ であるから，$C \approx 0.8836$，$C' \approx 0.5310$ となる．このように，同じビット誤り率でも長いバースト誤りが多い記憶のある通信路のほうが通信路容量が大きくなる，つまり 1 記号あたりより多くの情報を送ることができる．これは，記憶のある通信路のほうが誤りを予想しやすく訂正しやすいことを意味する.

7.3 通信路符号化定理

シャノンの第 2 定理ともよばれる通信路符号化の限界に関する定理を述べよう.

定理 7.4 [通信路符号化定理] 通信路容量が C である通信路に対し，$R < C$ であれば，情報速度 R の符号で復号誤り率がいくらでも小さいものが存在する．$R > C$ であれば，そのような符号は存在しない．

この定理の意味するところを考えてみよう．ビット誤り率 0.1 の 2 元対称通信路があるとしよう．この通信路の通信路容量 C は $1 - \mathcal{H}(0.1) \approx 0.531$（ビット/記号）である．2 元記号列を長さ k のブロックに区切って各々を長さ n の 2 元符号語に符号化するとしよう．この符号の情報速度 R は k/n となるが，定理によれば $k/n < 0.531$ となるような (n, k) に対し，ほとんど誤りなく情報を伝達できる符号が存在する．つまりたった $1/0.531 \approx 1.88$ 倍の長さになるように冗長性を持たせるだけで，10 ビットに 1 ビット生ずるビット誤りを，ほとんどすべて訂正することができるような符号が存在するというのである．実際のビット誤り率はもっと小さく，2 元通信路の通信路容量は 1 に近いものが多いことを考えると，冗長性をほんの少しつけるだけで，ほとんど誤りのない情報伝達を行うことができることになる．

この通信路符号化定理は，残念ながら，任意に小さい復号誤り率を達成する符号の存在を示しただけであり，具体的にどのように符号化すれば，復号誤り率が任意に小さな符号がつくれるのかを示していない．そして，そのような符号化法は現在でも知られていない．

存在だけ保証する定理を，シャノンは**ランダム符号化** (random coding) を用いて証明した．ランダム符号化とは，受信空間からの独立な無作為復元抽出を M 回繰り返すことにより M 個の符号語を選ぶ符号化法である[1]．証明は，ランダム符号化によってできる符号各々について復号誤り率を計算するのではなく，ランダム符号化によって作られる符号 $\mathbf{C}$ の復号誤り率 $P_e(\mathbf{C})$ の期待値 $E_{\mathbf{C}}(P_e(\mathbf{C}))$ を求め，符号長 n を $n \to \infty$ とすれば，$E_{\mathbf{C}}(P_e(\mathbf{C})) \to 0$ となることを示すことにより行った．これが証明されれば，復号誤り率が期待値以下の符号は必ず存在するという事実から定理の前半は導かれる．

---

[1] 同じ符号語が 2 度選ばれることもある．その場合は，2 つの異なる入力記号列ブロックに対して同じ符号語が割り当てられる符号化，つまり特異符号となる．

定理の前半の証明は少し込み入っているため，ここでは省略する．ただし，ランダム符号化というテクニックを用いてどのように定理の前半が証明されるのか興味のある読者のために，2元対称通信路に限った場合の証明を7.6節に載せておくので参照されたい．

定理の後半は以下のように理解できる．情報速度が $R > C$ の符号で復号誤り率 P_e をいくらでも小さくできるものが存在するとしよう．すると実際に R にいくらでも近い情報速度で情報が伝達できることになり，通信路容量 C を越えた情報速度で情報を送ることができることになる．しかし，そのような符号は存在しないことが，定理7.4の後半により示されている．

7.4　通信システム全体としての情報伝達の限界

情報源符号化定理と通信路符号化定理の2つの定理から，システム全体としての情報伝達の限界について考えてみよう．

図7.3のような通信システムを考える．いままでは，情報速度や通信路容量の単位として（ビット/記号）を用いてきたが，ここでは（ビット/秒）という単位で考えよう．情報源から発生する情報の速さを $\mathcal{R}$（ビット/秒），通信路容量を $\mathcal{C}$（ビット/秒）とする．（ビット/記号）からの変換は簡単で，1秒あたりの処理記号数をかけてやればよい．たとえば，情報源 S から $H(S)$（ビット/記号）の情報が発生するが，1秒あたり α 記号発生するとすると，S からは平均的に，

$$\mathcal{R} = \alpha H(S) \quad \text{（ビット/秒）}$$

の情報が発生する．与えられた通信路の通信路容量が C（ビット/記号）であれば，1秒あたり β 記号送られるとすれば，

$$\mathcal{C} = \beta C \quad \text{（ビット/秒）}$$

の情報を平均的に送ることができる．

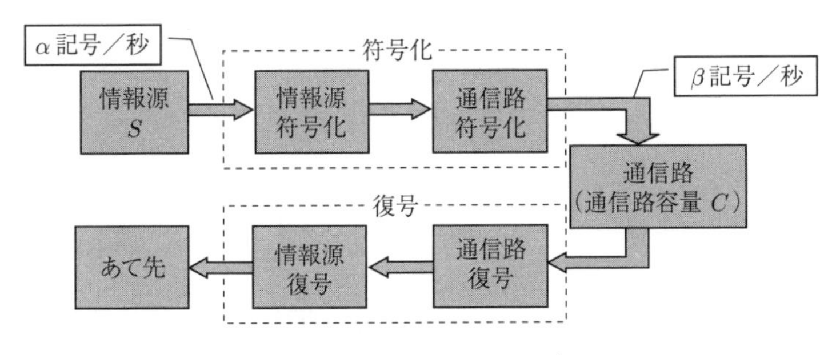

図 7.3　通信システムのモデル

$\mathcal{R} < \mathcal{C}$ であれば，情報源符号化および通信路符号化を行うことにより，発生した情報を任意に小さな誤り率であて先まで送ることができる．$\mathcal{R} > \mathcal{C}$ の場合は，それは不可能であり何らかのひずみが生じる．情報源 S の速度・ひずみ関数を $R(D)$（ビット/記号）とすれば，平均ひずみが D 以下になるという条件の下で，

$$\mathcal{R}(D) = \alpha R(D) \quad \text{（ビット/秒）}$$

の情報量に落とすことが可能である．

$$\mathcal{R}(D_*) = \mathcal{C}$$

を満たす D_* を考えよう．D_* よりも ϵ だけ多くの平均ひずみを許せば，情報源符号化により情報速度

$$\mathcal{R}(D_* + \epsilon) < \mathcal{R}(D_*) = \mathcal{C} \quad \text{（ビット/秒）}$$

の符号を作ることができる．これは通信路符号化定理より，任意に小さい誤り率で送ることができるので $D_* + \epsilon$ に任意に近い平均ひずみで情報を送ることができる．ϵ はいくらでも小さくできるので，D_* に任意に近い平均ひずみで情報を送ることができることになる．しかし，平均ひずみを D_* より小さくすることはできない．

以上をまとめると以下の定理となる．

定理 7.5　情報速度 $\mathcal{R}$（ビット/秒）で発生する情報を通信路容量 $\mathcal{C}$（ビット/秒）の通信路を介して送るとき，$\mathcal{R} < \mathcal{C}$ であれば，任意に小さい誤り率で情報を伝送できる．また，$\mathcal{R} > \mathcal{C}$ であれば，情報源の速度・ひずみ関数 $\mathcal{R}(D)$ の値が $\mathcal{R}(D_*) = \mathcal{C}$（ビット/秒）を満たす D_* に対し，D_* に任意に近い平均ひずみで情報を伝送できるが，D_* より小さい平均ひずみでは伝送できない．

例題 7.3 $P_X(0)=0.8$, $P_X(1)=0.2$ に従う情報源記号 X を発生する記憶のない定常 2 元情報源から生じるデータを，ビット誤り率が 0.1 の 2 元対称通信路を介して送るとき，復号誤り率の下限を求めよ．ただし，情報源は 1（記号/秒）で記号を発生し，通信路は 1（記号/秒）で記号を伝送するものとする．また，ひずみ測度としてビット誤り率を用いた場合の記憶のない定常 2 元情報源の速度・ひずみ関数 $R(D)$（ビット/記号）は，

$$R(D)=\mathcal{H}(P_X(1))-\mathcal{H}(D)$$

で表せることを用いてよい（例 5.8 参照）．エントロピー関数値 $\mathcal{H}(0.2)\approx 0.7219$, $\mathcal{H}(0.1)\approx 0.4690$, $\mathcal{H}(0.0293)\approx 0.1909$ を用いて計算せよ．

（解答） ひずみ測度としてビット誤り率を用いているので，平均ひずみは復号誤り率になる．

情報源から発生する情報速度 $\mathcal{R}$ は，

$$\mathcal{R}=\mathcal{H}(0.2)\approx 0.7219 \quad \text{（ビット/秒）}$$

であり，通信路容量 $\mathcal{C}$ は，

$$\mathcal{C}=1-\mathcal{H}(0.1)\approx 1-0.4690=0.5310 \quad \text{（ビット/秒）}$$

であるから，定理 7.5 より任意に小さい復号誤り率では情報は送れない．したがって，$\mathcal{R}(D_*)=\mathcal{C}$ を満たす D_* が復号誤り率の下限となる．速度・ひずみ関数は，

$$\mathcal{R}(D)=\mathcal{H}(0.2)-\mathcal{H}(D)\approx 0.7219-\mathcal{H}(D) \quad \text{（ビット/秒）}$$

であるから，$\mathcal{R}(D_*)=\mathcal{C}$ とすれば，

$$\mathcal{H}(D_*)\approx 0.7219-0.5310\approx 0.1909$$

となる．$\mathcal{H}(x)$ は $0\le x\le 1/2$ で狭義の単調増加であるので D_* はこの範囲で一意に定まる．$\mathcal{H}(0.0293)\approx 0.1909$ が与えられている[2]ことから $D_*=0.0293$ とわかる．よって復号誤り率の下限は 0.0293 である． □

【練習問題 7.3】 $P_X(0)=0.9, P_X(1)=0.1$，通信路のビット誤り率が 0.2 の場合について，その他はすべて同じ設定で例題 7.3 を解け．

[2] 与えられていない場合は，エントロピー関数の表やグラフから近似値を求めればよい．

7.5 記憶のない定常通信路の通信路容量の証明[3)]

本節では定理 7.1 を証明する．まず，つぎの 2 つの補助定理を証明する．

補助定理 7.1 記憶のない定常通信路への長さ n の入力系列を $\mathbf{X}_n = X_0 \cdots X_{n-1}$，それに対する出力系列を $\mathbf{Y}_n = Y_0 \cdots Y_{n-1}$ とすれば，

$$H(\mathbf{Y}_n|\mathbf{X}_n) = \sum_{i=0}^{n-1} H(Y_i|X_i)$$

が成り立つ．

(証明) 定理 2.3(1) より，

$$\begin{aligned}
H(\mathbf{Y}_n|\mathbf{X}_n) &= -\sum_{\mathbf{x}_n \in A^n} \sum_{\mathbf{y}_n \in B^n} P_{\mathbf{X}_n\mathbf{Y}_n}(\mathbf{x}_n, \mathbf{y}_n) \log_2 P_{\mathbf{Y}_n|\mathbf{X}_n}(\mathbf{y}_n|\mathbf{x}_n) \\
&= -\sum_{\mathbf{x}_n \in A^n} \sum_{\mathbf{y}_n \in B^n} P_{\mathbf{X}_n\mathbf{Y}_n}(\mathbf{x}_n, \mathbf{y}_n) \log_2 \prod_{i=0}^{n-1} P_{Y_i|X_i}(y_i|x_i) \\
&\qquad (\text{ただし，} \mathbf{x}_n = (x_0, \cdots, x_{n-1}),\ \mathbf{y}_n = (y_0, \cdots, y_{n-1}) \text{ とする}) \\
&= -\sum_{\mathbf{x}_n \in A^n} \sum_{\mathbf{y}_n \in B^n} P_{\mathbf{X}_n\mathbf{Y}_n}(\mathbf{x}_n, \mathbf{y}_n) \sum_{i=0}^{n-1} \log_2 P_{Y_i|X_i}(y_i|x_i) \\
&= -\sum_{i=0}^{n-1} \sum_{x_i \in A} \sum_{y_i \in B} \Bigg\{ \log_2 P_{Y_i|X_i}(y_i|x_i) \\
&\qquad \times \sum_{\mathbf{x}_{n,i} \in A^{n-1}} \sum_{\mathbf{y}_{n,i} \in B^{n-1}} P_{\mathbf{X}_n\mathbf{Y}_n}(\mathbf{x}_n, \mathbf{y}_n) \Bigg\} \\
&\qquad (\text{ただし，} \mathbf{x}_{n,i} = (x_0, \cdots, x_{i-1}, x_{i+1}, \cdots, x_{n-1}), \\
&\qquad\quad \mathbf{y}_{n,i} = (y_0, \cdots, y_{i-1}, y_{i+1}, \cdots, y_{n-1}) \text{ とする}) \\
&= -\sum_{i=0}^{n-1} \sum_{x_i \in A} \sum_{y_i \in B} (\log_2 P_{Y_i|X_i}(y_i|x_i)) P_{X_iY_i}(x_i, y_i) \qquad (3.1 \text{ 節参照}) \\
&= \sum_{i=0}^{n-1} H(Y_i|X_i).
\end{aligned}$$

□

[3)] この後の 3 節は興味のある読者のためのものであり，読み飛ばしても後の章の理解に影響はない．

補助定理 7.2 任意の正の整数 n，任意の確率変数 $X_1, X_2, \cdots, X_n$ に対し，

$$H(X_1, X_2, \cdots, X_n) = \sum_{i=1}^{n} H(X_i | X_1, X_2, \cdots, X_{i-1})$$

が成り立つ．

（証明） n に関する数学的帰納法で示す．$n = 1$ のときは明らかに成り立つ．$n = k$ のとき成り立つと仮定する．すると $n = k + 1$ のとき，$(X_1, X_2, \cdots, X_k)$ を 1 つの確率変数とみなせば，

$$\begin{aligned} & H(X_1, \cdots, X_{k+1}) \\ = \ & H(X_1, \cdots, X_k) + H(X_{k+1} | X_1, \cdots, X_k) \qquad (\because \text{定理 2.3(2) より}) \\ = \ & \sum_{i=1}^{k+1} H(X_i | X_1, \cdots, X_{i-1}). \qquad (\because n = k \text{ のとき成り立つことより}) \end{aligned}$$

よって $n = k + 1$ のときも成り立つ． □

（定理 7.1 の証明） 式 (7.1) において，$C_n = C_1$ であることを示せば，

$$C = \lim_{n \to \infty} C_n = \lim_{n \to \infty} C_1 = C_1 = \max_{P_X \in \mathcal{P}} I(X; Y)$$

より，定理は証明される．

まず，記憶のない定常通信路であれば，$C_n \geq C_1$ を満たすことを示す．与えられた記憶のない定常通信路の入力記号 $x \in A$ に対して $y \in B$ が出力される確率を $P_{Y|X}(y|x)$ とする．

$$P_X^* = \arg \max_{P_X \in \mathcal{P}} I(X; Y)$$

とし，

$$P_Y^*(y) = \sum_{x \in A} P_{Y|X}(y|x) P_X^*(x)$$

とする．ただし，$\mathcal{P}$ は A 上の確率分布の集合を表すものとする．

$\mathbf{X}_n = X_0 X_1 \cdots X_{n-1}$，$\mathbf{Y}_n = Y_0 Y_1 \cdots Y_{n-1}$ とし，

$$P_{\mathbf{X}_n}(x_0, x_1, \cdots, x_{n-1}) = \prod_{i=0}^{n-1} P_X^*(x_i)$$

とすれば，

$$P_{\mathbf{Y}_n}(y_0, \cdots, y_{n-1}) = \sum_{\mathbf{x}_n \in A^n} P_{\mathbf{Y}_n | \mathbf{X}_n}(y_0, \cdots, y_{n-1} | \mathbf{x}_n) P_{\mathbf{X}_n}(\mathbf{x}_n)$$

$$
\begin{aligned}
&= \sum_{(x_0,x_1,\cdots,x_{n-1})\in A^n} \prod_{i=0}^{n-1} P_{Y|X}(y_i|x_i) \prod_{i=0}^{n-1} P_X^*(x_i) \\
&= \prod_{i=0}^{n-1} \sum_{x_i\in A} P_{Y|X}(y_i|x_i) P_X^*(x_i) \\
&= \prod_{i=0}^{n-1} P_Y^*(y_i)
\end{aligned}
$$

となる．このとき，3.5 節で行った無記憶定常情報源の n 次拡大情報源のエントロピーの計算と同様に，

$$H(\mathbf{Y}_n) = nH(Y)$$

が成り立つことが示せる．ただし，$H(Y)$ は B 上の確率分布 P_Y^* に対するものである．補助定理 7.1 より，

$$H(\mathbf{Y}_n|\mathbf{X}_n) = \sum_{i=0}^{n-1} H(Y_i|X_i) = nH(Y|X)$$

が示される．よって，

$$
\begin{aligned}
I(\mathbf{X}_n;\mathbf{Y}_n) &= H(\mathbf{Y}_n) - H(\mathbf{Y}_n|\mathbf{X}_n) \\
&= nH(Y) - nH(Y|X) = nI(X;Y) = nC_1
\end{aligned}
$$

が成り立つ．したがって，$C_n \geq C_1$ が示された．

$C_n \leq C_1$ を示そう．$P_{\mathbf{X}_n} \in \mathcal{P}$ を A^n 上の任意の確率分布とする．このとき，この確率分布における相互情報量は補助定理 7.1，7.2 より，

$$I(\mathbf{X}_n;\mathbf{Y}_n) = \sum_{i=0}^{n-1} [H(Y_i|Y_0,Y_1,\cdots,Y_{i-1}) - H(Y_i|X_i)] \tag{7.2}$$

と書ける．$(Y_0,Y_1,\cdots,Y_{i-1})$ を 1 つの確率変数とみなせば，定理 2.3(3) より

$$H(Y_i|Y_0,Y_1,\cdots,Y_{i-1}) \leq H(Y_i)$$

が成り立つので，式 (7.2) より，

$$I(\mathbf{X}_n;\mathbf{Y}_n) \leq \sum_{i=0}^{n-1} I(X_i;Y_i) \leq nC_1$$

よって $C_n \leq C_1$ が示された．したがって，$C_n = C_1$ が成り立つ．　□

7.6　2 元対称通信路の通信路符号化定理の証明

本節では，2 元対称通信路に限った場合について定理 7.4 の前半の証明を行う．その前に，定理の証明に必要な補助定理を 1 つ示す．

補助定理 7.3　任意の正の整数 n および $0 < q \leq 1/2$ に対し，

$$\sum_{i=0}^{\lfloor qn \rfloor} {}_n\mathrm{C}_i \leq 2^{\mathcal{H}(q)n}$$

が成り立つ．

（証明）　$f(x) = x\log_2 q + (n-x)\log_2(1-q)$ という関数を考えると，

$$f'(x) = \log_2 q - \log_2(1-q)$$

であるから，$0 < q \leq 1/2$ のとき $f'(x) \leq 0$ となる．したがって f は単調減少となるため，$x \leq qn$ のとき，

$$\begin{aligned} x\log_2 q + (n-x)\log_2(1-q) &\geq qn\log_2 q + (n-nq)\log_2(1-q) \\ &= -n(-q\log_2 q - (1-q)\log_2(1-q)) \\ &= -n\mathcal{H}(q) \end{aligned}$$

が成り立つ．よって $x \leq qn$ のとき，

$$q^x(1-q)^{n-x} \geq 2^{-n\mathcal{H}(q)}$$

が成り立つ．これを使うと，

$$\begin{aligned} 1 = (q+(1-q))^n &= \sum_{i=0}^{n} {}_n\mathrm{C}_i q^i (1-q)^{n-i} \\ &\geq \sum_{i=0}^{\lfloor qn \rfloor} {}_n\mathrm{C}_i q^i (1-q)^{n-i} \\ &\geq 2^{-n\mathcal{H}(q)} \sum_{i=0}^{\lfloor qn \rfloor} {}_n\mathrm{C}_i \end{aligned}$$

が成り立つ．両辺に $2^{\mathcal{H}(q)n}$ を掛けることにより補題の式が証明される．□

（2元対称通信路に限定した定理 7.4 の前半の証明）　与えられた2元対称通信路のビット誤り率を p，通信路容量を C とする．作成する符号の符号語長を n とする．任意の $R < C$ に対し，符号の情報速度を R にするために符号語の数 M を $M = 2^{nR}$ に定める．この符号数でこの情報速度を達成するためには，各符号語を等確率で送らなければならないことに注意されたい．ランダム符号化により $\{0,1\}^n$ から M 個の系列を選び，それらを符号語とする．符号語の集合を $\mathbf{C}$ とする．$0 < \epsilon < 1/2 - p$ を満たす ϵ を十分小さく取る．どのくらい小さくとるかは後で調整する．受信語として y を受け取った場合の復号では，y と高々$n(p+\epsilon)$ ビットしか異ならない符号語 w が

1 つだけ存在した場合には，w を送信された符号語とみなす．そのような符号語が 1 つもなかったり 2 つ以上存在する場合は復号を諦める（復号誤りが起きたとみなす）．

$y(w)$ を符号語 w を送信したときの受信語とする．長さ n の 2 つのビット列 g, h の異なるビットの数を $d(g,h)$ で表す．符号 $\mathbf{C}$ を用い，符号語 $w \in \mathbf{C}$ を送ったときの復号誤り率を $P_e(\mathbf{C}|w)$ とすれば，

$$
\begin{aligned}
&P_e(\mathbf{C}|w)\\
&= P\{d(w,y(w)) > n(p+\epsilon)\} + P\{d(w,y(w)) \le n(p+\epsilon)\}\\
&\quad \times P\{\text{ ある } w' \in \mathbf{C} \setminus \{w\} \text{ が存在して } d(w',y(w)) < n(p+\epsilon)\}\\
&\le P\{d(w,y(w)) > n(p+\epsilon)\}\\
&\quad + P\{\text{ ある } w' \in \mathbf{C} \setminus \{w\} \text{ が存在して } d(w',y(w)) < n(p+\epsilon)\}\\
&\le P\{d(w,y(w)) > n(p+\epsilon)\} + \sum_{w' \in \mathbf{C} \setminus \{w\}} P\{d(w',y(w)) < n(p+\epsilon)\}\\
&= P\{d(w,y(w)) > n(p+\epsilon)\}\\
&\quad + \sum_{w' \in \mathbf{C} \setminus \{w\}} \sum_{y(w)} P(y(w)) I\{d(w',y(w)) < n(p+\epsilon)\}
\end{aligned}
$$

となる．ただし，$I\{A\}$ は A が成り立てば 1，そうでなければ 0 の値をとる関数とする．第 1 項は通信路において $n(p+\epsilon)$ ビットより多くの誤りが生ずる確率であり，2 元対称通信路ではこの確率は送信語 w に依存しない．したがって，符号 $\mathbf{C}$ の復号誤り率 $P_e(\mathbf{C})$ は，

$$
\begin{aligned}
P_e(\mathbf{C}) \;\le\; & P\{n(p+\epsilon) \text{ ビットより多くの誤りが生ずる }\}\\
& + \frac{1}{M} \sum_{w \in \mathbf{C}} \sum_{w' \in \mathbf{C} \setminus \{w\}} \sum_{y(w)} P(y(w)) I\{d(w',y(w)) < n(p+\epsilon)\}
\end{aligned}
$$

となる．ランダム符号化により選ばれた符号の分布で期待値をとると，

$$
\begin{aligned}
&E_{\mathbf{C}}(P_e(\mathbf{C}))\\
&\le P\{n(p+\epsilon) \text{ ビットより多くの誤りが生ずる }\}\\
&\quad + E_{\mathbf{C}}\left(\frac{1}{M} \sum_{w \in \mathbf{C}} \sum_{w' \in \mathbf{C} \setminus \{w\}} \sum_{y(w)} P(y(w)) I\{d(w',y(w)) < n(p+\epsilon)\} \right)
\end{aligned}
$$

となる．右辺の第 1 項は，1 回の試行で確率 p で起こる事象が n 回の独立試行で $n(p+\epsilon)$ 回より多く起こる確率であり，起こる回数は 2 項分布 $B(p,n)$ に従う．$B(p,n)$ の平均が np であるため，$n \to \infty$ とすれば大数の弱法則[4)] より，右辺の第 1 項は 0 に近

[4)] $p = E(X_1) = E(X_2) = \cdots$ が成り立つとき，任意の $\varepsilon > 0$ に対して

$$\lim_{n \to \infty} P\{|X_1 + X_2 + \cdots + X_n - np| > n\varepsilon\} = 0$$

となる．

づく．

右辺の第2項も $n \to \infty$ とすれば0に近づくことを示そう．右辺の第2項だけ計算すると，

$$
\begin{aligned}
& E_{\mathbf{C}}\left(\frac{1}{M}\sum_{w\in\mathbf{C}}\sum_{w'\in\mathbf{C}\setminus\{w\}}\sum_{y(w)} P(y(w))I\{d(w',y(w)) < n(p+\epsilon)\}\right) \\
&= \frac{1}{2^{nM}M}\sum_{w_1}\cdots\sum_{w_M}\sum_{i=1}^{M}\sum_{j\neq i}\sum_{y(w_i)} P(y(w_i))I\{d(w_j,y(w_i)) < n(p+\epsilon)\} \\
&= \frac{1}{2^{nM}M}\sum_{i=1}^{M}\sum_{w_i}\sum_{y(w_i)} P(y(w_i)) \\
&\qquad \times \sum_{j\neq i}\sum_{w_1}\cdots\sum_{w_{i-1}}\sum_{w_{i+1}}\cdots\sum_{w_M} I\{d(w_j,y(w_i)) < n(p+\epsilon)\} \\
&= \frac{1}{2^{nM}M}\sum_{i=1}^{M}\sum_{w_i}\sum_{y(w_i)} P(y(w_i)) \\
&\qquad \times \sum_{j\neq i} 2^{n(M-2)}\sum_{w_j} I\{d(w_j,y(w_i)) < n(p+\epsilon)\} \\
&= \frac{1}{2^{2n}M}\sum_{i=1}^{M}\sum_{w_i}\sum_{y(w_i)} P(y(w_i))\sum_{j\neq i}\sum_{k=0}^{\lfloor n(p+\epsilon)\rfloor} {}_n\mathrm{C}_k \\
&= (1/2^n)(M-1)\sum_{k=0}^{\lfloor n(p+\epsilon)\rfloor} {}_n\mathrm{C}_k \\
&\leq (1/2^n)2^{nR}2^{n\mathcal{H}(p+\epsilon)} = 2^{-n(C_\epsilon - R)} \qquad (\because \text{補助定理 7.3 より})
\end{aligned}
$$

が成り立つ．ただし，C_ϵ はビット誤り率が $p+\epsilon$ の2元通信路の通信路容量 $1-\mathcal{H}(p+\epsilon)$ とする．$\epsilon \to 0$ とすれば $C_\epsilon = 1-\mathcal{H}(p+\epsilon) \to 1-\mathcal{H}(p) = C$ であるから，$0 < \epsilon < 1/2 - p$ を十分小さくとれば $R < C_\epsilon$ を満たす．そのような ϵ に対し，$n \to \infty$ とすれば $2^{-n(C_\epsilon - R)} \to 0$ となる[5]．

以上により，$n \to \infty$ とすれば，$E_{\mathbf{C}}(P_e(\mathbf{C})) \to 0$ であることが示された．これはどんな小さな値 $\delta > 0$ に対しても十分大きな n を考えれば，$E_{\mathbf{C}}(P_e(\mathbf{C})) \leq \delta$ を満たすことを意味する．期待値が δ 以下であれば，長さ n の符号 $\mathbf{C}$ で復号誤り率が δ 以下の符号が必ず存在するので，定理は証明される． □

[5] この議論からわかる通り，同様の方法を $R = C$ の場合に適用することはできない．なぜなら，この議論は $R < C_\epsilon < C$ である C_ϵ を使って復号誤り率を評価しているが，$R = C$ の場合にはこうした C_ϵ がないからである．

7.7 復号誤り率の収束速度

7.3 節で述べたとおり，定理 7.4 とその証明より，通信路容量 C より小さな R であれば，符号長 n の情報速度 R の符号 $\mathbf{C}_n$ で $n \to \infty$ とすれば，いくらでも復号誤り率を小さくするものが存在する．つまり，復号誤り率 $P_e(\mathbf{C}_n)$ が，$n \to \infty$ のときに $P_e(\mathbf{C}_n) \to 0$ となる符号が存在する．しかし，これで復号に関する心配や疑問がすべて解消されたわけではない．たとえば，あらかじめ決められた復号誤り率の制限 p に対して，符号長 n をどれだけ大きくすれば実際の復号誤り率を p 以下にできるかということは，定理 7.4 からはわからない．あるいは，実際の復号誤り率そのものの評価は難しいとしても，符号長を $n \to \infty$ としたときに，復号誤り率 $P_e(\mathbf{C}_n)$ がどのくらいの速さで 0 に近づいていくのかということだけは知りたいということも多い．後者は収束速度に関する議論であり，やはり定理 7.4 からだけでは答えがわからない問題である．

無記憶定常通信路においては，ランダム符号化による復号誤り率の期待値の収束速度に関して，以下の定理が知られている．

定理 7.6 記憶のない定常通信路において，ランダム符号化により生成された符号長 n，情報速度 R の符号 $\mathbf{C}$ の復号誤り率の期待値 $E_{\mathbf{C}}(P_e(\mathbf{C}))$ は，

$$E_{\mathbf{C}}(P_e(\mathbf{C})) \leq 2^{-nE_r(R)}$$

を満たす．ただし，$E_r(R)$ は**ランダム符号化指数** (random coding exponent) とよばれる関数であり次式で与えられる．

$$E_r(R) = \max_{P_X, 0 \leq \rho \leq 1} [E_0(\rho, P_X) - \rho R]$$

ここに，P_X は入力アルファベット A 上の分布であり，$P_{Y|X}$ を通信路に記号 $X \in A$ が入力された場合の記号 $Y \in B$ が出力される確率の分布とすれば，

$$E_0(\rho, P_X) = -\log_2 \sum_{y \in B} \left[\sum_{x \in A} P_X(x) P_{Y|X}(y|x)^{\frac{1}{1+\rho}} \right]^{1+\rho}$$

である．

つぎの系は，上の定理から直ちに導かれる．

系 7.1 記憶のない定常通信路において，復号誤り率 P_e が

$$P_e \leq 2^{-nE_r(R)}$$

を満たす長さ n，情報速度 R の符号が存在する．

$2^{-nE_r(R)}$ の収束速度は，ランダム符号の復号誤り率の期待値に対して成り立つものであるが，本当に知りたいのはもっともよい符号の収束速度である．いま，$P_e^*(n,R)$ を長さ n，情報速度 R の符号の中での復号誤り率の最小値を表すものとする．$E_r(R)$ に対応する，もっともよい符号の収束速度を表す指標 $E(R)$ は，

$$E(R) = \lim_{n\to\infty} \frac{-\log_2 P_e^*(n,R)}{n}$$

で与えられる．このように定義される関数 $E(R)$ は**信頼度関数** (reliability function) とよばれる．ランダム符号化指数 $E_r(R)$ は信頼度関数 $E(R)$ の下界である．

章末問題

7.1 (1)〜(10) の文章は正しいか．正しい場合は○をつけよ．また，間違っている場合は×をつけ，何が間違っているのか説明せよ．

(1) 符号語の数が 2^k，長さ n の符号の情報速度は k/n（ビット/記号）である．

(2) 受信空間すべてを符号語として用いても情報速度は最大とならない．

(3) 符号の効率を上げると誤り訂正能力も上がる．

(4) 冗長度が上がると符号の効率は下がる．

(5) 符号語の集合をどのように決めても，その符号語を等確率で通信路に入力すれば，最尤復号法は復号誤り率を最小化する．

(6) 同じ通信路でも通信路容量は，入力系列の統計的性質により変化する．

(7) 加法的 2 元通信路の通信路容量は,誤り源のエントロピーのみで定まる．

(8) 2 元対称通信路の通信路容量は，ビット誤り率が 0.5 のとき最大となる．

(9) 復号誤り率を限りなく 0 に近づけたければ，冗長度を限りなく 1 に近づけるしかない．

(10) 通信路符号化定理によれば，情報速度が通信路容量よりほんの少しでも小さければ，符号化を工夫することにより復号誤り率をいくらでも小さくできる．

7.2 右図のような通信路線図で表される無記憶非対称 2 元通信路を考える．入力を X，出力を Y とし，入力が 1 である確率を q とするとき，以下の問いに答えよ．ただし，エントロピー関数 $\mathcal{H}(x) = -x\log_2 x - (1-x)\log_2(1-x)$ を用いてもよいものとする．

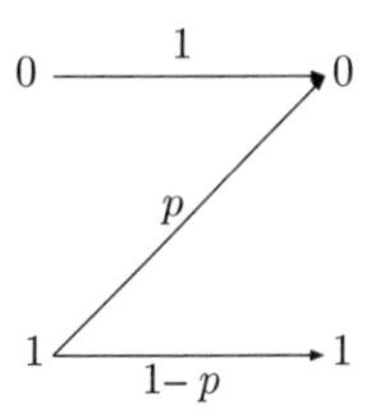

(1) Y のエントロピー $H(Y)$ を求めよ．

(2) X で条件をつけた Y の条件付エントロピー $H(Y|X)$ を求めよ．

(3) X と Y の相互情報量 $I(X;Y)$ を求めよ．

(4) $0 \leq q \leq 1$ において $I(X;Y)$ が最大になる q の値を a とすれば以下の式が成り立つことを示せ．(ヒント：$I(X;Y)$ の増減表を作ってみよ)

$$(1-p)\log_2 \frac{1-(1-p)a}{(1-p)a} = \mathcal{H}(p). \tag{7.3}$$

(5) (4) の a の値を用い $b = (1-p)a$ とおいた場合，図の通信路の通信路容量 C を b を用いて表せ．

(6) $b=(1-p)a$ とおいた場合，式 (7.3) から以下の式が導かれることを示せ．

$$\frac{1}{1-b}=2^{-\frac{\mathcal{H}(p)}{1-p}}+1.$$

(7) (5) と (6) の結果から C を b を使わずに p のみの関数として表現せよ．

(8) 図の通信路の通信路容量が最大になるのは p の値がどういうときか．逆に最小になるのは p の値がどういうときか．それぞれの場合の通信路線図を描け．ただし，確率 0 の場合は線を引かないものとする．(ヒント：式から求めなくても，情報がまったくロスなく送れる通信路と，情報が何も送れない通信路を考えて描けばよいものとする)

7.3 単純マルコフモデルで表現される，2 元情報源を誤り源とする通信路を考える (例 6.3 参照)．ビット誤り率が 0.2，平均バースト長が 10 であるとき，この通信路の通信路容量を求めよ．

第8章　通信路符号化法

前の章では通信路符号化の理論的限界について学んだ．通信路符号化定理は，通信路容量までの情報速度であれば，任意の小さな誤り率を達成する符号が存在することを示しているが，その符号の具体的な構成方法までは示していない．残念ながら，そのような理論的限界に必ず到達するような符号を構成する組織的な方法は知られていない．しかし，理論的に最適とはいえなくても，現実の通信の信頼性を向上させるために，これまでに多くの通信路符号化法が提案されている．そのような実用的な符号を構成するための技法は，**符号理論** (coding theory) ともよばれ，今日の情報化社会を支えるために不可欠な技術として広く利用されている．

この章では通信の信頼性を高めるための具体的な符号化法について学ぶ．まずは記憶のない 2 元通信路を想定し，もっとも簡単な単一パリティ検査符号から始めて線形符号の基礎を学ぶ．さらにハミング符号および巡回符号という，広く知られている符号化法について解説する．バースト誤りのような，記憶を持つ通信路モデルに対する信頼性についても議論する．

8.1　線形符号の基礎

本節では，もっとも簡単な 1 個の誤りを検出する符号から始めて，線形符号の基礎を学ぶ．

8.1.1　単一パリティ検査符号

記憶のない 2 元通信路を想定し，長さ k の系列 $x_1, x_2, \cdots, x_k$ を送信するものとする．通信路は時刻ごとに独立に確率的な誤りが発生するとして，k 個のうち 1 個の誤り（0, 1 の反転）が発生した場合に，それを受信側で検出できるようにする方法を考えよう．

もっとも簡単な方法は，長さ k の系列に含まれる 1 の数を数えて，それが奇数だったら1を，偶数だったら0を追加して送信するという方法である．受信側では長さ$k+1$の系列を受け取ることになるが，通信に誤りがなければ，その系列に含まれる1の個数は必ず偶数になっているはずである．そこで，もしも$k+1$個のうち1個だけ誤りが含まれていた場合には，それが0から1への反転であっても，また1から0への反転であっても，いずれにしても1の個数が1つだけ増減するので，全体の1の個数は奇数となり，誤りの検出が可能になる．(同時に2個の誤りが発生した場合には偶数に戻ってしまうので誤りを検出できなくなるが，その問題はまた後で考えることにする)

以上の符号化法を数式で表すと，最後に余分に付け足す記号をcとすれば，

$$c = x_1 \oplus x_2 \oplus \cdots \oplus x_k$$

と書ける．これはまた，

$$c = x_1 + x_2 + \cdots + x_k \pmod 2 \tag{8.1}$$

のように，mod 2の演算，つまり2で割って余りを取った演算を考えれば，簡単な$+$演算子で表すこともできる．この章では，$\oplus$（排他的論理和）演算を頻繁に用いるので，以降，とくに断らない限り，mod 2の表記法を用いることとする．なお，mod 2の世界では，奇数か偶数かのみを区別するので，加算も減算も同じ意味となる．つまり$-$演算子はそのまま$+$演算子に書き換えることができる．たとえば，$1-1=1+1=0$，$0-1=0+1=1$となる．

さて，式(8.1)で求めたcを系列$x_1, x_2, \cdots, x_k$に付け加えるので，送信する符号語$\mathbf{w}$は，

$$\mathbf{w} = x_1 x_2 \cdots x_k c$$

となる．この式は，

$$\mathbf{w} = (x_1, x_2, \cdots, x_k, c) \tag{8.2}$$

のように表記することもある．

定義 8.1　符号語を構成する記号のうち，情報源系列をそのまま表している記号を**情報記号** (information symbol) とよぶ．とくに2元符号の場合は**情報ビット** (information bit) ともよぶ．一方，誤り検出や訂正のために余分に付加された記号のことを**検査記号** (check symbol)，とくに2元符号の場合は**検査ビット** (check bit) ともよぶ．さらに，排他的論理和（パリティ）演算を用いた検査ビットのことを**パリティ検査ビット** (parity check bit) ともよぶ．

式 (8.2) に示した符号語の例では，$x_1, x_2, \cdots, x_k$ が情報記号（情報ビット）であり，c が検査記号（検査ビット）となる．この符号は通信路の誤りを検出するためのもっとも単純な符号の 1 つであり，つぎのようによばれている．

定義 8.2　長さ k の情報ビットに対して，全ビットのパリティを表す検査ビットを 1 個だけ付加した 2 元符号のことを**単一パリティ検査符号** (single parity check code) とよぶ．

この符号は長さ $k+1$ の 2 元系列のうち，1 の個数が偶数となっている系列のみを符号語とする符号と考えることができる．長さ $k+1$ の 2 元系列の総数は 2^{k+1} 個あるが，そのちょうど半分の 2^k 個の系列が符号語として使用されていることになる．

図 8.1 に $k=2$ の場合の符号語の配置を示す．この図では，000 から 111 までの $2^3=8$ 通りの系列をグラフの各頂点に対応させ，3 ビットのうち 1 ビットのみ異なる系列同士が辺で結ばれている．単一パリティ検査符号では，000, 110, 101, 011 の 4 通りだけが符号語として使用されているが，これらの符号語はいずれも隣接しておらず，もしも 1 ビットの誤りが生じると，必ず符号語ではない系列を受信するので，誤りを検出できることがわかる．

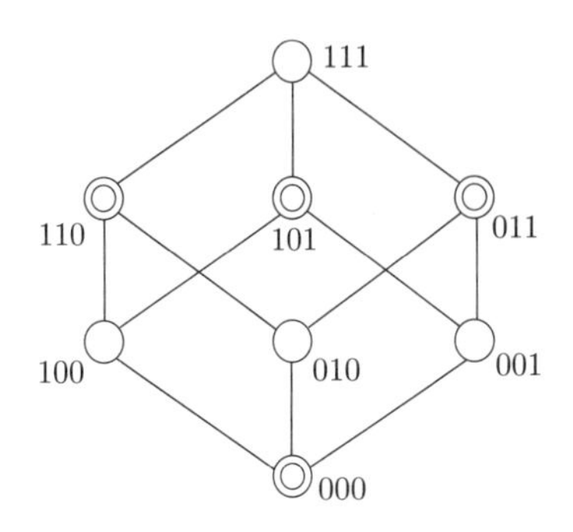

図 8.1　単一パリティ符号 ($k=2$) の符号語のグラフ表現

ところでこの符号で，010 を受信した場合を考えてみよう．010 は符号語ではないので，何らかの誤りが発生していることはわかるが，どのビットが誤っていたかを判定することはできるだろうか．高々1 ビットの誤りと仮定したとしても，図 8.1 を見ると，010 に隣接する符号語は 000, 110, 011 の 3 通りあるので，送信された系列はこの 3 通りのどれかであるということまではわかるが，それ以上は判定しようがない．つまり，この符号では誤りを検出することはできるが，訂正することはできないのである．このように誤りの検出に用いられる符号のことを**誤り検出符号** (error-detecting code) とよぶ．一方，誤りの検出だけでなく訂正まで行う符号のことを**誤り検出訂正符号**，または単に**誤り訂正符号** (error-correcting code) とよぶ．一般に，誤り訂正符号を用いなくても，誤りを検出さえできれば，受信者が送信者に再送を要求することによって，誤りを訂正することが可能である．しかし放送型の通信のように再送が難しい状況では，誤り訂正符号がよく用いられる．

【問 8.1】 2 元情報源からつぎのような長さ 7 の系列が与えられたとき，これを単一パリティ検査符号に符号化せよ．

(a) 0010110　　(b) 0110101

8.1.2　組織符号と線形符号

定義 8.3 k 個の情報記号に対して，何らかの方法で一定数の検査記号を作って付加することによって信頼性を高めた長さ n の等長符号のことを**組織符号** (systematic code) とよぶ．符号長 n, 情報記号数 k（検査記号数 $n-k$）の組織符号を $\boldsymbol{(n,k)}$ **符号**と表記する．

以降では，とくに断らない限り 2 元符号を対象とし，さらに話を簡単にするため符号語の先頭の k ビットが情報記号であるものとする．

定理 8.1 (n,k) 符号の効率は k/n である．

（証明） 符号の効率の定義（7.1.1 項参照）より明らか．□

【例 8.1】 長さ k の入力系列に対する単一パリティ符号は $(k+1,k)$ 符号であり，その効率は $k/(k+1)$ である．つまり，k が大きいほど効率はよくなる．ただし k が大きくなると，符号語の中で誤りが 2 個同時発生する確率が増えるので，誤りを見逃すおそれが高くなる．

さて，単一パリティ符号の検査ビットを生成する式 (8.1) は，$x_1, x_2, \cdots, x_k$ に関して線形な式であることがわかる．このように，検査記号が情報記号に関する線形な式で生成される符号を**線形符号** (linear code) とよぶ．線形符号は非線形符号に比べて，理論的に取り扱いやすく，符号化・復号化装置の実装も比較的容易なため，実用的な符号として広く用いられている．

定義 8.4 符号長 n, 情報ビット長 k，符号語 $(x_1, x_2, \cdots, x_n)$ の 2 元組織符号において，検査ビット $x_{k+1}, x_{k+2}, \cdots, x_n$ が，情報ビット $x_1, x_2, \cdots, x_k$ の線形和によって生成されるような符号，すなわち，以下の式が成り立つ符号のことを**線形符号** (linear code) とよぶ．

$$\begin{cases} x_{k+1} &= a_{11}x_1 + a_{12}x_2 + \cdots + a_{1k}x_k, \\ x_{k+2} &= a_{21}x_1 + a_{22}x_2 + \cdots + a_{2k}x_k, \\ &\cdots \\ x_n &= a_{(n-k)1}x_1 + a_{(n-k)2}x_2 + \cdots + a_{(n-k)k}x_k. \end{cases} \tag{8.3}$$

ただし，$a_{ij} \in \{0,1\}$ $(i = 1, 2, \cdots, n-k;\ \ j = 1, 2, \cdots, k)$ は，あらかじめ与えられる定数であって，検査ビットの作り方を示すものである．

定義 8.5 線形符号において，式 (8.3) をそれぞれ移項して得られる以下の等式を**パリティ検査方程式** (parity check equation) とよぶ．

$$\begin{cases} a_{11}x_1 + a_{12}x_2 + \cdots + a_{1k}x_k + x_{k+1} = 0, \\ a_{21}x_1 + a_{22}x_2 + \cdots + a_{2k}x_k + x_{k+2} = 0, \\ \qquad\cdots \\ a_{(n-k)1}x_1 + a_{(n-k)2}x_2 + \cdots + a_{(n-k)k}x_k + x_n = 0. \end{cases} \tag{8.4}$$

パリティ検査方程式は検査ビットの個数だけ存在し，符号語 $(x_1, x_2, \cdots, x_n)$ が満たすべき必要十分条件を表している．

線形符号では，以下に示すような実用上重要な性質が必ず成り立つ．

定理 8.2 線形符号では，任意の 2 つの符号語について，対応する成分同士の和を取ると，それがまた符号語の条件を満たす．

（証明） この性質は，検査ビットの作り方を考えれば容易に導くことができる．ある線形符号 C の符号語を $\mathbf{u} = (u_1, u_2, \cdots, u_n)$, $\mathbf{v} = (v_1, v_2, \cdots, v_n)$ とし，$\mathbf{u}$, $\mathbf{v}$ の成分同士の和を $\mathbf{u} + \mathbf{v} = \mathbf{w} = (w_1, w_2, \cdots, w_n)$, すなわち $w_i = u_i + v_i \quad (i = 1, 2, \cdots, n)$ とすると，$\mathbf{w}$ の検査ビット w_{k+j} $(j = 1, 2, \cdots, n-k)$ は，

$$
\begin{aligned}
w_{k+j} &= u_{k+j} + v_{k+j} \\
&= (a_{j1}u_1 + a_{j2}u_2 + \cdots + a_{jk}u_k) + (a_{j1}v_1 + a_{j2}v_2 + \cdots + a_{jk}v_k) \\
&= a_{j1}(u_1 + v_1) + a_{j2}(u_2 + v_2) + \cdots + a_{jk}(u_k + v_k) \\
&= a_{j1}w_1 + a_{j2}w_2 + \cdots + a_{jk}w_k
\end{aligned}
$$

となり，$\mathbf{w}$ もまた符号 C の符号語の条件を満たすことがわかる． □

なお証明は割愛するが，線形代数の理論により定理 8.2 は逆向きも成り立つことが知られている．このことを踏まえると，定理 8.2 は以下のように書き直すことができる．

定理 8.3 任意の 2 つの符号語の和が必ず符号語になるという性質は，線形符号の必要十分条件である．

【例 8.2】 $k = 2$ の単一パリティ符号は，000, 110, 101, 011 の 4 つの符号語を持つが，110 と 101 の成分ごとの和を計算すると，1+1=0, 1+0=1, 0+1=1 から 011 という系列が生成されるが，これはまた符号語となっている．また，同じ符号を 2 つ持ってきて成分ごとの和を計算すると 000 となり，これもまた符号語である．

定義 8.6 ある線形符号 C の符号語 $\mathbf{w}$ を送信したときに，$\mathbf{y} = (y_1, y_2, \cdots, y_n)$ を受信したとする．$\mathbf{w}$ と $\mathbf{y}$ の差分 $\mathbf{w} + \mathbf{y} = \mathbf{e} = (e_1, e_2, \cdots, e_n)$ は，正しく伝わったビットが 0, 誤りが発生したビットが 1 となるベクトルである．このような $\mathbf{e}$ を**誤りパターン** (error pattern) とよぶ．誤りが発生しなければ $\mathbf{e} = \mathbf{0}$ である．

受信語 $\mathbf{y}$ を符号 C のパリティ検査方程式（式 (8.4)）の左辺に代入すると何が得られるだろうか．もしも $\mathbf{y} = \mathbf{w}$ であれば等式を満たすので，すべての式の値は 0 となるはずである．しかし何らかの誤りが混入していれば，少なくとも 1 つの式の値が 1 となるはずである．$\mathbf{y} = \mathbf{w} + \mathbf{e}$ と分けて代入計算したとすると，$\mathbf{w}$ の成分はつねに 0 を生成するので，代入して得られる値は $\mathbf{e}$ の成分にのみ依存する関数となる．つまり送信した符号語に関係なく，誤りパターンにのみ依存することがわかる．

定義 8.7 パリティ検査方程式の左辺に受信語を代入して得られる値（の組）を**シンドローム** (syndrome) とよぶ．

シンドロームは症候群という意味であり，通信路に誤りが発生した場合に，誤りの状況を判断する有力な手がかりとなる．

【例 8.3】 単一パリティ検査符号は 1 個のパリティ検査方程式

$$x_1 + x_2 + \cdots + x_n = 0$$

を持ち，その左辺に受信語を代入して得られるシンドロームは，

$$s = e_1 + e_2 + \cdots + e_n$$

となる．つまり，奇数個の誤りが発生したときに，$s = 1$ となり，誤りを検出できる．しかし偶数個の誤りのときには $s = 0$ となり誤りは検出できないことがわかる．さらに，シンドロームの式が 1 つしかないため，誤りを検出できたとしても，どのビットが誤ったのかを判定することはできず，誤りを訂正することができない．誤りを訂正するには，より多くの検査ビットを用いてシンドロームの式を増やす必要がある．

8.1.3 水平垂直パリティ検査符号

誤り訂正を可能にする方法の 1 つとして，**水平垂直パリティ検査符号** (horizontal and vertical parity check code) がある．2×2 の例を**図 8.2** に示す．この符号は，情報ビットを 2 次元の配列に並べて，それぞれの行と列ごとにパリティ検査ビットを並べたものである．つまり，

$$c_1 = x_1 + x_2,\quad c_2 = x_3 + x_4,\quad c_3 = x_1 + x_3,\quad c_4 = x_2 + x_4$$

とし，最後に，

$$c_5 = c_3 + c_4$$

とする．これらをまとめて，

$$\mathbf{w} = (x_1, x_2, x_3, x_4, c_1, c_2, c_3, c_4, c_5)$$

と並べると，(9,4) 線形符号となることがわかる．

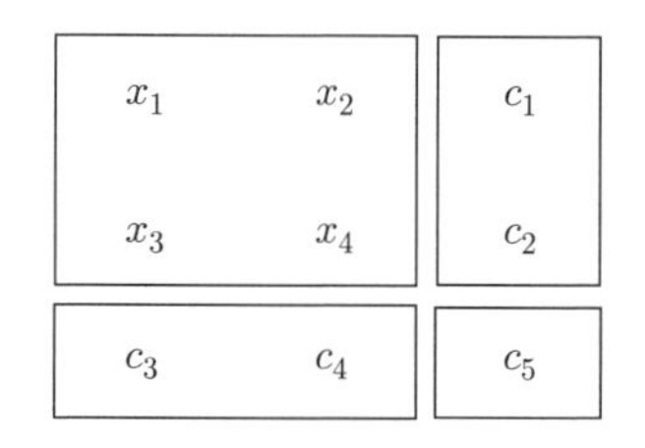

図 8.2 2×2 水平垂直パリティ検査符号

なお，c_5 は結果的にすべての情報ビットにおける 1 の個数のパリティを表すことになるので，$c_5 = c_1 + c_2$ も必ず満たされる．つまり，この符号では，検査ビットも含めてどの行もどの列も，1 の個数が偶数になっている．さらには全ビットの 1 の個数も偶数となる．

【問 8.2】 上記の (2×2) 水平垂直パリティ検査符号のパリティ検査方程式を示せ．さらにシンドロームを求める式を示せ．

この符号を一般化すると，$k_1 \times k_2$ の配列に並べた情報ビットに対して，$k_1 + k_2 + 1$ 個のパリティ検査ビットを付加した線形符号となる．符号長は $(k_1 + 1)(k_2 + 1)$,

そのうち情報ビット数は k_1k_2 となる．たとえば，$k_1 = 3$, $k_2 = 4$ の場合は，(20, 12) 符号となる．

水平垂直パリティ検査符号では，正しい受信語を受け取った場合，どの行もどの列も，1 の個数が偶数個になっている，ということが必要十分条件である．もしも誤りの個数が 1 個であった場合には，誤りが発生した行と列がそれぞれ奇数パリティとなるため，必ずこれを検出できる．しかも誤りを検出できるだけでなく，行と列の交点を求めることにより，誤りが発生した位置を一意に特定することができる．すなわち，誤り訂正符号として使うことができる．

【問 8.3】 上記の (2 × 2) 水平垂直パリティ検査符号で符号化された系列を受信したところ，011010101 だった．この系列に誤りがあれば訂正せよ．ただし，誤りは高々 1 か所だけとする．

それでは同時に 2 個の誤りが発生した場合にはどうなるだろうか．以前に示した単一パリティ検査符号ではこれを検出できなかったが，水平垂直パリティ検査符号を用いると必ず検出できる．以下，詳しく考察してみよう．

2 つの誤りが同じ行にあるような誤りパターン（**図 8.3**(a) の例）に対しては，行方向は偶数パリティとなって検出できないが，列方向はそれぞれ奇数パリティとなるので，それぞれの列に誤りが発生したことが検出できる．つまり，どの行かはわからないが，複数個の誤りが発生したことはわかる．同様に，2 つの誤りが同じ列にあるような誤りパターンに対しても，位置の特定はできないが誤りの検出はできる．一方，2 つの誤りが同じ行にも同じ列にもない誤りパターン（図 8.3(b) の例）に対しては，それぞれの行と列，合計 4 か所が奇数パリティとなるので，これも複数個の誤りが発生したことは検出できる．ただし，誤りが高々2 個と仮定しても，同じ受信語となる誤りパターンの候補が 2 通り（×または○）存在するため，位置を完全に特定することはできない．

同時に 3 個の誤りが発生した場合には，何らかの誤りがあったことは必ず検出できるが，3 つのうち 2 個が同じ行にあり，さらに 2 個が同じ列にあるという直角三角形型の誤りパターン（図 8.3(c) の例）に対しては，誤りが 3 個（×）だっ

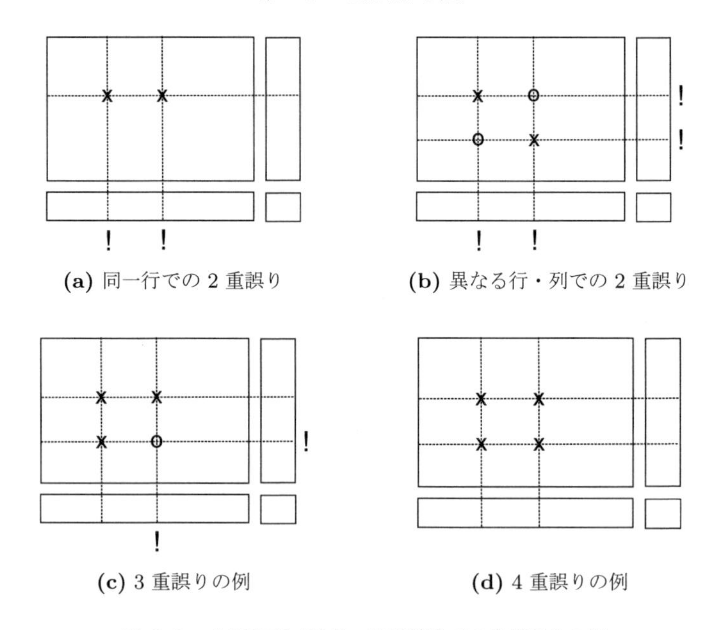

図 8.3 水平垂直パリティ検査符号での多重誤りの例

たのか 1 個（○）だったのかを区別できなくなる.

さらに，同時に 4 個の誤りを考えると，同じ行に 2 つずつ，同じ列にも 2 つずつという，長方形に並ぶような誤りパターン（図 8.3(d) の例）に対しては，すべてのパリティが偶数となるので，別の正しい符号語と重なってしまって，誤りをまったく検出できない．それ以外の 4 重誤りパターンに対しては何らかの誤りが発生したことは検出できる.

まとめると，水平垂直パリティ検査符号は，単一誤り訂正符号であり，それと同時に 2 重誤りまで検出できる．3 重誤りは検出可能だが，単一誤りと区別できずに誤って訂正されてしまう場合がある．4 重誤りの検出は保証されない.

8.2 ハミング符号

水平垂直パリティ検査符号では，4 個の情報ビットに対して単一ビットの誤り訂正を行うには，さらに 5 個の検査ビットを付加する必要がある．もっと効率よく誤り訂正を行うことはできないだろうか．本節では，より少ない検査ビットで誤り訂正を行うハミング符号の構成法について述べる．

8.2.1 (7,4)ハミング符号

4 個の情報ビット x_1, x_2, x_3, x_4 に対して 3 個の検査ビット c_1, c_2, c_3 を付加した $(x_1, x_2, x_3, x_4, c_1, c_2, c_3)$ という形の (7,4) 符号を考える．検査ビットを

$$\begin{cases} c_1 = x_1 + x_3 + x_4, \\ c_2 = x_1 + x_2 + x_3, \\ c_3 = x_2 + x_3 + x_4 \end{cases} \tag{8.5}$$

によって生成することにすると，**表 8.1** に示す符号が得られる．この符号は単一誤り訂正符号となっており，1950 年にベル研究所のハミング (R. Hamming) によって考案された **(7,4) ハミング符号** (Hamming(7,4)-code) とよばれるものである．以下に，この符号で誤り位置を同定する方法について述べる．

表 8.1 (7,4) ハミング符号の例

x_1	x_2	x_3	x_4	c_1	c_2	c_3
0	0	0	0	0	0	0
1	0	0	0	1	1	0
0	1	0	0	0	1	1
1	1	0	0	1	0	1
0	0	1	0	1	1	1
1	0	1	0	0	0	1
0	1	1	0	1	0	0
1	1	1	0	0	1	0
0	0	0	1	1	0	1
1	0	0	1	0	1	1
0	1	0	1	1	1	0
1	1	0	1	0	0	0
0	0	1	1	0	1	0
1	0	1	1	1	0	0
0	1	1	1	0	0	1
1	1	1	1	1	1	1

送信された符号語を $\mathbf{w} = (w_1, w_2, w_3, w_4, w_5, w_6, w_7)$ とすると，この符号のパリティ検査方程式はつぎのようになる．

$$
\begin{cases}
w_1 \quad\quad + w_3 + w_4 + w_5 \quad\quad\quad = 0, \\
w_1 + w_2 + w_3 \quad\quad\quad + w_6 \quad = 0, \\
\quad w_2 + w_3 + w_4 \quad\quad\quad + w_7 = 0.
\end{cases}
\tag{8.6}
$$

したがって，受信語 $\mathbf{y} = (y_1, y_2, y_3, y_4, y_5, y_6, y_7)$ を受け取ったときのシンドロームは

$$
\begin{cases}
s_1 = y_1 \quad + y_3 + y_4 + y_5, \\
s_2 = y_1 + y_2 + y_3 \quad\quad + y_6, \\
s_3 = \quad y_2 + y_3 + y_4 \quad\quad + y_7,
\end{cases}
\tag{8.7}
$$

となる．誤りパターン $\mathbf{e} = (e_1, e_2, e_3, e_4, e_5, e_6, e_7)$ を考えると，$\mathbf{y} = \mathbf{w} + \mathbf{e}$ と表せて，このうち $\mathbf{w}$ の成分はシンドロームを 0 にするので，残りの $\mathbf{e}$ の成分だけに依存する．したがって，$\mathbf{y}$ を $\mathbf{e}$ で置き換えてもシンドロームの式はそのまま成り立つ．すなわち，

$$
\begin{cases}
s_1 = e_1 \quad + e_3 + e_4 + e_5, \\
s_2 = e_1 + e_2 + e_3 \quad\quad + e_6, \\
s_3 = \quad e_2 + e_3 + e_4 \quad\quad + e_7,
\end{cases}
\tag{8.8}
$$

となる．この式に 7 通りの単一誤りを代入して得られるシンドロームを列挙したのが**表 8.2** である．この表でわかるとおり，すべての単一誤りに対して異なるパターンとなり，全ゼロになることもない．したがって，受信語からシンドロームを計算すれば，単一誤りの有無を必ず検出でき，さらにどのビットに誤りがあったかを特定して訂正することができる．

表 8.2　単一誤りに対するシンドローム

誤り箇所	s_1	s_2	s_3
e_1	1	1	0
e_2	0	1	1
e_3	1	1	1
e_4	1	0	1
e_5	1	0	0
e_6	0	1	0
e_7	0	0	1
(誤りなし)	0	0	0

例題 8.1 上述した (7,4) ハミング符号で，系列 1101111 を受信したという．単一誤りまでを想定した場合，送信された情報記号は何であったと推定されるか答えよ．

（解答） $y_1 = 1$，$y_2 = 1$，$y_3 = 0$，$y_4 = 1$，$y_5 = 1$，$y_6 = 1$，$y_7 = 1$ であるから，式 (8.7) より，$s_1 = 1$，$s_2 = 1$，$s_3 = 1$ である．表 8.2 より $e_3 = 1$，すなわち第 3 ビットが誤っていると推定される．したがって，送信された情報記号は 1111 であったと推定される． □

【練習問題 8.1】 上述した (7,4) ハミング符号で，系列 1010001 を受信したという．単一誤りを想定した場合，送信された情報記号は何であったと推定されるか答えよ．

8.2.2 生成行列と検査行列

線形符号は，行列を用いると簡潔に記述することができる．直前に示した (7,4) ハミング符号を例にすると，この符号の符号語 $\mathbf{w}$ は，情報ビット x_1, x_2, x_3, x_4 を用いて，

$$\mathbf{w} = (x_1,\ x_2,\ x_3,\ x_4,\ x_1 + x_3 + x_4,\ x_1 + x_2 + x_3,\ x_2 + x_3 + x_4)$$

と表せる．これは行列を用いると，

$$\mathbf{x} = (x_1, x_2, x_3, x_4), \quad \mathbf{G} = \begin{bmatrix} 1 & 0 & 0 & 0 & 1 & 1 & 0 \\ 0 & 1 & 0 & 0 & 0 & 1 & 1 \\ 0 & 0 & 1 & 0 & 1 & 1 & 1 \\ 0 & 0 & 0 & 1 & 1 & 0 & 1 \end{bmatrix} \tag{8.9}$$

として，

$$\mathbf{w} = \mathbf{x}\mathbf{G} \tag{8.10}$$

と表記できる．

定義 8.8 式 (8.10) のように，情報記号の行ベクトルに対して，それに右から掛けると対応する符号語を生成するような行列 $\mathbf{G}$ を**生成行列** (generator matrix) とよぶ．(n, k) 符号においては生成行列の行数は k，列数は n となる．

【問 8.4】 (2×2) 水平垂直パリティ検査符号の生成行列を求めよ．

つぎに，パリティ検査方程式の係数の行列を $\mathbf{H}$ とすると，先の (7,4) ハミング符号の例では，

$$\mathbf{H} = \begin{bmatrix} 1 & 0 & 1 & 1 & 1 & 0 & 0 \\ 1 & 1 & 1 & 0 & 0 & 1 & 0 \\ 0 & 1 & 1 & 1 & 0 & 0 & 1 \end{bmatrix} \tag{8.11}$$

となる．これは，

$$\mathbf{w}\mathbf{H}^T = \mathbf{0} \tag{8.12}$$

とすれば，パリティ検査方程式そのものを表すことができる．

定義 8.9 式 (8.12) のように，符号語の行ベクトルに対して，それに（転置して）右から掛けると，パリティ検査方程式を生成するような行列 $\mathbf{H}$ を**パリティ検査行列** (parity check matrix)，または単に**検査行列** (check matrix) とよぶ．(n, k) 符号においては，検査行列の行数は $n-k$, 列数は n となる．

【問 8.5】 (2×2) 水平垂直パリティ検査符号の検査行列を求めよ．

先に述べたとおり，受信語 $\mathbf{y}$ をパリティ検査方程式の左辺に代入して得られる値がシンドロームである．これは，行列を用いれば，

$$\mathbf{s} = \mathbf{y}\mathbf{H}^T = (\mathbf{w} + \mathbf{e})\mathbf{H}^T = \mathbf{e}\mathbf{H}^T \tag{8.13}$$

と表記できる．$\mathbf{s}$ がシンドロームの組を表すベクトルとなる．これを**シンドロームパターン** (syndrome pattern) とよぶこともある．

このように行列を用いて表記することにより，線形符号の性質を簡潔に表現することができ，見通しよく議論を進めることができる．

8.2.3 一般のハミング符号

(7,4) ハミング符号は，7 ビットの符号語に対して，3 ビットのシンドロームパターンにより，すべての単一誤りの位置を特定し，訂正を可能とする符号である．

3 ビットのパターンは全部で $2^3 = 8$ 通り存在するが，このうち全ゼロ (000) は誤りがないことを表すので，残りの 7 通りのパターンによって，ちょうど 7 ビットの符号語のすべての単一誤りを識別しているわけである．逆にいえば，3 個の検査記号を持つ線形符号を用いる限り，7 ビットよりも長い符号語の単一誤りを識別することは不可能であることもわかる．

先に述べたとおり，単一誤りのシンドロームパターンは

$$\mathbf{s} = \mathbf{e}\mathbf{H}^T \tag{8.14}$$

のベクトル $\mathbf{e}$ に，単一誤りのパターンを代入すれば得られる．単一誤りパターンは i 番目のビットのみが 1 となっているベクトルであり，これは検査行列 $\mathbf{H}$ の i 列目のビットパターンを抽出する演算と見ることができる．したがって，(7,4) ハミング符号の検査行列は，全ゼロを除く 7 通りの 3 ビットパターンを並べて 3×7 行列を作ったものでなければならない．さらに，5, 6, 7 列目の検査ビットの列には 100, 010, 001 の 3 パターンが置かれて 3×3 の単位行列を構成するので，残りの 4 パターンが 1, 2, 3, 4 列目に配置される．この 4 列のパターンの並べ方は任意でよいので，全部で $4! = 24$ 通りの異なる (7,4) ハミング符号を構成可能であることがわかる．先に示したのはその中の一例だったわけである．

【問 8.6】 式 (8.11) に示したものとは異なる形の (7,4) ハミング符号の検査行列の例を示せ．

検査行列が確定すれば，対応する生成行列は機械的に構成できる．生成行列の 1, 2, 3, 4 列目からなる部分行列はつねに 4×4 の単位行列となる．残り 3 列の部分には検査行列の 1, 2, 3, 4 列目からなる 3×4 の部分行列を転置したものが対応する．以上の性質は，生成行列と検査行列の定義から容易に導かれる．

【問 8.7】 問 8.6 で示した検査行列に対応する生成行列を求め，符号語の一覧表を作成せよ．

(7,4) ハミング符号の考え方をさらに拡張・一般化すれば，より大きなサイズのハミング符号を構成することも可能である．m 個の検査ビットを用いると，シンドロームパターンは m ビットになるので，最大で 2^m 通りのパターンが存在

する．そのうち全ゼロは正しい符号語の場合に使われるので，残りの $2^m - 1$ 通りの単一ビット誤りを識別可能である．したがって一般のハミング符号の符号長 $n = 2^m - 1$ となり，情報ビット長は $k = n - m = 2^m - m - 1$ となる．ただし $m \geq 2$ である．

上記に $m = 3$ を代入すると確かに $n = 7$, $k = 4$ となる．つぎに $m = 4$ とすると，$n = 15$, $k = 11$ が得られるので，(15,11) ハミング符号が作れることがわかる．以下に，(15,11) ハミング符号の検査行列 $\mathbf{H}$ と生成行列 $\mathbf{G}$ の一例を示す．

$$\mathbf{H} = \begin{bmatrix} 1&1&0&1&1&0&1&0&1&0&1&1&0&0&0 \\ 1&0&1&1&0&1&1&0&0&1&1&0&1&0&0 \\ 0&1&1&1&0&0&0&1&1&1&1&0&0&1&0 \\ 0&0&0&0&1&1&1&1&1&1&1&0&0&0&1 \end{bmatrix} \tag{8.15}$$

$$\mathbf{G} = \begin{bmatrix} 1&0&0&0&0&0&0&0&0&0&0&1&1&0&0 \\ 0&1&0&0&0&0&0&0&0&0&0&1&0&1&0 \\ 0&0&1&0&0&0&0&0&0&0&0&0&1&1&0 \\ 0&0&0&1&0&0&0&0&0&0&0&1&1&1&0 \\ 0&0&0&0&1&0&0&0&0&0&0&1&0&0&1 \\ 0&0&0&0&0&1&0&0&0&0&0&0&1&0&1 \\ 0&0&0&0&0&0&1&0&0&0&0&1&1&0&1 \\ 0&0&0&0&0&0&0&1&0&0&0&0&0&1&1 \\ 0&0&0&0&0&0&0&0&1&0&0&1&0&1&1 \\ 0&0&0&0&0&0&0&0&0&1&0&0&1&1&1 \\ 0&0&0&0&0&0&0&0&0&0&1&1&1&1&1 \end{bmatrix} \tag{8.16}$$

【問 8.8】 (15,11) ハミング符号は何通り存在するか答えよ．

【問 8.9】 検査ビット数が 2 から 8 までの一般のハミング符号の符号長 n と情報ビット数 k の一覧表を作成せよ．

8.2.4 ハミング符号の符号化と復号の処理

実際にハミング符号の符号化を行う装置，**符号化器** (encoder) を考えてみよう．これを C 言語や Java 等の一般的なプログラミング言語によるソフトウェアとして実装する場合，もっとも直接的な方法としては，情報ビットの 2 進数をインデックスとする符号語の表を用意しておくという方法がある．たとえば，(7,4) ハミング符号の場合は，$2^4 = 16$ ワードの整数値の配列をメモリ上に用意して，情報ビットに対応する符号語の表をあらかじめ作っておけば，つねに 1 回のメモリアクセスで符号語が得られる．この方法は単純で，1 回の符号化に要する処理ステップ数は極めて小さいが，情報ビット長に対して指数の大きさのメモリ量を必要とする．(15,11) ハミング符号では $2^{11} = 2,048$ ワード，(31,26) ハミング符号では $2^{26} = 67,108,864$ ワードにもなり，現実的ではなくなる．

線形符号の性質を利用すれば，生成行列 $\mathbf{G}$ を用いて，表の大きさを大幅に抑えることができる．$\mathbf{G}$ の行数と同じワード数の整数値配列を用意して，$\mathbf{G}$ の各行のビットパターンを格納しておく．そして与えられた情報ビットのうち，1 となっているビットに対応する生成行列のワードを配列から取り出して，それらをワード同士のビット並列演算により EXOR（排他的論理和）を計算すれば，求める符号語が得られる．これは生成行列の定義 $\mathbf{w} = \mathbf{xG}$ をそのまま計算しているだけなので，正しいことは明らかである．この方法では，情報ビット長 k に比例するワード数の配列しか必要としない[1]．たとえば (31,26) ハミング符号でも，たった 26 ワードの配列で済む．計算時間の面では，1 回の符号化を，最大でも情報ビット長 k に比例する回数のメモリアクセスとビット並列演算やシフト演算等で実行できる．

論理回路を用いて符号化器をハードウェアとして実装することもできる．**図 8.4** に (7,4) ハミング符号の符号化器の論理回路の一例を示す．この回路では，入力された情報ビットの信号線 x_1, x_2, x_3, x_4 から適宜選んで EXOR ゲートに接続することで，検査ビットの出力 w_5, w_6, w_7 を生成している．この回路はレジスタ

[1] 符号長 n が計算機の 1 ワードに納まらない場合でも，生成行列の左側 k ビットは情報ビットをそのまま出力する規則的なパターンなので，検査ビットに対応する右側の $n-k$ ビット分だけをメモリに格納しておけば十分である．検査ビット長が 1 ワードを超えることは現実の応用ではほとんどないと考えてよいであろう．

やフリップフロップなどの記憶素子を持たないので，情報ビットの信号が入力されると，論理ゲートの遅延時間のみで直ちに符号語が出力される[2)]．このように専用のハードウェアを用意すれば，ソフトウェア実装に比べて高速に符号化を行うことができる．

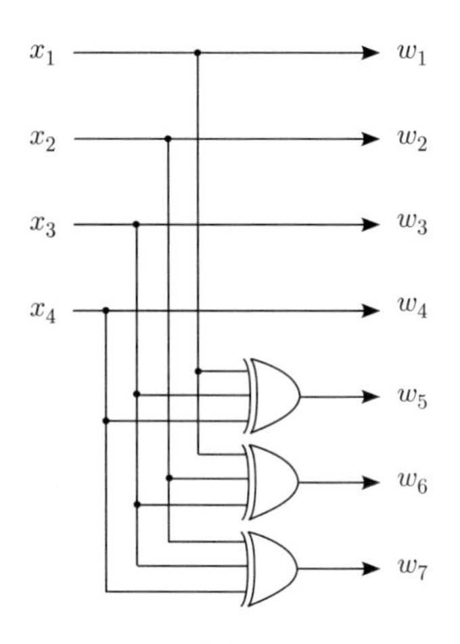

図 8.4　(7,4) ハミング符号の符号化器の論理回路

【問 8.10】　問 8.7 で作成した (7,4) ハミング符号の符号化器の論理回路を設計せよ．

つぎに，復号を行う装置，**復号器** (decoder) について考えてみよう．ハミング符号を用いて単一誤り訂正を行う復号器は，正しい符号語を受信した場合には情報ビットをそのまま出力し，受信語が符号語でなかった場合は単一誤りがあると仮定して誤りパターンを推定し，訂正済みの情報ビットを出力するものとする．もしも通信路で2重誤りやそれ以上の誤りが発生していた場合には，送信されたものとは異なる情報ビットを出力することになるが，それは仕方ないとしよう．

符号化器の場合と同様に，もっとも直接的な方法として，受信語の2進数をインデックスとする表を用意して，すべての受信語に対して，訂正済みの情報ビットのパターンを作って格納しておくという方法が考えられる．(7,4) ハミング符号の場合，$2^7 = 128$ ワードの配列を用意すれば実現できるが，(15,11) ハミング

[2)] 現実の電子回路では，多入力の EXOR ゲートを作ることは簡単ではないので，2入力の EXOR ゲートを樹枝状に組み合わせて多入力の EXOR 回路を構成することが多い．

符号では $2^{15} = 32,768$ ワード，(31,26) ハミング符号では $2^{31} = 2,147,483,648$ ワードにもなり，符号化器の場合以上に多くのメモリ量を必要とし，現実的ではない．

ハミング符号の優れた性質を利用すれば，はるかに少ないメモリ量で復号器を構成することができる．検査行列 $\mathbf{H}$ の列数と同じワード数の整数値配列を用意して，$\mathbf{H}$ の各列のビットパターンを格納しておく．そして与えられた情報ビットのうち，1 となっているビットに対応する検査行列のワードを配列から取り出して，それらを，ワード同士のビット並列演算により EXOR（排他的論理和）を計算すれば，シンドロームパターンが得られる．これはシンドロームの計算式 $\mathbf{s} = \mathbf{y}\mathbf{H}^T$ を実行したことに他ならない．

シンドロームパターンから誤りパターンを得るには，シンドロームパターンの 2 進数をインデックスとして誤りパターンを格納した表を用意しておけばよい．シンドロームパターンの総数と同じワード数の配列を用意しておかねばならないが，ハミング符号ではシンドロームパターンの総数は符号長 n 程度なので全部用意してもたいしたことはない．誤りパターンが得られたら，それと受信語との間でワード同士のビット並列 EXOR 演算を 1 回行えば，訂正された符号語が得られる．以上の方法で必要なメモリ量は，符号語長 n に比例するワード数で済み，計算時間も n に比例するステップ数となる．

復号器を論理回路を用いて実装することもできる．(7,4) ハミング符号の復号器の論理回路の一例を**図 8.5** に示す．この回路では，まず入力された受信語の信号線 $y_1, y_2, \cdots, y_7$ から適宜選んで EXOR ゲートに接続することにより，シンドローム s_1, s_2, s_3 を作りだす．つぎにシンドロームの各ビットとその否定の信号線から適宜選んで AND ゲートに接続することで，各情報ビットにおける単一誤りの発生を検出する．そして，誤りを検出した場合には EXOR ゲートを用いて信号を反転させ訂正を行う．符号化器の場合と同様に，この復号器の回路も記憶素子を持たないので，受信語の信号が入力されると論理ゲートの遅延時間のみで直ちに復号結果が出力される．この復号器は誤りパターンを推定して訂正まで行うので，先の符号化器に比べると処理が複雑であり，回路の論理ゲート数や段数も多くなっている．

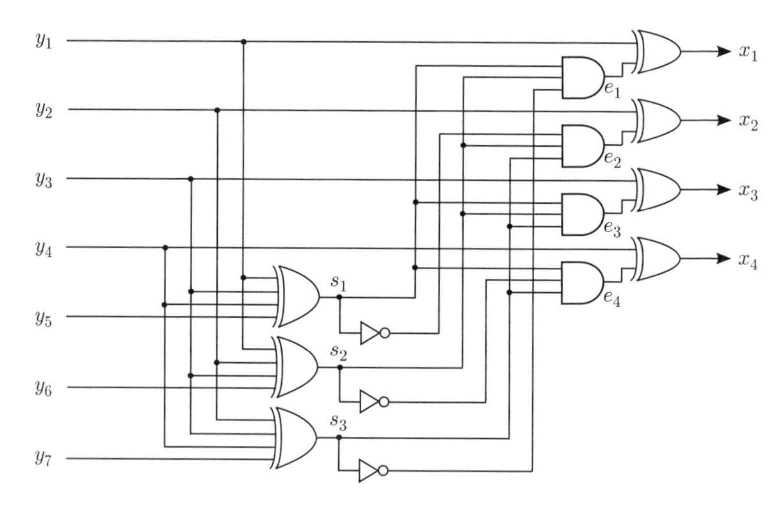

図 8.5　(7,4) ハミング符号の復号器の論理回路

【問 8.11】　図 8.5 の論理回路に部品を追加して，受信語が正しい符号語でなかったときに 1 を出力する信号を作成せよ．

【問 8.12】　問 8.7 で作成した (7,4) ハミング符号の復号器の論理回路を設計せよ．

8.2.5　ハミング距離と誤り訂正能力

ここで別の観点から，一般的な符号の誤り訂正能力を眺めてみよう．

定義 8.10　n 次元のベクトル

$$\mathbf{u} = (u_1, u_2, \cdots, u_n), \quad \mathbf{v} = (v_1, v_2, \cdots, v_n)$$

に対して，

$$d_H(\mathbf{u}, \mathbf{v}) \triangleq \sum_{i=1}^{n} \delta(u_i, v_i), \quad \text{ただし} \quad \delta(u, v) = \begin{cases} 0 & (u = v) \\ 1 & (u \neq v) \end{cases}$$

を**ハミング距離** (Hamming distance) とよぶ．とくに，$u, v \in \{0, 1\}$ の場合は $\delta(u, v) = u \oplus v$ である．

ハミング距離は，2 つのベクトルの対応する成分の対のうち，互いに異なるものの個数である．

定理 8.4　ハミング距離は，以下に示す**距離の 3 公理**を満たす．任意の n 次元ベクトル u, v, w に対して，

(1) $d_H(u, v) \geq 0$ であり，等号成立は $u = v$ の場合のみ．

(2) $d_H(u, v) = d_H(v, u)$．

(3) $d_H(u, v) + d_H(v, w) \geq d_H(u, w)$　（三角不等式が成り立つ）．

（証明）　定義 8.10 より明らか．　□

定義 8.11　n 次元のベクトル $\mathbf{v} = (v_1, v_2, \cdots, v_n)$ に対して，

$$w_H(\mathbf{v}) \triangleq d_H(\mathbf{v}, \mathbf{0})$$

を**ハミング重み** (Hamming weight) とよぶ．

ハミング重みは，与えられたベクトルのうち，0 でない成分の個数である．逆にハミング重みを用いてハミング距離を表すと，

$$d_H(\mathbf{u}, \mathbf{v}) = w_H(\mathbf{u} - \mathbf{v}) \tag{8.17}$$

と書ける．

ハミング距離とハミング重みを用いて，2 元符号の符号語，受信語，誤りパターンの関係を記述すると，つぎのようになる．符号語 $\mathbf{w}$ を送信して，受信語 $\mathbf{y}$ を受け取った場合，$d_H(\mathbf{w}, \mathbf{y})$ は通信路で生じた誤りの個数を表している．そのときの誤りパターンを $\mathbf{e} = \mathbf{w} + \mathbf{y}$ とおくと，$d_H(\mathbf{w}, \mathbf{y}) = w_H(\mathbf{e})$ となる．

定義 8.12　与えられた 2 元符号 C に関して，任意の 2 つの異なる符号語の間のハミング距離の最小値，すなわち，

$$d_{\min} \triangleq \min_{\mathbf{u}, \mathbf{v} \in C, \mathbf{u} \neq \mathbf{v}} d_H(\mathbf{u}, \mathbf{v})$$

を，符号 C の**最小ハミング距離** (minimum Hamming distance) または**最小距離** (minimum distance) とよぶ．

定義 8.13 与えられた 2 元符号 C に関して，全ゼロを除くすべての符号語のハミング重みの最小値を，符号 C の**最小ハミング重み** (minimum Hamming weight) とよぶ.

符号の最小距離 $d_{\min}$ が大きければ，多重誤りを起こしても別の符号語と一致しにくくなるため，誤り検出や誤り訂正の能力が高くなる．したがって符号の性質を知るためには，最小距離を調べることは非常に重要である．しかし符号語の数は情報ビット長 k に対して 2^k 個存在し，その中の異なる 2 つの符号語の組み合わせは $2^k(2^k-1)/2$ 通り存在するため，これらをすべて調べて最小のハミング距離を求めることは一般には非常に時間がかかる作業となる．しかし，線形符号の場合にはつぎのような非常に便利な性質がある.

定理 8.5 線形符号では，最小ハミング重みと最小距離が一致する.

（証明） まず，最小ハミング重みを持つ符号語と全ゼロの符号語との距離は符号の最小ハミング重みと等しいので，最小距離が最小ハミング重みより大きくならないことは明らかである．つぎに，最小のハミング距離を持つ異なる 2 つの符号語を $\mathbf{w_1}, \mathbf{w_2}$ とすると，定理 8.2 より，線形符号であれば，$\mathbf{w_1}$ と $\mathbf{w_2}$ の対応する成分同士の排他的論理和によって得られるビットベクトル $\mathbf{w_3} = \mathbf{w_1} + \mathbf{w_2}$ もまたこの符号の符号語となっているはずである．$\mathbf{w_1}$ と $\mathbf{w_2}$ の間のハミング距離は $\mathbf{w_3}$ のハミング重みと一致するので，最小距離は最小ハミング重みより小さくならない．したがって，最小距離は最小ハミング重みと一致する. □

【例 8.4】 表 8.1 の (7,4) ハミング符号では，全ゼロ以外の符号語の最小のハミング重みは 3 なので，この符号の最小距離 $d_{\min} = 3$ であることが直ちにわかる．(7,4) ハミング符号の符号語は 16 個あり，全部で 128 通りの異なる符号語の組み合わせが存在するが，線形符号の性質により，たった 16 通りの符号語のハミング重みを調べるだけで，この符号の最小距離を知ることができる.

定理 8.6　ハミング符号の最小距離は，符号長に関係なく3である．

(証明)　符号の最小ハミング重みが3になることを示そう．一般のハミング符号は m ビットの検査ビットと，$2^m - m - 1$ ビットの情報ビットを持つ．まず情報ビットが全ゼロのときは，検査ビットも全ゼロの符号語となる．つぎに情報ビットのハミング重みが1のときを考えると，情報ビットの単一誤りを識別するシンドロームパターンが検査ビットに出現するような符号語となっている．検査ビットのハミング重みが1となるのは検査ビットに誤りがあるときなので，情報ビットの誤りを検出するシンドロームパターンのハミング重みは2以上である．ハミング符号では，m ビットの検査ビットで作り出せる 2^m 通りのすべての系列を使ってシンドロームパターンを作っているので，ハミング重みが2のシンドロームパターンが必ず存在する．したがって情報ビットのハミング重みが1であるような符号語のハミング重みの最小値は3であることがわかる．最後に，情報ビットのハミング重みが2の場合を考えると，この符号語は，情報ビットのハミング重みが1の符号語2つの成分同士の加算で作ることができる．それらの2つの符号語の検査ビットのパターンは互いに異なるので，加算した結果の検査ビットのハミング重みが0になることはない．したがって，情報ビットのハミング重みが2であるような符号語のハミング重みは少なくとも3であることがわかる．以上の考察から，一般のハミング符号の最小ハミング重みは3であることが示された．　□

さて，与えられた符号の最小距離 $d_{\min}$ がわかれば，その符号の誤り訂正能力を定めることができる．各符号語を中心として一定のハミング距離（半径）r の範囲までの受信語を，その符号語に復号する領域と定めると，すべての符号語に対して r 個までの同時誤りを訂正する復号器を構成できる．**図 8.6** に例を示すように，符号の最小距離 $d_{\min}$ の半分よりも小さい値に半径 r を設定しておけば，どのような受信語を受け取った場合でも，r 以下の距離にある符号語は高々1つに限られるので，r 個までの多重誤り訂正の正しさを保証できる．このような復号法のことを**限界距離復号法** (bounded distance decoding) とよぶ．さらに，上記の条件を満たす r の最大値（$d_{\min}$ の半分よりも小さい最大の整数値）は $\lfloor (d_{\min} - 1)/2 \rfloor$ と書ける．この値を符号の**誤り訂正能力** (error correcting capability) とよぶ．

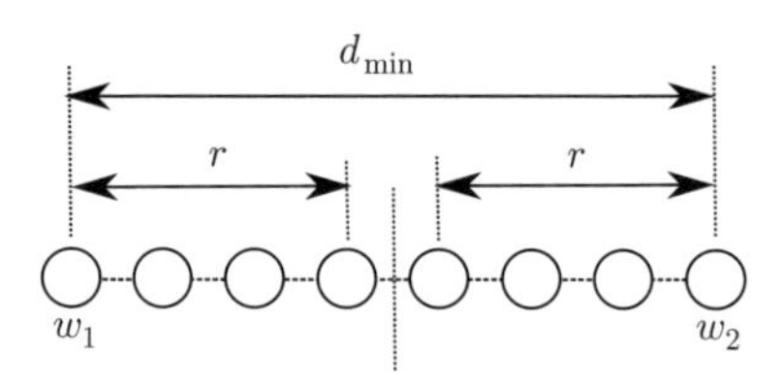

図 8.6 限界距離復号化法の例

【例 8.5】 ハミング符号の最小距離は3なので，その誤り訂正能力は1であることがわかる．

もしも $d_{\min}$ が偶数だった場合，2つの符号語の中間点に受信語が存在することがあり，その受信語は同時に複数の符号語に対して同じ距離 $d_{\min}/2$ にあるために，一意に誤り訂正を行うことができない．しかし，符号語でないので誤りが発生したことは必ず検出できる．このように誤り訂正を行う復号領域の半径 r を超えても，他の符号語の復号領域に入るおそれのない距離 $d_{\min} - r - 1$ までの誤りは必ず検出可能である．さらに r をわざと小さい値に設定してやれば，誤り訂正の能力は低下するが，誤り検出の能力は向上する．実際の応用では，誤り検出さえできれば再送要求により正しい通信を行うことができる場合もあるので，あえて誤り訂正能力を低く設定して，誤り検出能力の向上を優先させた復号器を設計することもある．

【例 8.6】 ハミング符号では単一誤り訂正を行う場合には，2以上の多重誤りは他の符号語の単一誤りと推定されて勝手に訂正されてしまうことがあるので，2重誤りの検出は保証できない．しかし誤り訂正をあえて行わないことにすれば，最小距離が3なので，2重までの誤りを必ず検出することができる．

【問 8.13】 (2×2) 水平垂直パリティ検査符号の最小距離 $d_{\min}$ を求めよ．さらに限界距離復号法を用いて，この符号の誤り訂正・検出能力を求めよ．また，誤り訂正を行わない場合の最大誤り検出能力を求めよ．

最後に，限界距離復号法と最尤復号法との比較を述べておこう．最尤復号法は，受信語が符号語でなかった場合，通信路の統計的性質に基づいてもっとも確率の高い符号語を推定して復号する方法である．どんなときでもあきらめずに少しでもよさそうな解を返す方法ともいえる．最尤復号法はすべての受信語に対してあらゆる可能性を尽くして確率を計算して符号語を推定するので，計算が非常に複雑で，実用的にはほとんど使われていない．また確率が五分五分に近くても少しでもよい方の符号語を出力するので，復号誤りの確率が比較的高くなることがある．

それに対して限界復号法は，最小距離に基づいて，明らかに推定できる範囲内だけで符号語を推定し，それを超えたところは推定を放棄してしまうという方法である．この方法は計算が簡単で実用的であるが，符号語の間が最小距離よりも広く離れているところがあっても，つねに一定の距離で切ってしまうので，もっと推定できそうなところも放棄している場合があり，正しく復号される確率は最尤推定法に比べて高くない．その代わり，復号誤りの確率が高くなりそうな領域は推定せず検出だけを行うので，復号誤りの確率は最尤復号法よりも低くなることが多い．誤り検出したときに再送要求が可能な場合や，復号誤りの影響が深刻な場合は，限界距離復号法が適しているといえる．

なお，限界距離復号法で用いているハミング距離は，受信語のビットが 0 でも 1 でも区別せずに，誤ったかどうかだけを見ているので，主に対称通信路や加法的通信路を想定した方法であるといえる．受信ビットが 0 か 1 かで誤り確率が大きく異なるような非対称な通信路では，必ずしも通信路の統計的性質を正確に反映しない場合もあるので注意が必要である．

8.2.6 バースト誤りの検出と訂正

これまでに述べた誤り検出・訂正符号の議論は，主として記憶のない通信路，すなわちランダムに（時刻ごとに独立に）ビット誤りが発生するような通信路を想定している．しかし現実の問題では，必ずしも記憶のない通信路ばかりではなく，バースト的な誤りが発生するような通信路を扱うことが少なくない．バースト誤りを検出・訂正できるかどうかは，実用上は重要なポイントである．

ここで例として，受信語の符号長が5で，そのうち3以上の多重誤りが含まれると復号誤りを起こすような復号器があったとしよう．このとき，与えられた通信路に対して復号誤りが発生する確率を知りたい．ただし送信される情報源は一様ランダムな2元情報源であるとする．

もしも通信路に記憶がなく，ビット誤り率が 10^{-3} だとすると，受信語の中で3以上の多重誤りが含まれる確率は，およそ ${}_5C_3(10^{-3})^3(1-10^{-3})^2 \approx 10^{-8}$ となる．このようにランダム誤りの場合はビット誤り率のべき乗による急速な勢いで多重誤り率は低下していく．一方，10^{-4} の確率で平均バースト長10のバースト誤りを起こす通信路があったとすると，その平均ビット誤り率はやはり 10^{-3} 程度である．しかしこの通信路では，いったんバースト誤りが起こると，その区間に含まれる符号長5の受信語は，必ず5重誤りを起こすため正しい復号ができなくなる．つまり，少なくとも 10^{-4} の確率で復号誤りを起こすおそれがある．このように，平均ビット誤り率が同じであっても，バースト性の有無によって，復号誤り確率が1万倍も違ってくる例が存在することがわかる．

バースト誤りを検出するためには，想定するバースト誤りパターンに対して，符号語が別の符号語に一致しないということが必要十分条件となる．また，バースト誤りを訂正するためには，想定するバースト誤りパターンに対して，各符号語を中心とする復号領域が，別の符号語の復号領域と重複しないということが必要十分条件となる．

バースト誤りに対する検出・訂正能力を改善する技法としては，符号の**インターリーブ** (interleave) とよばれる方法もよく用いられる．これは，連続して複数の符号語のブロックを送る場合に，それらをビット単位でシャッフルして，同じブロックの符号語のビットが連続しないようにして送る方法である．こうすることによって，1つの符号語を構成するビットが時間的に散らばることになるので，1回のバースト誤りで同時に誤りを起こす可能性を下げることができる．

インターリーブを用いた場合，一定時間に送信できる符号語の個数は変わらないので，平均的な通信速度は低下しない．しかし，符号化および復号の際に，ビットの並べ替えを行う必要があるので，そのための一時記憶（バッファ）が必要になることと，並べ替えのための遅延時間が発生することは避けられない．なお，記憶のないランダムなビット誤りに対しては，インターリーブを行っても改善効果は得られない．次節で述べる巡回符号のように元々バースト誤りに強い符号に対しては，逆効果になる場合もある．

8.3　巡回符号

種々の線形符号の中で実用上もっとも重要な符号として，**巡回符号** (cyclic code) が知られている．この符号は，符号語長が長くても符号化や復号の装置を比較的容易に実装でき，さらにバースト誤りに対しても理論的保証を与えられるという優れた性質を持つ．以下では巡回符号の原理と，符号化・復号の方法について述べる．

8.3.1　2元系列の多項式表現

巡回符号では，系列長 n の 2 元系列を，0,1 の 2 値を係数とする多項式に対応づけ，そのような多項式の演算に基づいて符号化や復号を行う．以下では長さ n の 2 元系列 v の各ビットを，

$$\mathbf{v} = (v_{n-1}, v_{n-2}, \cdots, v_1, v_0)$$

のように，$n-1$ から始まる降順の添え字を割り当てるものとする．これに対して，

$$F(x) = v_{n-1}x^{n-1} + v_{n-2}x^{n-2} + \cdots + v_2x^2 + v_1x + v_0 \tag{8.18}$$

という形の多項式に対応づけたものを，$\mathbf{v}$ の**多項式表現** (polynomial representation) とよぶ．多項式の各係数は 0,1 のいずれかの値を持ち，2 の剰余系 (mod 2) の計算をするものとする．一方，多項式の変数 x は，単に各項の次数を区別するための添え字のような役割を持つと考えたほうがわかりやすい．

このような多項式表現を用いると，符号長 n の符号語は，最大次数 $n-1$ までの多項式で表現できる．符号語に対応する多項式のことを**符号多項式** (code polynomial) とよぶ．

【例 8.7】 符号語 $(1, 0, 1, 1, 0)$ の符号多項式は $x^4 + x^2 + x$ である．

【問 8.14】 以下の系列の多項式表現をそれぞれ求めよ．

$$(1,0,1,0,0,1),\quad (0,1,0),\quad (0,0,0,1)$$

2 つの多項式の加算は，通常の多項式の計算と同様に対応する次数の係数同士をそれぞれ加算すればよい．ただし係数は mod 2 の計算なので，係数同士の排他的論理和 (EXOR) 演算を行うことになる．また mod 2 の計算では加算と減算は同じ意味を持つので，左辺の項を右辺に移項しても符号を反転させる必要はない．一方，変数 x 同士の乗算については次数は通常どおりに加算される．多項式を x 倍することは，係数を 1 ビット左にシフトさせることと同じである．

【例 8.8】 mod 2 の多項式では，以下の等式が成り立つ．

$$x+x=0,\quad x\cdot x=x^2,\quad (x+1)(x+1)=x^2+1$$

【問 8.15】 mod 2 の多項式において，以下の式を計算せよ．

$$(x^4+x^3+x^2+x+1)(x+1)$$

8.3.2 巡回符号の構成法

定義 8.14 最大次数 m $(m>0)$ で定数項が 1 の任意の多項式を 1 つ選び，これを $G(x)$ とする．長さ n（ただし $n>m$）のすべての 2 元系列に対応する 2^n 通りの多項式のうち，$G(x)$ で割り切れる多項式だけをすべて取り出し，それらを符号語とした符号のことを**巡回符号** (cyclic code) とよぶ．検査ビット長は m，情報ビット長は $n-m$ となる．このとき用いた $G(x)$ を**生成多項式** (generator polynomial) とよぶ．

【例 8.9】 $n=7, m=4$ として，生成多項式 $G(x)=x^4+x^2+x+1$ の場合を考えてみよう．$n=7$ であるから符号多項式の最大次数は 6 である．2^7 通りの多項式の中から $G(x)$ で割り切れるものだけを探す必要がある．まず，すべての係数が 0 の多項式は $G(x)$ で割り切れるので，必ず符号語である．それ以外の 3 次以下の多項式は $G(x)$ では割り切れないので調べる必要はない．4 次式では，$G(x)$ そのものが符号語となる．あとは 5 次式と 6 次式を調べる必要があるが，$G(x)$ で割り切れるということは，$G(x)$ の倍多項式，すなわち $G(x)$ に何らかの多項式 $Q(x)$ を乗算して得られる多項式が符号語となる．$G(x)$ は 4 次式であるから，1 次および 2 次のすべての多項式を網羅して $G(x)$ に掛けあわせれば，5 次および 6 次のすべての符号語が得られる．つまり x，$x+1$，x^2，x^2+1，x^2+x，x^2+x+1 の 6 通りの多項式について乗算を行えばよい．

表 8.3 に計算結果を示す．この操作によって得られた符号語 $\mathbf{w}$ は，**表 8.4** に示したとおり，左側 3 ビットに 000 から 111 までの 8 通りのすべての系列が出現している．この部分が情報ビットであり，残りの 4 ビットが検査ビットとなる．

表 8.3　$G(x)=x^4+x^2+x+1$ の倍多項式と対応する符号語

$Q(x)$	$W(x)=Q(x)G(x)$	$\mathbf{w}$
0	0	$(0,0,0,0,0,0,0)$
1	x^4+x^2+x+1	$(0,0,1,0,1,1,1)$
x	$x^5+x^3+x^2+x$	$(0,1,0,1,1,1,0)$
$x+1$	$x^5+x^4+x^3+1$	$(0,1,1,1,0,0,1)$
x^2	$x^6+x^4+x^3+x^2$	$(1,0,1,1,1,0,0)$
x^2+1	x^6+x^3+x+1	$(1,0,0,1,0,1,1)$
x^2+x	$x^6+x^5+x^4+x$	$(1,1,1,0,0,1,0)$
x^2+x+1	$x^6+x^5+x^2+1$	$(1,1,0,0,1,0,1)$

表 8.4　$G(x)=x^4+x^2+x+1$ から生成された符号表

0	0	0	0	0	0	0
0	0	1	0	1	1	1
0	1	0	1	1	1	0
0	1	1	1	0	0	1
1	0	0	1	0	1	1
1	0	1	1	1	0	0
1	1	0	0	1	0	1
1	1	1	0	0	1	0

巡回符号は線形符号に属することが知られている．これは，以下のように巡回符号が線形符号の性質（定理 8.3）を満たすことからも確かめられる．巡回符号の任意の 2 つの符号多項式 $W_1(x)=Q_1(x)G(x)$ と $W_2(x)=Q_2(x)G(x)$ を取り出し，両者の和を計算すると

$$W_1(x)+W_2(x)=(Q_1(x)+Q_2(x))\ G(x) \tag{8.19}$$

となり，これもまた $G(x)$ の倍多項式となるので符号語となる．表 8.3 の例にお

いても，任意の 2 つの符号語の和が確かに符号語になっていることがわかる．

さて，表 8.3 のように，すべての可能な倍多項式を計算すれば，巡回符号の符号語をすべて作りだせることはわかった．しかしこの方法で符号化を行うためには，情報ビット長 k に対して 2^k 通りのすべての符号語をあらかじめ求めて表にしておかなければならず，k が大きくなると符号表のサイズが非現実的に大きくなってしまう．巡回符号では，符号表を作ることなく，もっと直接的に符号語を生成する方法が存在する．以下にその方法を説明しよう．

生成多項式 $G(x)$ の次数が m の場合，検査ビット長が m となり，情報ビット長が $n-m$ となる．情報ビットの系列を $\mathbf{v}=(v_{n-m-1}, v_{n-m-2}, \cdots, v_1, v_0)$ と表記したとすると，これに対応する多項式表現は，

$$V(x) = v_{n-m-1}x^{n-m-1} + v_{n-m-2}x^{n-m-2} + \cdots + v_1 x + v_0 \tag{8.20}$$

となる．巡回符号の符号語では，情報ビットは先頭の $n-m$ ビットに配置されるので，符号多項式では情報ビットは最大次数（$n-1$ 次）の項から始まらなければならない．そこで，$V(x)$ 全体に x^m を掛けて，

$$V(x)x^m = v_{n-m-1}x^{n-1} + v_{n-m-2}x^{n-2} + \cdots + v_1 x^{m+1} + v_0 x^m \tag{8.21}$$

として，上位の $n-m$ 個の項の係数が情報ビットを表し，残りの m 次未満の項の係数が検査ビットを構成することにする．もしも $V(x)x^m$ が $G(x)$ で割り切れるなら，この式は符号語の条件を満たすので，検査ビットは全ゼロのままでよいことになる．しかし一般には割り切れるとは限らないので，その場合は検査ビットを適宜加えてちょうど割り切れるように補正を加える必要がある．

$V(x)x^m$ を $G(x)$ で割ったときの商を $Q(x)$，剰余を $C(x)$ とおくと，

$$V(x)x^m = Q(x)G(x) + C(x) \tag{8.22}$$

と表せる．$V(x)x^m$ の最大次数は $n-1$，$G(x)$ は m 次式であるから，商の $Q(x)$ は最大次数 $n-m-1$ までの多項式となり，剰余の $C(x)$ は $m-1$ 次以下の多項式となる．ここで，式 (8.22) の $C(x)$ を移項すると，

$$V(x)x^m + C(x) = Q(x)G(x) \tag{8.23}$$

となり，$V(x)x^m + C(x)$ を符号語 $W(x)$ とすれば，巡回符号の符号語の条件を必ず満たす．$C(x)$ の最大次数は $m-1$ なので，符号語の末尾 m ビットの検査ビットの部分にちょうど対応する．$C(x) = c_{m-1}x^{m-1} + c_{m-2}x^{m-2} + \cdots + c_1 x + c_0$

とすれば，符号語 $\mathbf{w}$ は，

$$\mathbf{w} = (v_{n-m-1}, v_{n-m-2}, \cdots, v_1, v_0, c_{m-1}, c_{m-2}, \cdots, c_1, c_0) \tag{8.24}$$

となる．つまり，与えられた情報ビットの多項式 $V(x)$ を x^m 倍し，これを $G(x)$ で割った剰余の多項式を検査ビットとすれば，巡回符号の符号語を作ることができる．

例題 8.2 生成多項式 $G(x) = x^4 + x^2 + x + 1$ とする符号長 7 の巡回符号において，情報ビット $(1, 1, 0)$ を符号化せよ．

（解答） $G(x)$ の最大次数が 4 であるから，検査ビット長は 4 である．情報ビットの多項式表現は $x^2 + x$ であるから，これに x^4 を掛けて 4 ビットシフトすると $x^6 + x^5$ となる．この式を $x^4 + x^2 + x + 1$ で割ったときの余りが検査ビットとなる．この除算の計算の様子を以下に示す．

$$\begin{array}{r}
x^2+x+1 \\
x^4 + x^2 + x + 1 \;\overline{)\; x^6+x^5 \qquad\qquad\qquad\quad} \\
x^6 \quad +x^4+x^3+x^2 \qquad\quad \\
\hline
x^5+x^4+x^3+x^2 \qquad\quad \\
x^5 \quad +x^3+x^2+x \\
\hline
x^4 \qquad\quad +x \\
x^4 \quad +x^2+x+1 \\
\hline
x^2 \quad +1
\end{array} \tag{8.25}$$

この結果，

$$x^6 + x^5 = (x^2 + x + 1)(x^4 + x^2 + x + 1) + (x^2 + 1)$$

であることがわかり，剰余多項式は $x^2 + 1$ となる．したがって検査ビットは $(0, 1, 0, 1)$ となり，求める符号語は $(1, 1, 0, 0, 1, 0, 1)$ である．表 8.3 を見れば，これは確かに符号語の 1 つであることがわかる． □

上記に示した多項式除算の計算は，係数が 0,1 の 2 値しかないので，慣れれば以下のように略記することもできる．

$$
\begin{array}{r}
111 \\
10111\,\overline{)1100000} \\
10111 \\
\hline
111100 \\
10111 \\
\hline
10010 \\
10111 \\
\hline
101
\end{array}
\tag{8.26}
$$

【**練習問題 8.2**】 例題 8.2 と同様にして，情報ビット $(1,0,0)$ を符号化せよ．

8.3.3　巡回符号の符号化器・復号器の実装

以上に述べたように，巡回符号では，多項式の除算を 1 回実行して剰余を求めるだけで符号化を行うことができる．mod 2 の多項式の加減算はビット単位の排他的論理和 (EXOR) 演算で実現でき，これに左右のシフト演算を組み合わせるだけで多項式の乗除算も実現できるので，符号化器の実装は比較的容易である．さらに巡回符号を受信した際の誤り検出は，受信語の多項式 $Y(x)$ が生成多項式 $G(x)$ で割り切れるかどうかを確認するだけでよいので，これも多項式の除算を 1 回行うだけであり，復号器も比較的容易に実装できる．

多項式の除算に基づく符号化器・復号器の実装は，C 言語等のソフトウェアを用いても比較的容易に構成できるが，論理回路による専用ハードウェアを用いる方法もある．**図 8.7** に示した回路は，任意の多項式 $Y(x)$ を入力とし，$Y(x)$ を $G(x) = x^4 + x^2 + x + 1$ で割った商と余りを計算するものである．この形式の回路は**線形帰還シフトレジスタ** (linear feedback shift register; LFSR) ともよばれ，記憶素子であるレジスタ（ラッチまたはフリップフロップとよぶこともある）を直列に並べて構成されている．各レジスタは，クロック (CLK) 入力が 0 から 1 に変化するたびに D 入力の値を読み込んで Q 出力の値を更新する．つまり左へ 1 ビットシフトすることができる．被除数の多項式は入力端子 (DATA in) より，上位の次数の係数から順に 1 個ずつ直列に入力され，計算結果は出力端子 (DATA out) から 1 個ずつ出力される．

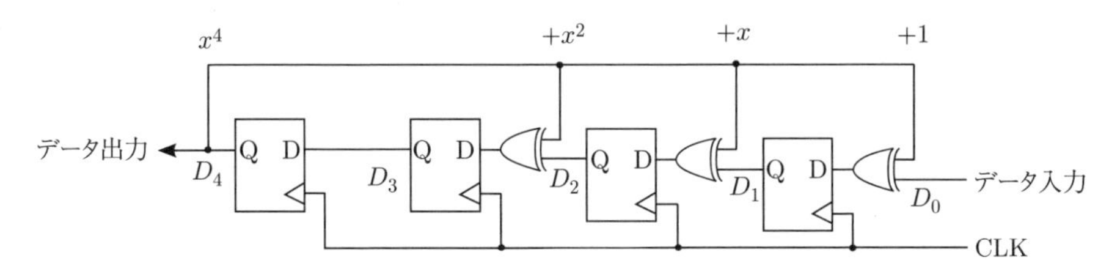

図 8.7　$G(x) = x^4 + x^2 + x + 1$ としたときの直列除算回路

表 8.5 に，$Y(x) = x^6 + x^5$，すなわちビット列 1100000 を入力したときの各レジスタの途中状態を示す．入力端子 D_0 に 1100000 を入力すると，4 時刻目までは，それがそのままシフトレジスタに注入されていく．4 時刻目に初めて D_4 が 1 になるため，つぎの 5 時刻目には D_3, D_2, D_1 が 0, 0, 0 になるはずだったのが反転して 1, 1, 1 となる．これは式 (8.26) で示した筆算と比べてみると，初めて商に 1 が立って，11000 から 10111 を引き算して，下位 3 ビットが反転したということに相当する．そして 5 時刻目にレジスタ D_4〜D_1 に残っている値 1, 1, 1, 1 は，その時点での剰余多項式を表している．以下同じように，4 次の項が 1 のときは商に 1 を立てて 10111 を引き算するということを繰り返すと，出力端子 D_4 の 4, 5, 6 時刻目には 1, 1, 1 が出力される．これはすなわち計算結果の商多項式 $x^2 + x + 1$ を表している．そしてレジスタには最後に 0, 1, 0, 1 が残るが，これは剰余多項式 $x^2 + 1$ を表していることになる．

表 8.5　$Y(x) = x^6 + x^5$ に対する直列除算回路の途中状態

時刻	D_4	D_3	D_2	D_1	D_0
0	0	0	0	0	1
1	0	0	0	1	1
2	0	0	1	1	0
3	0	1	1	0	0
4	1	1	0	0	0
5	1	1	1	1	0
6	1	0	0	1	0
7	0	1	0	1	0

この回路で必要となるレジスタの個数は $G(x)$ の次数（=検査ビット長）に等しく，$Y(x)$ の次数（=情報ビット長）には依存しない．計算時間は $Y(x)$ の次数

に比例する．たとえ1万ビットにも及ぶ長大な多項式データを与えられても，この回路にデータをただ流し込むだけで，剰余多項式をシフトレジスタに残すことができる．最後にシフトレジスタの内容がすべて0になっていれば，$G(x)$で割り切れたことになるので，巡回符号の符号語であることが検査できる[3)]．

【問 8.16】 図8.7にならって，$G(x) = x^4 + x^3 + x^2 + 1$とした場合の直列除算回路を作れ．

8.3.4 巡回符号の誤り検出・訂正能力

表8.3に示した巡回符号の例では，全ゼロ以外のすべての符号語のハミング重みが4となっているので，線形符号の性質から，この符号の最小距離は4であることがわかる．したがってこの巡回符号は，単一誤り訂正と2重誤り検出が可能で，もしも誤り訂正を行わないことにすれば，3個までの多重誤りを検出可能である．では，一般の巡回符号はどのような誤り検出・訂正能力を持っているだろうか．

定義 8.15 ある生成多項式$G(x)$が与えられたときに，$x^n - 1$ $(n = 1, 2, 3, \cdots)$という形の多項式が$G(x)$で割り切れるかどうかを調べ，これが割り切れるような最小のnを，多項式$G(x)$の**周期** (cycle) とよぶ．

【例 8.10】 生成多項式$G(x) = x^4 + x^2 + x + 1$の周期を調べてみよう．mod 2の多項式であるから，$x^n + 1$が$G(x)$で割り切れるかどうかを調べればよい．$G(x)$は4次式であるから，$n = 4$までの$x + 1$，$x^2 + 1$，$x^3 + 1$，$x^4 + 1$は，明らかに割り切れないことがわかる．$n = 5, 6$のときは実際に計算してみると，

$$x^5 + 1 = x(x^4 + x^2 + x + 1) + (x^3 + x^2 + x + 1),$$
$$x^6 + 1 = (x^2 + 1)(x^4 + x^2 + x + 1) + (x^3 + x)$$

となり，やはり割り切れない．$n = 7$のときに初めて，

$$x^7 + 1 = (x^3 + x + 1)(x^4 + x^2 + x + 1) \tag{8.27}$$

となって割り切れることがわかる．したがって，この多項式の周期は7である．

[3)] 図8.7の回路では，最後にシフトレジスタに残った剰余多項式（=検査ビットパターン）を外部に出力する機能は省略しているが，簡単な回路を追加するだけで実現できる．

【問 8.17】 多項式 $G(x)=x^4+x^3+x^2+1$ の周期を求めよ．

定理 8.7 ある生成多項式 $G(x)$ から構成した符号長 n の巡回符号において，多項式 x^n-1 が $G(x)$ で割り切れるとする．このとき，この巡回符号の任意の符号語

$$\mathbf{w}=(w_{n-1},w_{n-2},\cdots,w_1,w_0)$$

を左に 1 ビット巡回させた系列

$$\mathbf{w}'=(w_{n-2},w_{n-3},\cdots,w_1,w_0,w_{n-1})$$

もまた，この符号の符号語に含まれている．

（証明） 巡回符号の定義より，$\mathbf{w}$ の符号多項式

$$W(x)=w_{n-1}x^{n-1}+w_{n-2}x^{n-2}+\cdots+w_1x+w_0$$

は $G(x)$ で割り切れる．$\mathbf{w}'$ の符号多項式 $W'(x)$ は，

$$\begin{aligned}W'(x) &= W(x)x-w_{n-1}x^n+w_{n-1}\\ &= W(x)x-w_{n-1}(x^n-1)\end{aligned}$$

と表せるので，右辺の各項は $G(x)$ で割り切れる．したがって，$\mathbf{w}'$ もまたこの符号の符号語である． □

このような 1 ビットの巡回置換を n 回繰り返せば元の符号語に戻るが，その過程で得られる n 通りの系列のグループはすべて巡回符号の符号語となる．そのグループに属さない符号語からスタートすればまた別の巡回置換のグループが得られる．同じ巡回置換のグループに属する符号語は同じハミング重みを持つことは明らかで，これも符号として使うには便利な性質である．巡回符号というよび名は，このような興味深い性質からつけられたものである．ただし，そのためには多項式 x^n-1 が $G(x)$ で割り切れるという条件が必要で，厳密にはそのような $G(x)$ を用いたものだけを真の巡回符号とよび，そうでないものは**擬巡回符号** (pseudo-cyclic code) とよぶことがある．

たとえば表 8.3 に示した巡回符号の生成多項式の周期は 7 であった．符号長も 7 なので，この符号は巡回置換の性質を満たしている．このように符号長と周期が一致するような $G(x)$ を選べば必ず真の巡回符号となるが，たとえ巡回置換の

性質が成り立たない $G(x)$ であっても，一定の条件を満たせば誤り訂正符号としては巡回符号と同様に利用できるので，擬巡回符号もまとめて巡回符号として扱うことが多い．

さて，巡回符号の生成多項式 $G(x)$ の周期と誤り訂正能力の間には，以下に示す重要な関係がある．

定理 8.8 符号長 n の巡回符号において，n より短い周期の生成多項式 $G(x)$ を用いると，符号の最小距離が 2 になってしまう．$G(x)$ の周期が n 以上であれば最小距離は 3 より小さくならない．

（証明） まず巡回符号の最小距離が 1 より大きいことを示す．線形符号の最小距離が 1 になるためには，ハミング重み 1 の符号語が存在する必要がある．そのような符号語の符号多項式は $W(x) = x^i$ $(0 \leq i < n)$ という単項式となり，これが $G(x)$ で割り切れなくてはならない．しかし定義 8.14 より $G(x)$ は定数項が 1 で複数の項からなるので $G(x)$ では割り切れない．したがって最小距離は 1 より大きい．

さて，$G(x)$ の周期を p とすると，もし $p < n$ であれば，$x^p + 1$ は $G(x)$ で割り切れて，なおかつ次数は $n-1$ 以下であるので，この巡回符号の符号語に含まれる．$x^p + 1$ の符号語のハミング重みは 2 なので，この場合の符号の最小距離は 2 となることがわかる．

つぎに，$p \geq n$ であれば最小距離が 3 より小さくならないことを示す．もしもハミング重み 2 の符号語が存在していたとすると，その符号多項式は $W(x) = x^i + x^j$ $(0 \leq j < i < n)$ という形をしているはずである．$W(x)$ が符号語であるためには $G(x)$ で割り切れなくてはならない．$W(x) = x^j(x^{i-j} + 1)$ なので，まず $G(x)$ が x を因数として持つかどうかを考えると，$G(x)$ は定数項が 1 であるので，$G(x)$ は x では割り切れない．つまり $G(x)$ は x を因数として持っていない．したがって，$W(x)$ を割り切るためには，$x^{i-j} + 1$ を割り切らなければならない．しかし $i - j < n$ で，$G(x)$ の周期が n 以上なので，これを割り切ることはできない．したがってハミング重み 2 の符号語は存在せず，最小距離が 3 以上であることが保証される． □

定理 8.9 巡回符号において生成多項式 $G(x)$ の項数を d とすると，符号の最小距離を d より大きくはできない．さらに d が偶数ならば，すべての符号語のハミング重みは必ず偶数となる．

（証明）　定理の前半は，$G(x)$ そのものが符号語に含まれるので符号の最小ハミング重みが高々d となることから明らかである．つぎに，$G(x)$ の項数が偶数であれば，変数 x に 1 を代入すると $G(1) = 0$ となる．任意の符号語の多項式は $W(x) = Q(x)G(x)$ の形に因数分解できるので，$G(1) = 0$ ならば必ず $W(1) = 0$ となる．$W(1)$ は符号語のパリティの計算式そのものなので，これが 0 であることから符号語のハミング重みは必ず偶数となる．□

【例 8.11】　表 8.3 に示した巡回符号の生成多項式 $G(x) = x^4 + x^2 + x + 1$ の周期は 7 で符号長と同じなので，符号の最小距離は 3 以上である．$G(x)$ の項数が偶数なので，符号語のハミング重みは必ず偶数であるから，符号の最小距離は 4 以上となる．しかも $G(x)$ の項数が 4 なので符号の最小距離はちょうど 4 であることがわかる．

さらに巡回符号はバースト誤りに対しても理論的な保証を与えることができる．

定理 8.10　巡回符号において生成多項式 $G(x)$ の次数を m とすると，長さ m の区間内で発生する多重誤りはすべて検出可能である．

（証明）　この多重誤りパターンを多項式で表現すると以下のように表せる．

$$\begin{aligned} E(x) &= w_i x^i + w_{i-1} x^{i-1} + \cdots + w_{j+1} x^{j+1} + w_j x^j \\ &= x^j (w_i x^{i-j} + w_{i-1} x^{i-j-1} + \cdots + w_{j+1} x + w_j) \end{aligned}$$

ただし，符号長を n として $0 \leq j < i < n$ とする．$w_i, \cdots, w_j \in \{0, 1\}$ は多重誤りパターンを表す定数である．このときの誤り発生区間の長さは $i - j + 1$ である．さて，符号語 $W(x)$ に対する受信語を $Y(x)$ とすると，$Y(x)$ が符号語となっていなければ誤りを検出可能である．多重誤りパターン $E(x)$ を含む受信語は $Y(x) = W(x) + E(x)$ と表せるので，$E(x)$ が $G(x)$ で割り切れなければ $Y(x)$ は受信語とならないので誤りを検出できる．定理 8.7 の証明で述べたとおり，$G(x)$ は x を因数として含まないので，$E(x)$ を割り切るためには $w_i x^{i-j} + w_{i-1} x^{i-j-1} + \cdots + w_{j+1} x + w_j$ を割り切らなくてはならない．誤り発生区間の長さ $i - j + 1$ が m 以下であるとすると，この多項式の最大次数 $i - j$ は m 未満となり，$G(x)$ より次数が低いので割り切れることはない．したがって，$Y(x)$ は符号語とならないので必ず誤りを検出できる．□

この定理より，巡回符号の生成多項式 $G(x)$ の次数を m とすると，長さ m 以下のバースト誤りはすべて検出できることがわかる．さらにはビットが連続して反転するバースト誤りだけでなく，一定区間で連続的に 0（または 1）に固定されてしまうような誤りも，すべて検出できることがわかる．

以上に述べたように，巡回符号は優れた性質を持っており，広く用いられている．巡回符号を用いてデータの誤り検出を行う方法は**巡回冗長検査** (cyclic redundancy check; CRC) ともよばれている．たとえば，以下の生成多項式を用いた巡回符号は，旧 CCITT（国際電信電話諮問委員会[4]）で標準化されており，CRC-16-CCITT とよばれているものである．

$$G(x) = x^{16} + x^{12} + x^5 + 1. \tag{8.28}$$

この $G(x)$ の次数は 16 でなので，検査ビット長は 16 である．この $G(x)$ の周期は $32767(= 2^{15} - 1)$ であることが知られているので，$32751(= 32767 - 16)$ ビットを超えない長さのブロックに対して検査ビットを付加することにすると，最小距離が 2 以下にはならないことが保証される．しかも $G(x)$ の項数が偶数 4 なので最小距離はちょうど 4 となり，1 つのブロック内で最大 3 個までの多重誤りを検出できる．さらに長さ 16 までの連続区間内で発生した多重誤りはすべて検出できる．

現在，世界中のコンピュータネットワークで広く使われているイーサネットの規格 (IEEE 802.3) でも CRC が用いられている．イーサネットでは約 500〜12000 ビットで 1 つのパケットを構成し，パケットの末尾に 32 ビットの CRC の検査ビットが追加されている（**図 8.8**）．その生成多項式は

$$\begin{aligned} G(x) &= x^{32} + x^{26} + x^{23} + x^{22} + x^{16} + x^{12} + x^{11} + x^{10} \\ &\quad + x^8 + x^7 + x^5 + x^4 + x^2 + x + 1 \end{aligned} \tag{8.29}$$

が用いられている．詳細は省略するが，イーサネットのパケット長の範囲では，符号の最小距離が 4 になることが示されており，3 重誤りまでは必ず検出可能である．また長さ 32 までの連続区間内で発生した多重誤りはすべて検出できる．

480~12112 bit	32 bit
Header + Data	CRC

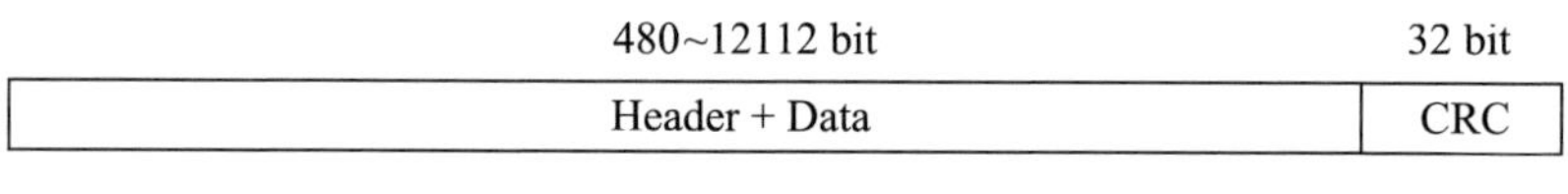

図 8.8 イーサネット (IEEE802.3) のパケット構成

[4] 現在では ITU-T（国際電気通信連合・電気通信標準化部門）

このようにCRCが多く利用されている理由としては，剰余多項式の計算が非常に単純なハードウェアまたはソフトウェアで実装でき，しかも数百〜1万ビットを超えるような長いブロックであっても，ブロック長に比例する時間で高速に計算できるという点が挙げられる．

8.3.5 巡回ハミング符号

mod 2の多項式において，m 次多項式の周期の最大値は $2^m - 1$ であることが知られている．最大の周期を持つ多項式を**原始多項式** (primitive polynomial) とよぶ．任意の m に対して原始多項式が存在することが証明されており，数学者らによって，さまざまな次数の原始多項式のカタログが作られている．

m 次の原始多項式の1つを生成多項式として，符号長 $n = 2^m - 1$ の巡回符号を構成すると，周期と符号長が一致しているので，定理8.8から，この符号の最小距離は3以上であることがわかる．この符号は情報ビットが $2^m - m - 1$ ビット，検査ビットが m ビットで，最小距離が3となって，ちょうどハミング符号になることが知られている．このような符号を**巡回ハミング符号** (cyclic Hamming code) とよぶ．巡回ハミング符号は，巡回符号とハミング符号の優れた性質を併せ持ち，理論的にも実用的にも重要な符号である．

【例 8.12】 多項式 $G(x) = x^3 + x^2 + 1$ は周期7の原始多項式である．これを生成多項式とする符号長7の巡回符号は巡回ハミング符号となる．巡回符号も線形符号の一種なので，この符号のパリティ検査方程式を作ってみよう．この符号の符号語を $\mathbf{w} = (w_6, w_5, w_4, w_3, w_2, w_1, w_0)$ とすると，符号多項式は，

$$W(x) = w_6x^6 + w_5x^5 + w_4x^4 + w_3x^3 + w_2x^2 + w_1x + w_0$$

となる．$W(x)$ を $G(x)$ で割った剰余多項式が0となることが符号語の条件であるが，剰余多項式を計算する場合に，$W(x)$ の各項を $G(x)$ で割った剰余多項式をそれぞれ計算してから，それらの総和を計算しても結果は変わらない．そこで各項を $G(x)$ で割った剰余多項式を計算すると，それぞれ，

$$w_6(x^2 + x),\quad w_5(x + 1),\quad w_4(x^2 + x + 1),\quad w_3(x^2 + 1),\quad w_2x^2,\quad w_1x,\quad w_0$$

となるので，それらの総和を計算すると，全体の剰余多項式は，

$$(w_6 + w_4 + w_3 + w_2)x^2 + (w_6 + w_5 + w_4 + w_1)x + (w_5 + w_4 + w_3 + w_0)$$

となる．これが 0 になるという条件から，

$$\begin{cases} w_6 \quad\quad + w_4 + w_3 + w_2 \quad\quad\quad\quad = 0, \\ w_6 + w_5 + w_4 \quad\quad\quad\quad + w_1 \quad\quad = 0, \\ \quad\quad w_5 + w_4 + w_3 \quad\quad\quad\quad + w_0 = 0. \end{cases} \tag{8.30}$$

が得られ，これが巡回符号のパリティ検査方程式となる．この式を検査行列 $\mathbf{H}$ の形にすると以下のようになる．

$$\mathbf{H} = \begin{bmatrix} 1 & 0 & 1 & 1 & 1 & 0 & 0 \\ 1 & 1 & 1 & 0 & 0 & 1 & 0 \\ 0 & 1 & 1 & 1 & 0 & 0 & 1 \end{bmatrix} \tag{8.31}$$

これは，式 (8.11) で示した (7, 4) ハミング符号の検査行列とまったく同じものとなっている．

このようにして巡回符号を用いてハミング符号を構成できることが確かめられる．mod 2 の多項式に関する数学的な知識を利用することにより，別の観点からハミング符号の性質をより詳しく知ることができる．

【問 8.18】 一般のハミング符号の最小距離は 3 なので，3 重誤りの検出は保証されないが，上記の巡回ハミング符号では，長さ 3 のバースト誤りであれば必ず検出できる．その根拠を述べ，表 8.1 の符号表で実際にそうなっていることを確かめよ．

【問 8.19】 多項式 $G(x) = x^3 + x + 1$ もまた周期 7 の原始多項式である．これを生成多項式とする符号長 7 の巡回ハミング符号を構成し，その検査行列を求めよ．

mod 2 の多項式を扱う数学的技法は，より専門的には**有限体** (finite filed) または**ガロア体** (Galois field) を扱う離散数学の分野に属する．巡回符号の理論は，これらの離散数学の知識を活用することによってさらに発展し，**BCH 符号** (BCH code; Bose-Chaudhuri-Hocquenghem code) や**リード・ソロモン符号** (RS code; Reed-Solomon code) 等の誤り検出・訂正符号が開発されている．詳細は本書の範囲を超えるので他の専門書に任せるが，これらの符号も巡回符号の一種であっ

て，とくにリード・ソロモン符号は音楽 CD, DVD, 2 次元バーコード（QR コード），衛星放送，地上波ディジタル放送等，身近にあるさまざまな機器で利用されており，現代の情報化社会を支える基盤技術となっている．

章末問題

8.1 (1)〜(15) の文章は正しいか．正しい場合は○をつけよ．また，間違っている場合は×をつけ，何が間違っているのか説明せよ．

(1) 単一パリティ検査符号の符号語は，0 の個数が必ず奇数になる．

(2) n 個の情報ビットに対する単一パリティ検査符号の符号語長は $2n$ 個となる．

(3) 単一パリティ検査符号は，最大 1 個の誤りの位置を推定して訂正することができる．

(4) 組織符号は，線形符号の一種である．

(5) (n,k) 符号は，n 個の情報記号と k 個の検査記号からなる．

(6) 線形符号の 2 つの符号語の成分同士の和を取ると,つねに全ゼロになる．

(7) 誤りが発生しないときの誤りパターンは全ビットが 0 である．

(8) 水平垂直パリティ検査符号は，必ず組織符号となるが，線形符号であるとは限らない．

(9) ハミング符号は，線形符号の一種である．

(10) ハミング符号のシンドロームは，誤りがないときはすべて 1 になる．

(11) ハミング符号は単一誤りを必ず訂正できる．

(12) 線形符号では，検査行列が与えられれば生成行列は 1 通りに定まる．

(13) 線形符号では，成分のすべてが 0 ではない符号語の最小ハミング重みと，符号の最小距離が一致する．

(14) 巡回符号は線形符号の一種である．

(15) 2 元符号の最小ハミング距離が 5 であれば，同時に 5 ビットまでの誤りを必ず検出できる．

8.2 ある 2 元等長符号において，任意の異なる 2 つの符号語の最小ハミング距離が 5 であるとする．この符号で誤り訂正を行う場合，確実に訂正できるのは最大で何ビットまでの誤りかを答えよ．さらに，誤り訂正を最大限まで行わないことにすると，誤り検出可能なビット数がどのように増大するかを述べよ．

付録A　確率の基本事項

本節では，確率に不慣れな人のために確率の基本事項について説明する．確率論の詳細な説明は他書に譲り，ここでは本書を読む際に必要となる最低限の知識だけ述べる．一般に確率は離散的な事象のみならず連続的な事象についても定義されるが，以降では離散的（かつ根元事象が有限）な場合の確率の話に限定する．

誰がどのように投げても，その出目に偏りがないサイコロがあると仮定しよう．そのサイコロを振った出目がどのような数になるかは全くの偶然で決まる．このような，偶然によって結果が定まるものの観測あるいは実験のことを**試行**という．特に，前に行った試行の結果が次の試行の結果に全く影響を与えないような場合，これを**独立な試行**という．試行の結果として起こる事柄を**事象**という．このサイコロを投げる試行の結果をすべて集めたものは，集合

$$\Omega = \{1, 2, 3, 4, 5, 6\}$$

で表される．事象とは，この例でいうと「6の目が出る」とか「偶数の目が出る」や「4以上の目が出る」といったことであり，それぞれ，$\{6\}$，$\{2,4,6\}$，$\{4,5,6\}$のようにΩの部分集合として表される．

一般に，1つの試行において得られる結果すべてからなる集合Ωのことを**標本空間**という．標本空間Ωの1つの要素だけからなる集合で表される事象を**根元事象**という．このサイコロの例でいうと，$\{1\}$，$\{2\}$，$\{3\}$，$\{4\}$，$\{5\}$，$\{6\}$で表される事象がそれぞれ根元事象である．集合Ωが表す事象は「必ず起こる事象」であり，**全事象**とよばれる．逆に，「決して起こらない事象」は空集合$\emptyset$で表され，**空事象**とよばれる．以降では，事象とそれが表す集合を同一視する．すなわち，事象Aと書いた場合，AをΩの部分集合として取り扱う．

2つの事象AとBについて，それらの和$A \cup B$で表される事象を**和事象**という．また，それらの積$A \cap B$で表される事象を**積事象**という．もし，$A \cap B = \emptyset$である場合，AとBは互いに**排反**であるという．事象Aに対して，「Aが起こらない事象」$\bar{A} = \Omega - A$を**余事象**という．この定義から明らかなように，任意の事象Aについて，Aと$\bar{A}$は互いに排反である．

ある試行によって，各事象が「どの程度起こりやすいか」ということを考えよう．事象の起こりやすさの度合いを，その事象の**確率**という．先のサイコロの例では，1 回の試行によって得られる出目は「どれも同程度に起こりやすい」と考えてよいだろう.「どれも同程度に起こりやすい事象」のことを，**同程度に確からしい事象**という．根元事象が同程度に確からしい場合，ある事象 A の確率は，事象 A を構成する根元事象の数を全事象 Ω を構成する根元事象の数で割った比

$$P(A) = \frac{\#(A)}{\#(\Omega)} \tag{A.1}$$

であると考えるのが自然である．ここで，$\#(X)$ というのは，集合 X に含まれる要素の数である．サイコロの例では,「6 の目が出る」事象の起こりやすさの割合は

$$P(6\text{ の目が出る}) = \frac{\#(\{6\})}{\#(\{1,2,3,4,5,6\})} = \frac{1}{6}$$

となる．しかし，根元事象が同様に確からしくない場合はこの通りではない[1]．

現代の確率論では，以下のように「公理に基づく定義」を基礎としている[2]．

定義 A.1　標本空間 Ω の任意の事象 A に対して，次の 3 つの条件を満たす関数 $P(A)$ を事象 A の**確率** (probability) という．

(1) $P(A) \geq 0$.

(2) $P(\Omega) = 1$.

(3) 事象 $A_1, A_2, \ldots, A_n$ が互いに排反のとき，

$$P\left(\bigcup_{i=1}^{n} A_i\right) = \sum_{i=1}^{n} P(A_i).$$

公理に基づく確率の定義は汎用性が高く，我々が普段「確率」とよんでいるものはおおよそすべてこの定義での確率として取り扱える．根元事象が同程度に確からしい場合においては，式 (A.1) で定義される確率も，公理に基づく定義の 3 つの条件を満たしていることが確かめられる．

---

[1] 根元事象が同様に確からしくない場合でも,「試行を限りなく多く行った際の，試行回数に対する事象の起こる頻度の割合」を事象の（統計的な）確率と定義して取り扱える場合がある．ただし，この定義は厳密な取り扱いが難しく汎用的ではない．

[2] この定義は，現代確率論の創始者と言われる A. コルモゴルフによって作られた．

公理による確率の定義から，以下の定理が成り立つ．

定理 A.1

(1) 事象 A, B について，$A \subseteq B$ ならば $P(A) \leq P(B)$.

(2) 任意の事象 A について，$P(A) \leq 1$.

(3) $P(\bar{A}) = 1 - P(A)$.

(4) $P(\emptyset) = 0$.

（証明） (1) 公理の 1 番目と 3 番目の条件から，$P(B) = P(A \cap B) + P(\bar{A} \cap B) \geq P(A \cap B)$ が成り立つ．$A \subseteq B$ ならば，$A \cap B = A$ が成り立つ．よってこのとき，$P(B) \geq P(A \cap B) = P(A)$.
(2) $A \subseteq \Omega$ なので，公理の 2 番目と (1) より，$P(A) \leq P(\Omega) = 1$.
(3) $A \cup \bar{A} = \Omega$，$A \cap \bar{A} = \emptyset$ だから，公理の 2 番目と 3 番目から，$P(A) + P(\bar{A}) = P(\Omega) = 1$．よって，$P(\bar{A}) = 1 - P(A)$.
(4) $\Omega \cup \emptyset = \Omega$，$\Omega \cap \emptyset = \emptyset$ だから，(3) より，$P(\emptyset) = P(\bar{\Omega}) = 1 - P(\Omega) = 1 - 1 = 0$.

□

定理 A.2　標本空間 Ω の任意の 2 つの事象 A, B について，

$$P(A \cup B) = P(A) + P(B) - P(A \cap B) \tag{A.2}$$

が成り立つ．

（証明） $(A \cap B) \cup (A \cap \bar{B}) = A$，$(A \cap B) \cap (A \cap \bar{B}) = \emptyset$ なので，

$$\begin{aligned} P(A) &= P(A \cap B) + P(A \cap \bar{B}) \\ \therefore P(A \cap \bar{B}) &= P(A) - P(A \cap B) \end{aligned}$$

が成り立つ．また，$(A \cap \bar{B}) \cup B = A \cup B$，$(A \cap \bar{B}) \cap B = \emptyset$ なので，

$$\begin{aligned} P(A \cup B) &= P((A \cap \bar{B}) \cup B) \\ &= P(A \cap \bar{B}) + P(B) \\ &= P(A) + P(B) - P(A \cap B) \end{aligned}$$

となる．

□

ある事象 A が起こったという条件のもとで，別の事象 B が起こる確率を $P(B|A)$ と書き，**A が起こったもとでの B の条件付き確率**という[3]．条件付き確率 $P(B|A)$ は次のように，確率 $P(A)$ に対する確率 $P(A \cap B)$ の割合として定義される．

定義 A.2　$P(A) > 0$ のとき，

$$P(B|A) = \frac{P(A \cap B)}{P(A)} \tag{A.3}$$

を，事象 A が起こったもとでの事象 B の条件付き確率という．

条件付き確率も確率の公理を満たすことに注意しよう．また,「事象 A が起こり，かつ事象 B が起こる確率[4]」との違いにも注意しよう．

例題 A.1　サイコロの出目が何であるかはわからないが，その出目が偶数であることはわかっている場合，その出目が 2 である確率を求めよ．

(解答)　出目が偶数であるという事象を A，出目が 2 であるという事象を B とすると，求めたいものは $P(B|A)$ である．$P(A), P(B)$ はそれぞれ

$$\begin{aligned} P(A) &= \frac{\#(\{2,4,6\})}{\#(\{1,2,3,4,5,6\})} = \frac{1}{2}, \\ P(A \cap B) &= \frac{\#(\{2,4,6\} \cap \{2\})}{\#(\{1,2,3,4,5,6\})} = \frac{\#(\{2\})}{\#(\{1,2,3,4,5,6\})} = \frac{1}{6} \end{aligned}$$

となるので，$P(B|A)$ は

$$P(B|A) = \frac{P(A \cap B)}{P(A)} = \frac{1/6}{1/2} = \frac{1}{3}$$

である．□

【練習問題 A.1】　サイコロの出目が何であるかはわからないが，その出目が 2 以上であることはわかっている場合，その出目が 6 である確率を求めよ．

式 (A.3) の右辺の分母を払うことで，次の定理（**確率の乗法定理**）が得られる．

定理 A.3　2 つの事象 A, B について，次が成り立つ．

$$P(A \cap B) = P(A)P(B|A). \tag{A.4}$$

---

[3] 同じ条件付き確率を $P_A(B)$ と書くこともある．

[4] 事象 A と B の両方が起こる確率のことだが，時間的に同時に起こるという意味ではない．

【問 A.1】 明日の天気（簡単のために晴もしくは雨の 2 値とする）について，天気予報の当たる確率が 80% であるとする（つまり，晴（雨）と予報したとき実際に晴（雨）となる確率が 0.8）．いまの時期，天気予報が雨と予報する確率が 10% とすると，明日の天気について天気予報が雨と予報し，かつ実際に雨が降る確率はいくらか．また，天気予報が晴と予報し，かつ実際には雨が降る確率はいくらか．

また，証明は省くが，定理 A.3 を応用すると次の**ベイズの定理**が得られる．

定理 A.4　全事象 Ω を，互いに排反な n 個の事象 $A_1, A_2, \ldots, A_n$ に分割する．すなわち，

$$A_i \cap A_j = \emptyset \quad (i \neq j;\ i, j = 1, 2, \ldots, n)$$

$$A_1 \cup A_2 \cup \cdots \cup A_n = \Omega$$

とする．このとき，任意の事象 B に対して，

$$P(A_k|B) = \frac{P(A_k)P(B|A_k)}{\sum_{i=1}^{n} P(A_i)P(B|A_i)} \tag{A.5}$$

が成り立つ．

2 つの事象 A と B の間に何も関係が無い場合，事象 A が起こるかどうかに関わらず事象 B が起こる確率は変化しないと考えられる．すなわち，

$$P(B|A) = P(B)$$

である．このとき，確率の乗法定理より

$$P(A \cap B) = P(A)P(B) \tag{A.6}$$

が成り立つ．このことから，事象 A, B の関係について，次のように定義する．

定義 A.3　2 つの事象 A, B について，

$$P(A \cap B) = P(A)P(B) \tag{A.7}$$

が成り立つならば，またそのときに限り，事象 A と事象 B は**独立**であるという．式 (A.7) が成り立たない場合，A, B は**従属**であるという．

詳細な説明は省略するが，一般に 3 つ以上の事象の間の独立性については次のように定義できる．

定義 A.4　事象 $A_1, A_2, \ldots, A_n$ について，添字の集合 $\{1, 2, ..., n\}$ の空でない任意の部分集合を I とする．このとき，

$$P\left(\bigcap_{i \in I} A_i\right) = \prod_{i \in I} P(A_i) \tag{A.8}$$

が成り立つならば，またそのときに限り，事象 $A_1, A_2, \ldots, A_n$ は**それぞれ独立**であるという．

サイコロの出目のように，確率的に値が決まる（試行によって値が定まる）ものを**確率変数**という．サイコロを 1 つだけ振って出た目を表す確率変数を X とすると，X は試行によってある値 $i \in \{1, 2, 3, 4, 5, 6\}$ に定まる．このように，確率変数 X の取りうる値が $x_1, x_2, \ldots, x_n$（有限集合）で，$X = x_i$ となる事象に対して確率 $P(X = x_i)$ が対応しているとき，X を**離散的確率変数**という．連続的な確率変数を考えることもできるが，本書の範囲では離散的な場合のみを取り扱っているので，本書では離散的確率変数を単に確率変数とよぶことにする．$P(X = x_i) = p_i$（$i = 1, 2, \ldots, n$）のとき，x_i と p_i の対応を X の確率分布という．確率分布は $\sum_{i=1}^{n} p_i = 1$ を満たす．2 つの確率変数 X, Y について，$X = x$ であり同時に $Y = y$ となる確率分布 $P(X = x, Y = y)$ を，X と Y の**同時確率分布**もしくは**結合確率分布**とよぶ．

先では 2 つの事象の独立性について定義した．ここでは同様に，2 つの確率変数の間の独立性を次のように定義する．

定義 A.5　2 つの確率変数 X, Y について，任意の x_i, y_j に対して事象 $\{X = x_i\}$ と事象 $\{Y = y_j\}$ が独立なとき，すなわち

$$P(X = x_i, Y = y_j) = P(X = x_i)P(Y = y_j) \quad (i, j = 1, 2, \ldots, n) \tag{A.9}$$

が成り立つとき，X と Y は**独立**であるという．

3 つ以上の確率変数の間の独立性も，式 (A.9) を式 (A.8) と同じように拡張すれば定義できるが，ここでは割愛する．

確率変数 X の 1 回の観測で得られる値の平均（期待値）は次のように定義される．

定義 A.6　確率変数 X の**平均**あるいは**期待値** $E(X)$ を

$$E(X) = \sum_{i=1}^{n} x_i p_i$$

と定義する.

期待値について，次の定理が成り立つ.

定理 A.5　任意の実数 a, b と確率変数 X, Y について，

$$E(aX + bY) = aE(X) + bE(Y)$$

が成り立つ.

(証明)　定義より，

$$\begin{aligned} E(aX + bY) &= \sum_{i=1}^{n} (ax_i + by_i) p_i \\ &= a \sum_{i=1}^{n} x_i p_i + b \sum_{i=1}^{n} y_i p_i \\ &= aE(X) + bE(Y) \end{aligned}$$

が成り立つ.　□

一般に，$g(x)$ を x の連続関数とするとき，

$$E(g(X)) = \sum_{i=1}^{n} g(x_i) p_i \tag{A.10}$$

を確率変数 $g(X)$ の期待値という.

付録B　対数とその性質

本節では，対数に不慣れな人のために対数の基本事項について説明する．自己完結性のためにすべての定理に証明をつけたが，定理を使って対数の計算ができるようにしておけば十分であり，証明は読み飛ばしても支障はない．

定義 B.1　$a(\neq 1)$ を正の実数とする*)．任意の $x > 0$ に対し，

$$x = a^p$$

を満たす p を，a を底とする x の対数とよび，$\log_a x$ と書く．

*) $a = 1$ の場合，定数 $x > 0$ に対する p に関する方程式 $x = 1^p$ の実数解は，$x = 1$ のときは無数にあり，$x \neq 1$ のときは存在しないため，$\log_1 x$ は定義できない．

定義 B.2　式　$e = \lim_{t \to 0}(1+t)^{\frac{1}{t}} = 2.71828182845904\cdots$
で定義される定数 e を**ネイピア数**（または**オイラー数**）という．

底として $a = 2, e, 10$ を用いた対数を，それぞれ **2 進対数** (binary logarithm)，**自然対数** (natural logarithm)，**常用対数** (common logarithm) とよび，よく使われる．この本では自然対数を，$\log_e$ の代わりに ln を使って表記する．情報理論の分野では，2 進対数を用いることが多い．

定理 B.1　$a(\neq 1)$ を正の実数とする．任意の正の実数 x, y，任意の実数 b に対し，以下の式が成り立つ．

(1) $a^{\log_a x} = x$.　　(2) $\log_a a = 1$.

(3) $\log_a 1 = 0$.　　(4) $\log_a xy = \log_a x + \log_a y$.

(5) $\log_a x^b = b \log_a x$.

(6) $a > 1$ かつ $x < y$ のとき，$\log_a x < \log_a y$.

(7) $a > 1$ のとき，$\lim_{x \to +\infty} \log_a x = +\infty$.

（証明） (1) 対数の定義より明らかである．

(2) $a^1 = a$ であるから，対数の定義より $\log_a a = 1$.

(3) $a^0 = 1$ であるから，対数の定義より $\log_a 1 = 0$.

(4) $p = \log_a x$, $q = \log_a y$ とすれば，対数の定義より，

$$x = a^p, y = a^q$$

が成り立つ．よって，

$$xy = a^p a^q = a^{p+q}.$$

したがって，対数の定義より，

$$\log_a xy = p + q = \log_a x + \log_a y.$$

(5) $b = 0$ の場合は明らかである．$b \neq 0$ とする．$p = \log_a x^b$ とすると，

$$a^p = x^b.$$

両辺を $1/b$ 乗すると，

$$a^{\frac{p}{b}} = x.$$

よって，対数の定義より，

$$\log_a x = \frac{p}{b}.$$

したがって，$p = b \log_a x$.

(6) $p = \log_a x$，$q = \log_a y$ とすれば，

$$x = a^p, y = a^q$$

である．条件より $x < y$ であるから，

$$a^p < a^q$$

が成り立つ．$a > 1$ のとき，$f(t) = a^t$ は狭義の増加関数であるから，

$$p < q$$

でなければならない．よって $\log_a x < \log_a y$ が示された．

(7) 任意の $K > 0$ に対し，$x > a^K$ とすれば，(6) および (5) と (2) より

$$\log_a x > \log_a a^K = K$$

が成り立つ．これは $\displaystyle\lim_{x \to +\infty} \log_a x = +\infty$ であることを意味する．□

【問 B.1】 a を 1 でない正の実数，x, y を任意の正の実数とする．定理 B.1 を用いて，以下の式を証明せよ．

(1) $\log_a \frac{1}{x} = -\log_a x$.

(2) $\log_a \frac{x}{y} = \log_a x - \log_a y$

(3) $a > 1$ のとき，$\displaystyle\lim_{x \to +0} \log_a x = -\infty$

ノート B.1　a を 2 以上の自然数とする．このとき自然数 n を a 進数で表現した場合の桁数 m は，$\lfloor \log_a n \rfloor + 1$ となる．ただし，$\lfloor x \rfloor$ は x を超えない最大の整数，つまり x の小数点以下を切り捨てた値を表すものとする．これは，$\log_a n + 1$ が n を a 進数で表した場合の桁数を，ほぼ表していることを意味する．$m = \lfloor \log_a n \rfloor + 1$ は，以下のように導ける．まず，n の桁数が m であるということは，式で

$$a^{m-1} \leq n < a^m$$

と書ける．各辺の対数をとると，

$$m - 1 \leq \log_a n < m$$

となる．よって，これを書き換えると，

$$\log_a n < m \leq \log_a n + 1$$

となる．したがって，$m = \lfloor \log_a n + 1 \rfloor = \lfloor \log_a n \rfloor + 1$ である．

定理 B.2　［底の変換公式］ 正の実数 $a, b(\neq 1)$ および任意の正の実数 x に対し，以下の式が成り立つ．

$$\log_a x = \frac{\log_b x}{\log_b a}$$

（証明） 定理 B.1 より，

$$(\log_a x)(\log_b a) = \log_b a^{\log_a x} = \log_b x$$

が成り立つ．ただし，最初の等号は (5) を，2 番目の等号は (1) を使った．よって，$a \neq 1$ より，$\log_b a \neq 0$ であるから，

$$\log_a x = \frac{\log_b x}{\log_b a}$$

が成り立つ．□

【問 B.2】 定理 B.1 および定理 B.2 を用いて，以下の式を証明せよ．

(1) $\log_a b = \frac{1}{\log_b a}$.

(2) $\log_{\frac{1}{a}} x = -\log_a x$.

(3) $0 < a < 1$ かつ $x < y$ のとき，$\log_a x > \log_a y$.

ノート B.2　底の変換公式より $\log_a x$ の底を b に換えても定数 $\log_b a$ 倍しか値が変わらない．アルゴリズムの計算量などで行われる漸近的オーダー評価では，定数倍は無視されるため，底を換えてもオーダーに影響しない．そのように定数倍を無視できる場合には，底を省略することができる．

例題 B.1　$\log_2 3 \approx 1.585$，$\log_2 10 \approx 3.322$ として，$\log_2 0.45$ の値を小数点以下 3 桁まで求めよ．

（解答）

$$
\begin{aligned}
\log_2 0.45 &= \log_2 \frac{9}{20} \\
&= \log_2 3^2 - \log_2(2\cdot 10) \qquad (\because \text{問 B.1(2) より}) \\
&= 2\log_2 3 - (\log_2 2 + \log_2 10) \qquad (\because \text{定理 B.1(4)(5) より}) \\
&\approx 2\times 1.585 - (1 + 3.322) \\
&= -1.152.
\end{aligned}
$$

□

【練習問題 B.1】　$\log_2 3 \approx 1.585$，$\log_2 10 \approx 3.322$ として，以下の値を小数点以下 3 桁まで求めよ．

(1) $\log_2 5$　(2) $\log_2 0.9$　(3) $\log_{0.5} 10$

定理 B.3 ［自然対数の導関数］ 任意の正の実数 x に対し，

$$\frac{d}{dx}\ln x = \frac{1}{x}.$$

（証明）

$$
\begin{aligned}
\frac{d}{dx}\ln x &= \lim_{h\to 0}\frac{\ln(x+h)-\ln x}{h} \\
&= \lim_{h\to 0}\frac{1}{h}\ln\frac{x+h}{x} \\
&= \frac{1}{x}\lim_{h\to 0}\frac{x}{h}\ln\left(1+\frac{h}{x}\right) \\
&= \frac{1}{x}\lim_{h\to 0}\ln\left(1+\frac{h}{x}\right)^{\frac{x}{h}}.
\end{aligned}
$$

$t = h/x$ とおくと，$h \to 0$ のとき $t \to 0$ であるから，

$$
\begin{aligned}
\frac{d}{dx}\ln x &= \frac{1}{x}\lim_{t\to 0}\ln(1+t)^{\frac{1}{t}} \\
&= \frac{1}{x}\ln e \quad (\because \text{定義 B.2 より})
\end{aligned}
$$

$$= \frac{1}{x}$$

が成り立つ. □

【問 B.3】 a を 1 でない正の実数, x を任意の正の実数とする. 定理 B.3 を用いて, 以下の式を証明せよ.

(1) $\dfrac{d}{dx}\log_a x = \dfrac{1}{(\ln a)x}$.

(2) $\dfrac{d}{dx}\{-x\log_a x - (1-x)\log_a(1-x)\} = \log_a \dfrac{1-x}{x}$.

$f(x) = \ln x$ の関数の形について考えてみる.

簡単のため $\frac{d}{dx}f(x)$ を $f'(x)$, $\frac{d^2}{(dx)^2}f(x)$ を $f''(x)$ と表記する. $f'(x) = \frac{1}{x}$ より単調増加であることがわかる. また, $f''(x) = -\frac{1}{x^2}$ より傾きは単調減少, つまり上に凸の関数であることがわかる. $\displaystyle\lim_{x\to+0}\ln x = -\infty$, $\displaystyle\lim_{x\to+\infty}\ln x = \infty$ であるから, グラフは**図 B.1** のようになる.

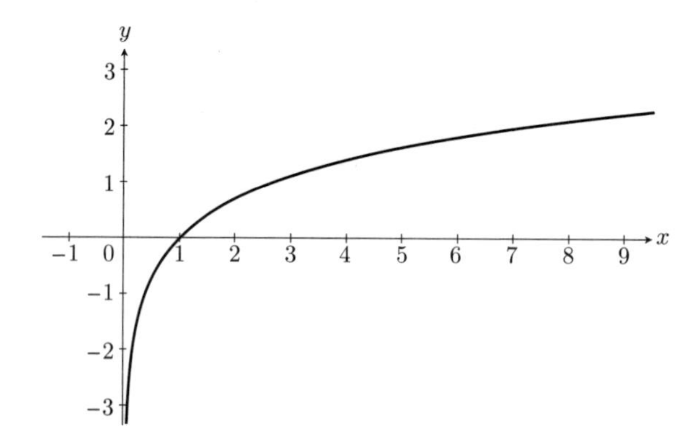

図 B.1　対数関数 $y = \ln x$ のグラフ

底が e でない場合, $\log_a x = \frac{\ln x}{\ln a}$ であるから $a > 1$ の場合は, $f(x) = \ln x$ のグラフを y 軸方向に $1/\ln a$ 倍したグラフとなる. $0 < a < 1$ の場合は, $\log_a x = -\frac{\ln x}{\ln a^{-1}}$ であるから, $f(x) = \ln x$ のグラフを x 軸に関して対称移動させ, y 軸方向に $1/\ln a^{-1}$ 倍したグラフとなる.

定理 B.4　対数関数に対し，以下が成り立つ．

(1) $a(\neq 1)$ を正の実数とするとき，$y = \log_a x$ のグラフは $y = a^x$ のグラフと直線 $y = x$ に関して対称である．

(2) 正の実数 x に関し，$\ln x \leq x - 1$ が成り立つ．等号は $x = 1$ のとき，またそのときに限って成立する．

（証明） (1) $f(x) = \log_a x$, $g(x) = a^x$ とおく．$y = f(x) = \log_a x$ 上の任意の点 $(x, \log_a x)$ の直線 $y = x$ に関する対称点は $(\log_a x, x)$ であるが，$g(\log_a x) = a^{\log_a x} = x$ であるから，点 $(\log_a x, x)$ は $y = g(x)$ 上にある．また，$y = g(x) = a^x$ 上の任意の点 (x, a^x) の直線 $y = x$ に関する対称点は (a^x, x) であるが，$f(a^x) = \log_a a^x = x$ であるから，点 (a^x, x) は $y = f(x)$ 上にある．よって $y = f(x)$ のグラフと $y = g(x)$ のグラフは直線 $y = x$ に関して対称である．
(2) $f(x) = x - 1 - \ln x$ とする．$x > 0$ において $f(x) \geq 0$ を示せばよい．

$$f'(x) = 1 - \frac{1}{x}$$

であるから，増減表を書くと，

x		1	
$f'(x)$	$-$	0	$+$
$f(x)$	↘	0	↗

となり，$f(x) \geq f(1) = 0$ であることが示される．　□

定理 B.4 の (2) は**図 B.2** のように図示するとわかりやすい．

ノート B.3　定理 B.4 の (2) には以下の (2'), (2") のような変形もある．

(2') $\ln(x + 1) \leq x$.

(2") $e^x \geq x + 1$.

この節の最後に，エントロピーに関する証明によく使われるシャノンの補助定理を示す．

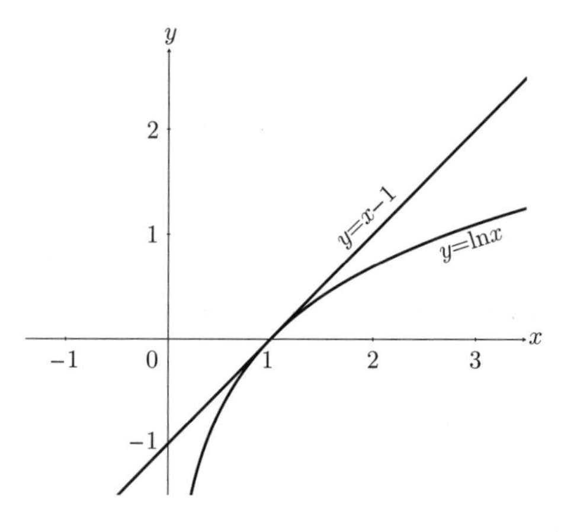

図 B.2　$\ln x \le x - 1$ の説明図

補助定理 B.1　$p_1, p_2, \cdots, p_M$ および $q_1, q_2, \cdots, q_M$ を，

$$p_1 + p_2 + \cdots + p_M = 1 \tag{B.1}$$

$$q_1 + q_2 + \cdots + q_M \le 1 \tag{B.2}$$

を満たす任意の非負の数とする（ただし，$p_i \neq 0$ の i に対し $q_i \neq 0$ とする）．このとき，

$$-\sum_{i=1}^{M} p_i \log_2 q_i \ge -\sum_{i=1}^{M} p_i \log_2 p_i \tag{B.3}$$

が成立する． 等号は $q_i = p_i$ $(i = 1, 2, \cdots, M)$ のとき，またそのときに限って成立する．

（証明）　式 (B.3) の右辺から左辺を引いた結果を D とおくと，

$$\begin{aligned} D &= -\sum_{i=1}^{M} p_i \log_2 p_i + \sum_{i=1}^{M} p_i \log_2 q_i \\ &= \sum_{i=1}^{M} p_i \log_2 \frac{q_i}{p_i} \\ &= \sum_{i=1}^{M} \frac{p_i}{\ln 2} \ln \frac{q_i}{p_i} \qquad (\because \text{定理 B.2 より}) \end{aligned} \tag{B.4}$$

となる．$D \leq 0$ を示す．定理 B.4 の (2) の不等式 $\ln x \leq x - 1$ を式 (B.4) に適用すると

$$\begin{aligned} D &\leq \sum_{i=1}^{M} \frac{p_i}{\ln 2}\left(\frac{q_i}{p_i} - 1\right) \\ &= \frac{1}{\ln 2}\left(\sum_{i=1}^{M} q_i - \sum_{i=1}^{M} p_i\right) \\ &= \frac{1}{\ln 2}\left(\sum_{i=1}^{M} q_i - 1\right) \qquad (\because \text{式 (B.1) より}) \\ &\leq 0 \qquad (\because \text{式 (B.2) より}) \end{aligned}$$

を得る．したがって，式 (B.3) が証明された．また，定理 B.4 の (2) より，等号は $q_i/p_i = 1$ $(i = 1, 2, \cdots, M)$ となるときに限って，すなわち，$q_i = p_i$ のときのみ成立する．□

ノート B.4　補助定理 B.1 では，いくつかの i に関し $p_i = 0$ となることを許す．しかしその場合，式 (B.3) の右辺に $-0\log_2 0$ という項が出てきてしまう．$g(x) = \log_2 x$ という関数は，$x > 0$ で定義され，$\log_2 0$ は定義されないはずなのに，$0\log_2 0$ とは一体どんな値なのであろうか．実は，関数 $f(x) = x\log_2 x$ は $x \geq 0$ で定義され，$f(0) = 0$ とするのが一般的なのである．これは $\lim_{x \to +0} f(x) = 0$ となるため，$f(0) = 0$ と定義すると $f(x)$ は $x \geq 0$ で連続関数となり，何かと都合が良いからである．実際，

$$\begin{aligned} \lim_{x \to +0} f(x) &= \lim_{x \to +0} \frac{x \ln x}{\ln 2} \\ &= \lim_{x \to +0} \frac{\ln x}{x^{-1} \ln 2} \\ &= \lim_{x \to +0} -\frac{x^{-1}}{x^{-2} \ln 2} \qquad (\because \text{ロピタルの定理}) \\ &= \lim_{x \to +0} -\frac{x}{\ln 2} = 0 \end{aligned}$$

となり，$\lim_{x \to +0} f(x) = 0$ であることが確かめられる．

付録C　対数表とエントロピー関数表

C.1　対数表

x	$\log_2 x$
0.1	−3.322
0.2	−2.322
0.3	−1.737
0.4	−1.322
0.5	−1.000
0.6	−0.737
0.7	−0.515
0.8	−0.322
0.9	−0.152
1.0	0.000

x	$\log_2 x$
1	0.000
2	1.000
3	1.585
4	2.000
5	2.322
6	2.585
7	2.807
8	3.000
9	3.170
10	3.322

x	$\log_2 x$
11	3.459
12	3.585
13	3.700
14	3.807
15	3.907
16	4.000
17	4.087
18	4.170
19	4.248
20	4.322

C.2　エントロピー関数表

$$\mathcal{H}(x) = -x \log_2 x - (1-x) \log_2 (1-x)$$

x	0.00	0.01	0.02	0.03	0.04	0.05	0.06	0.07	0.08	0.09
0.0	0.0000	0.0808	0.1414	0.1944	0.2423	0.2864	0.3274	0.3659	0.4022	0.4365
0.1	0.4690	0.4999	0.5294	0.5574	0.5842	0.6098	0.6343	0.6577	0.6801	0.7015
0.2	0.7219	0.7415	0.7602	0.7780	0.7950	0.8113	0.8267	0.8415	0.8555	0.8687
0.3	0.8813	0.8932	0.9044	0.9149	0.9248	0.9341	0.9427	0.9507	0.9580	0.9648
0.4	0.9710	0.9765	0.9815	0.9858	0.9896	0.9928	0.9954	0.9974	0.9988	0.9997

演習解答

第 1 章

【問 1.1】 Case 2, Case 1, Case 3.

Case 3 は I さんの知識に変化はまったくない．まったく知らない Case 1, 2 に関しては，知った後の確率分布の変化が大きいのは外の天気が雨の場合であるから Case 2, Case 1 の順になる．

【問 1.2】 C1 の平均符号長（符号長の期待値）は，2．C2 の平均符号長は，$2 \times 0.055 + 3 \times 0.012 + 4 \times 0.002 + 1 \times 0.931 = 1.085$．よって C2 の方が通信料は安く済むと期待できる．

【問 1.3】 誤って復号されるのは，3 ビットのうちビット反転が 2 ビット以上の場合であるから，

$$3 \times (10^{-3})^2(1 - 10^{-3}) + (10^{-3})^3 = 2.998 \times 10^{-6} \approx 3.00 \times 10^{-6}.$$

【問 1.4】 1 情報源記号あたりの平均の長さは $1.085 \times 3 = 3.255$ ビット（問 1.2 解答参照）．

復号誤り率は通信路符号化の誤り率 3.00×10^{-6} を x とおくと，

$$\begin{aligned}
&1 - \{0.055(1-x)^2 + 0.012(1-x)^3 + 0.002(1-x)^4 + 0.931(1-x)\} \\
&\approx 1 - \{0.055(1-2x) + 0.012(1-3x) + 0.002(1-4x) + 0.931(1-x)\} \\
&= (0.055 \times 2 + 0.012 \times 3 + 0.002 \times 4 + 0.931)x \\
&= 1.085 \times 3.00 \times 10^{-6} \approx 3.26 \times 10^{-6}.
\end{aligned}$$

【章末問題】

1.1 (1) ○．(2) ×：受け手の知識の変化の大きさが伝わった情報量である．(3) ×：コンパイル・デコンパイルではなく符号化・復号．(4) ○．(5) ×：限界のみでなく具体的な符号化に関する理論も含む．(6) ×：短くすることが目的なのは情報源符号化であり，復号誤り率を低くすることが目的なのが通信路符号化．(7) ×：分けて行うのが一般的．(8) ×：情報理論の父はシャノン．

1.2 データを受け取ることにより増えた知識が伝わった情報．一般社会では，たとえば以下のように用いられる．

データ：何かを文字や符号，数値などのまとまりとして表現したもの

情報：人間にとって意味のあるデータや，データを人間が解釈した結果

（以上 IT 用語辞典 e-Words より）

知識：人間のいとなみのうち，ものを知る活動一般の，とりわけ獲得された成果の側面をいう語（世界大百科事典 第 2 版より）

第 2 章

【問 2.1】 雪の確率は 0.931 であるから，雪だと知った場合に得られる情報量は，

$$I(0.931) = -\log_2 0.931 \approx 0.103 \text{ ビット},$$

雨の確率は 0.002 だから，雨だと知った場合に得られる情報量は，

$$I(0.002) = -\log_2 0.002 \approx 8.966 \text{ ビット}$$

である．

【問 2.2】 どのカードが選ばれるかがランダムである（一様に確からしい）場合，どの種類も 1/4 の確率で選ばれるので，カードの種類に関する情報量は

$$I(1/4) = -\log_2 1/4 \quad (=2) \text{ ビット}.$$

また，どの番号も 1/13 の確率で選ばれるので，カードの番号に関する情報量は

$$I(1/13) = -\log_2 1/13 \quad (\approx 3.700) \text{ ビット}.$$

一方，何のカードであるかは，どのカードも 1/52 の確率で選ばれるので，その情報量は $I(1/52) = -\log_2 1/52 = -\log_2 (1/4)(1/13) = -\log_2 1/4 - \log_2 1/13 \quad (\approx 5.700)$ ビットとなり，カードの種類の情報量と番号の情報量の和になっていることが確認できる．

【問 2.3】

$$\begin{aligned} &0.055 \times I(0.055) + 0.012 \times I(0.012) + 0.002 \times I(0.002) + 0.931 \times I(0.931) \\ &= -0.055 \times \log_2 0.055 - 0.012 \times \log_2 0.012 - 0.002 \times \log_2 0.002 \\ &\quad -0.931 \times \log_2 0.931 \approx 0.421 \text{ ビット}. \end{aligned}$$

【問 2.4】

$$\begin{aligned} H(X) + H(Y) &= \mathcal{H}(0.6) + \mathcal{H}(0.7) \\ &= -0.7 \log_2 0.7 - 0.3 \log_2 0.3 - 0.6 \log_2 0.6 - 0.4 \log_2 0.4 \\ &\approx 1.852 \text{ ビット}. \end{aligned}$$

式 (2.8) より $H(X,Y) = 1.76$ であるから，確かに $H(X,Y) \leq H(X) + H(Y)$ が成立している．

【問 2.5】 $H(X|Y) = 0$ のとき，つまり Y を知ることにより X に関する曖昧さが 0 になるときである．これは Y を知ることにより，X の実現値を知ることができる場合である．

【問 2.6】

$$\begin{aligned} H(Y|X) &= 0.6H\ (Y|\ \text{晴}) + 0.4H\ (Y|\ \text{雨}) \\ &= 0.6\mathcal{H}(5/6) + 0.4\mathcal{H}(1/2) \\ &= 0.6(-\frac{5}{6}\log_2\frac{5}{6} - \frac{1}{6}\log_2\frac{1}{6}) + 0.4 \times 1 \\ &= 0.6(-\frac{5}{6}\log_2\frac{5}{6} - \frac{1}{6}\log_2\frac{1}{6}) + 0.4 \times 1 \\ &\approx 0.7900 \text{ ビット}. \\ H(Y) &= \mathcal{H}(0.7) \\ &= -0.7\log_2 0.7 - 0.3\log_2 0.3 \\ &\approx 0.8813 \text{ ビット}. \end{aligned}$$

よって $H(Y|X) < H(Y)$ となっており，天気 X を知ることにより，アイスクリームの売上高 Y の曖昧さは小さくなる．また，$I(X;Y) = 0.0913$ であるから，

$$I(Y;X) = H(Y) - H(Y|X) \approx 0.8813 - 0.7900 = 0.0913 \text{ ビット}.$$

より，確かに $I(X;Y) = I(Y;X)$ となっている．

【練習問題 2.1】 X の確率分布は

X	0	1	2
確率	$\frac{1}{3^2}$	$\frac{2^2}{3^2}$	$\frac{2^2}{3^2}$

となるから，

$$H(X) = -\frac{1}{3^2}\log_2\frac{1}{3^2} - 2\frac{2^2}{3^2}\log_2\frac{2^2}{3^2}$$

$$
\begin{aligned}
&= \frac{2}{3^2}\log_2 3 - \frac{2^4}{3^2}(\log_2 2 - \log_2 3)\\
&= \frac{2}{3^2}\log_2 3 - \frac{2^4}{3^2}(1 - \log_2 3)\\
&= -\frac{2^4}{3^2} + (\frac{2}{3^2} + \frac{2^4}{3^2})\log_2 3\\
&\approx -\frac{16}{9} + \frac{18}{9} \times 1.585\\
&= \frac{2}{9}(-8 + 9 \times 1.585)\\
&= 1.392 \quad \text{(ビット)}.
\end{aligned}
$$

【練習問題 2.2】 $H(X,Y)$

$$
\begin{aligned}
&= -0.6\log_2 0.6 - 0.2\log_2 0.2 - 2 \times 0.1\log_2 0.1\\
&= -0.6(\log_2 2 + \log_2 3 - \log_2 10) - 0.2(\log_2 2 - \log_2 10) + 0.2\log_2 10\\
&= -0.6(1 + \log_2 3 - \log_2 10) - 0.2(1 - \log_2 10) + 0.2\log_2 10\\
&= -0.8 - 0.6\log_2 3 + \log_2 10\\
&\approx -0.8 - 0.6 \times 1.585 + 3.322 = 1.571 \quad \text{(ビット)}.
\end{aligned}
$$

【練習問題 2.3】 Y で条件を付けた，X の条件付き確率分布 $P(x|y)$ は，

$P(x\|y)$		Y 上	Y 下
X	上	6/7	2/3
	下	1/7	1/3

となる．よって，

$$
\begin{aligned}
H(X|\text{上}) &= -(6/7)\log_2(6/7) - (1/7)\log_2(1/7)\\
&= -\frac{6}{7}(\log_2 2 + \log_2 3 - \log_2 7) + \frac{1}{7}\log_2 7\\
&= -\frac{6}{7}(1 + \log_2 3) + \log_2 7.\\
H(X|\text{下}) &= -(2/3)\log_2(2/3) - (1/3)\log_2(1/3)\\
&= -\frac{2}{3}(\log_2 2 - \log_2 3) + \frac{1}{3}\log_2 3\\
&= -\frac{2}{3} + \log_2 3.\\
H(X|Y) &= 0.7H(X|\text{上}) + 0.3H(X|\text{下})\\
&= 0.7(-\frac{6}{7}(1 + \log_2 3) + \log_2 7) + 0.3(-\frac{2}{3} + \log_2 3)\\
&= -0.8 - 0.3\log_2 3 + 0.7\log_2 7\\
&\approx -0.8 - 0.3 \times 1.585 + 0.7 \times 2.807 = 0.689 \quad \text{(ビット)}.
\end{aligned}
$$

【練習問題 2.4】

$$
\begin{aligned}
H(X) &= -0.8\log_2 0.8 - 0.2\log_2 0.2 \\
&= -0.8(3\log_2 2 - \log_2 10) - 0.2(\log_2 2 - \log_2 10) \\
&= -0.8(3 - \log_2 10) - 0.2(1 - \log_2 10) \\
&= -2.6 + \log_2 10 \\
&\approx -2.6 + 3.322 = 0.722.
\end{aligned}
$$

練習問題 2.3 より $H(X|Y) \approx 0.689$ であるから，

$$
\begin{aligned}
I(X;Y) &= H(X) - H(X|Y) \\
&\approx 0.722 - 0.689 = 0.033. \quad \text{（ビット）}.
\end{aligned}
$$

【練習問題 2.5】

$$
\begin{aligned}
I(X;Y) &= 0.6\log_2 \frac{0.6}{0.8 \times 0.7} + 0.2\log_2 \frac{0.2}{0.8 \times 0.3} \\
&\quad +0.1\log_2 \frac{0.1}{0.2 \times 0.7} + 0.1\log_2 \frac{0.1}{0.2 \times 0.3} \\
&= \log_2 5 + 0.3\log_2 3 - 0.7\log_2 7 - 0.8 \\
&\approx 2.322 + 0.4755 - 1.9649 - 0.8 \\
&= 0.0326 \approx 0.033 \quad \text{（ビット）}.
\end{aligned}
$$

【章末問題】

2.1 (1) ×：事象 A の生起確率を p とするとき，それが起きたときに得られる（自己）情報量は $-\log_2 p$ ビットであるので，p が大きいほど 0 に近づき小さくなる．(2) ○．(3) ×：$H(X)$ が小さいということは，X についての曖昧さは小さく，X の値はほぼ確定しているということを意味する．(4) ×：$H(X)$ が最大となるのは，X のすべての値が等価確率で起こる場合である．(5) ×：$\mathcal{H}(x) = -x\log_2 x - (1-x)\log_2(1-x)$ で定義される．(6) ×：X のとり得る値が 2 つの場合のみ成り立つ．(7) ×：$H(X,Y) = H(X) + H(Y)$ となるのは，X と Y が独立な場合のみ．(8) ○．(9) ×：X と Y が独立な場合は $H(X) = H(X|Y)$ となる．(10) ○．(11) ○：($I(X;Y) = I(Y;X)$ が成り立つから)．

2.2 (1)

$$
\begin{aligned}
H(X) &= \mathcal{H}(0.7) \\
&= -0.3\log_2 0.3 - 0.7\log_2 0.7 \\
&= -0.3(\log_2 3 - \log_2 10) - 0.7(\log_2 7 - \log_2 10) \\
&\approx -0.3 \times 1.585 - 0.7 \times 2.807 + \log_2 5 + 1 \\
&\approx 0.8816 \approx 0.88 \quad \text{（ビット）}.
\end{aligned}
$$

(2) $H(X|Y)$

$$
\begin{aligned}
&= 0.6\mathcal{H}(3/4) + 0.4\mathcal{H}(3/8) \\
&= 0.6\left(-\frac{3}{4}\log_2\frac{3}{4} - \frac{1}{4}\log_2\frac{1}{4}\right) + 0.4\left(-\frac{3}{8}\log_2\frac{3}{8} - \frac{5}{8}\log_2\frac{5}{8}\right) \\
&= 0.6\left(-\frac{3}{4}\log_2 3 + 2\right) + 0.4\left(-\frac{3}{8}\log_2 3 - \frac{5}{8}\log_2 5 + 3\right) \\
&\approx -0.6 \times 3 \times 1.585/4 - 0.4 \times (3 \times 1.585 + 5 \times 2.322)/8 + 0.6 \times 2 \\
&\quad +0.4 \times 3 = 0.8685 \approx 0.87 \quad \text{（ビット）}.
\end{aligned}
$$

(3) $I(X;Y) = H(X) - H(X|Y) \approx 0.8816 - 0.8685 = 0.0131 \approx 0.01.$

(4a) 役に立たない．つねに表が出ると予想すると期待賞金総額は 700 円であるが A 君の予想に従うと 600 円になってしまう．これは A 君が裏と予想した場合でも表の確率が高いからであり，A 君の予想に関係なくつねに表と予想したほうが期待賞金総額が高くなる．A 君の予想を使って確率的に表裏を選んだとしても，どちらの予想の場合も確率 1 で表を選ぶのが最適であることは容易に確認できる．

(4b) 役に立つ．A 君が表と予想した場合のみパスしないで表と予想することにより，期待賞金総額を 750 円にすることができ，つねに表と予想した場合の期待賞金総額 700 円を上回る．

2.3 (1)
$$H(X) = -\sum_{x=1}^{9} P\{X=x\}\log_2 P\{X=x\} = -9\cdot\frac{1}{9}\log_2\frac{1}{9} = 2\log_2 3 \approx 3.17.$$

よって 3.17 ビット．

(2) $H(X|Y)$
$$= \sum_{y=-1}^{1} P\{Y=y\}\left(-\sum_{x=1}^{9} P\{X=x|Y=y\}\log_2 P\{X=x|Y=y\}\right)$$
$$= 3\cdot\left\{\frac{1}{3}\cdot\left(-3\cdot\frac{1}{3}\log_2\frac{1}{3}\right)\right\} = \log_2 3 \approx 1.585$$

よって 1.585 ビット．

(3) $I(X;Y) = H(X) - H(X|Y) \approx 3.17 - 1.585 = 1.585.$

よって 1.585 ビット．

(4) 確率変数 Z を，左が重い場合に -1，右が重い場合に 1，釣り合った場合に 0 の値をとるものと定義すると，
$$H(X|Z) = 2\cdot\frac{4}{9}\left(-4\cdot\frac{1}{4}\log_2\frac{1}{4}\right) + \frac{1}{9}\cdot 0 = \frac{16}{9} \approx 1.778$$
であるから，
$$I(X;Z) = H(X) - H(X|Z) \approx 3.17 - 1.778 = 1.392$$
となる．よって，3 つずつ載せる場合のほうが多くの情報量が得られる．

(5) 1 回目で (2) の上皿天秤の計測を行うと，軽い可能性がある玉は 3 つに絞られる．そこで，その 3 つのうち 1 つを左の皿に，他の 1 つを右の皿に載せて計れば良い．

2.4 (1)

$P(X,Y)$		Y: B	Y: C	$P(X)$
X	A	1/6	1/6	1/3
	B	0	1/3	1/3
	C	1/3	0	1/3
$P(Y)$		1/2	1/2	

$P(X\|Y)$		Y: B	Y: C
X	A	1/6	1/6
	B	0	1/3
	C	1/3	0

(2)
$$H(X) = -3\cdot\frac{1}{3}\log_2\frac{1}{3} = \log_2 3 \approx 1.585$$

よって 1.585 ビット．

(3)
$$\begin{aligned} H(X|Y) &= P(Y=B)H(X|Y=B) + P(Y=C)H(X|Y=C) \\ &= \frac{1}{2}\left(-\frac{1}{3}\log_2\frac{1}{3} - \frac{2}{3}\log_2\frac{2}{3}\right)\cdot 2 \\ &= \log_2 3 - \frac{2}{3} \approx 0.918. \end{aligned}$$

よって 0.918 ビット.

(4) $$I(X;Y) = H(X) - H(X|Y) = \log_2 3 - \left(\log_2 3 - \frac{2}{3}\right) = \frac{2}{3} \approx 0.667$$

よって 0.667 ビット.

※「1 万円が入っている箱を回答者が当てる問題だとし，回答者が選んだ箱を A，残りの箱を B，C とする．司会者が B，C の箱のうち，1 万円の入っていない箱を開けた後，回答者は自分の選択を A から残りの開いていない箱に変えることができるとする．回答者は選択を変えた方が良いか.」この問題はモンティ・ホールの問題として知られる有名な問題である．司会者が空箱を開けたことにより，回答者には大きな情報が伝わるので，これを利用しない (選択を変えない) のは損である.

第 3 章

【問 3.1】 たとえば，時点 i が偶数の場合に確率 1/2 で 0 と 1 を出力し，奇数の場合には確率 1/3 と 2/3 でそれぞれ 0 と 1 を出力するような情報源．各時点は他の時点と独立な確率分布で記号が出力されるが，時点によって確率分布は変化するので定常的ではない.

【問 3.2】 (1) すべての時点で，確率分布は変化しないので定常情報源である.

(2) 出力の集合平均と時間平均が一致しないので，エルゴード情報源ではない.

【練習問題 3.1】
$$\begin{aligned} P_{X_1}(0) &= \sum_{x_0=0}^{1}\sum_{x_2=0}^{1} P(x_0, 0, x_2) \\ &= 0.008 + 0.032 + 0.032 + 0.128 \\ &= 0.2. \end{aligned}$$

【練習問題 3.2】
$$\begin{aligned} P_{X_2|X_0X_1}(1|0,1) &= P_{X_0X_1X_2}(0,1,1)/P_{X_0X_1}(0,1) \\ &= 0.128/(0.032+0.128) = 0.8. \end{aligned}$$

【練習問題 3.3】 $P(0) = 0.4$ なので，$P(1) = 1 - P(0) = 1 - 0.4 = 0.6$ である．よって，この情報源から系列 010 が出力される確率は，$P(0,1,0) = 0.4 \times 0.6 \times 0.4 = 0.096$ となる.

【練習問題 3.4】 状態 s_i から状態 s_j へ遷移する確率を $P(s_j|s_i)$ と書くとすると，

$$\begin{array}{lll} P(s_0|s_0) = 0.9 & P(s_0|s_1) = 0.5 & P(s_0|s_2) = 0.7 \\ P(s_1|s_0) = 0.01 & P(s_1|s_1) = 0.5 & P(s_1|s_2) = 0 \\ P(s_2|s_0) = 0.09 & P(s_2|s_1) = 0 & P(s_2|s_2) = 0.3 \end{array}$$

となるので，遷移確率行列は，

$$\Pi = \begin{pmatrix} 0.9 & 0.01 & 0.09 \\ 0.5 & 0.5 & 0 \\ 0.7 & 0 & 0.3 \end{pmatrix}$$

となる.

【練習問題 3.5】練習問題 3.4 の答えより，

$$\Pi^2 = \begin{pmatrix} 0.9 & 0.01 & 0.09 \\ 0.5 & 0.5 & 0 \\ 0.7 & 0 & 0.3 \end{pmatrix}\begin{pmatrix} 0.9 & 0.01 & 0.09 \\ 0.5 & 0.5 & 0 \\ 0.7 & 0 & 0.3 \end{pmatrix} = \begin{pmatrix} 0.878 & 0.014 & 0.108 \\ 0.7 & 0.255 & 0.045 \\ 0.84 & 0.007 & 0.153 \end{pmatrix}$$

となる．よって，s_0 より時点 2 で状態 s_1 にいる確率は $P_{0,1}^{(2)} = 0.014$ である．

【練習問題 3.6】このマルコフ情報源 S の定常状態を $\boldsymbol{w} = (w_0,\ w_1,\ w_2)$ とする．このとき，$\boldsymbol{w}\Pi = \boldsymbol{w}$ および $w_0 + w_1 + w_2 = 1$ から，

$$\begin{aligned} 0.4w_0 & & +0.6w_2 &= w_0 \\ 0.2w_0 & +0.8w_1 & &= w_1 \\ 0.4w_0 & +0.2w_1 & +0.4w_2 &= w_2 \\ w_0 & +w_1 & +w_2 &= 1. \end{aligned}$$

この連立方程式を解くと，$\boldsymbol{w} = (1/3, 1/3, 1/3)$ となる．また，このとき，0, 1 の生起確率は，それぞれ 1/3, 2/3 となる．

【練習問題 3.7】各状態におけるエントロピーを $H_{s_i}(S)$ とすると，

$$\begin{aligned} H_{s_0}(S) &= \mathcal{H}(0.4) \approx 0.971, \\ H_{s_1}(S) &= \mathcal{H}(0) = 0. \end{aligned}$$

したがって，$H(S) \approx \frac{0.971+0+0.971}{3} \approx 0.647$ である（同じ生起確率で記憶のない場合だと $H(S) = \mathcal{H}\left(\frac{1}{3}\right) \approx 0.915$ なので，記憶のある分だけエントロピーが下がっている）．

【章末問題】

3.1 (1) ×：情報源から出力される記号 a_i は情報源記号．情報源記号の集合を情報源アルファベットとよぶ．(2) ×：出力される情報源記号が 3 種類あるので，これは離散 3 元情報源である．(3) ×：出力される情報源記号が 2 種類のときに離散 2 元情報源とよぶので，定義と異なる．(4) ○．(5) ○．(6) ×：1 次のマルコフ情報源は，1 つ前の出力に依存して確率分布が変化するので記憶のある情報源である．(7) ○．(8) ○．

3.2 （ア） (1)は，毎回のくじの当たり外れの確率が独立 ($P_X(1) = 2/10$) なので，記憶のない情報源である．(2)は，毎回のくじの当たり外れが，つぎの当たり外れの確率に影響するので，記憶のある情報源である．

（イ） つぎの図のとおり．

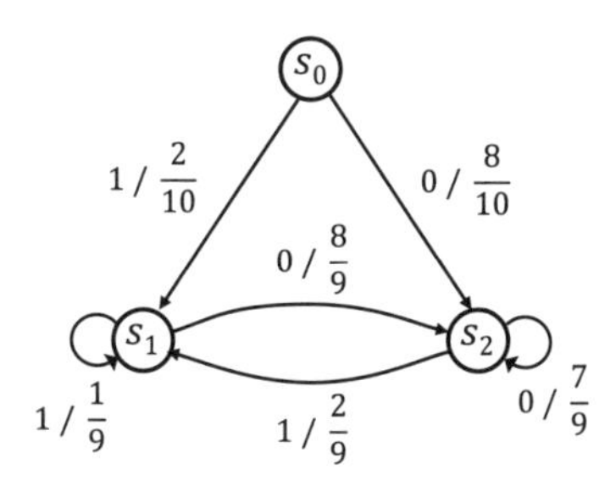

（ウ） 過渡状態は s_0．それ以外の部分は s_1 と s_2 からなる閉じた状態集合であるが，任意の時点において s_1，s_2 にある確率は 0 とはならないので非周期的である．

3.3 （ア） 壺 A に入っている碁石の数は変化しないので，つねに 3 個である．そのうちで黒の碁石の数は，$0, 1, 2, 3$ 個に変化しうる．よって，出力される記号の種類数は 4 個なので，離散 4 元情報源と考えられる．また，壺 A の中の黒石の数を出力記号としているので，少なくとも 4 つの状態が必要である．逆に，5 つ以上の状態があった場合，そのうちの少なくとも 2 つは黒石の数が同じ状態であり，題意より黒石の数が同じ状態どうしは，入ってくる状態遷移も出ていく状態遷移も同じである．したがって，状態数を 4 個だけもつマルコフ情報源としてモデル化できる．

（イ） 壺 A に入っている黒石の数に対応した状態をそれぞれ s_0, s_1, s_2, s_3 とする．このとき，状態 s_i から状態 s_j へ遷移する確率を $P(s_j|s_i)$ と書くとすると，

$$\begin{array}{llll}
P(s_0|s_0)=\frac{1}{6} & P(s_0|s_1)=\frac{1}{9} & P(s_0|s_2)=0 & P(s_0|s_3)=0 \\
P(s_1|s_0)=\frac{5}{6} & P(s_1|s_1)=\frac{4}{9} & P(s_1|s_2)=\frac{1}{3} & P(s_1|s_3)=0 \\
P(s_2|s_0)=0 & P(s_2|s_1)=\frac{4}{9} & P(s_2|s_2)=\frac{1}{2} & P(s_2|s_3)=\frac{2}{3} \\
P(s_3|s_0)=0 & P(s_3|s_1)=0 & P(s_3|s_2)=\frac{1}{6} & P(s_3|s_3)=\frac{1}{3}
\end{array}$$

となるので，遷移確率行列は，

$$\Pi = \begin{pmatrix} 1/6 & 5/6 & 0 & 0 \\ 1/9 & 4/9 & 4/9 & 0 \\ 0 & 1/3 & 1/2 & 1/6 \\ 0 & 0 & 2/3 & 1/3 \end{pmatrix}$$

となる．

（ウ） このマルコフ情報源 S の定常状態を $\boldsymbol{w} = (w_0,\ w_1,\ w_2,\ w_3)$ とする．このとき，$\boldsymbol{w}\Pi = \boldsymbol{w}$ および $w_0 + w_1 + w_2 + w_3 = 1$ から，$\boldsymbol{w} = (2/42,\ 15/42,\ 20/42,\ 5/42)$ となる．各状態におけるエントロピーを $H_{s_i}(S)$ とすると，

$$\begin{aligned}
H_{s_0}(S) &= \mathcal{H}(1/6) \approx 0.6500, \\
H_{s_1}(S) &= -1/9 \log_2 1/9 - 4/9 \log_2 4/9 - 4/9 \log_2 4/9 \approx 1.3921, \\
H_{s_2}(S) &= -1/3 \log_2 1/3 - 1/2 \log_2 1/2 - 1/6 \log_2 1/6 \approx 1.4591, \\
H_{s_3}(S) &= \mathcal{H}(1/3) \approx 0.9183
\end{aligned}$$

となる．したがって，情報源 S のエントロピー $H(S)$ は，

$$\begin{aligned}
H(S) &\approx \frac{2}{42} \times 0.6500 + \frac{15}{42} \times 1.3921 + \frac{20}{42} \times 1.4591 + \frac{5}{42} \times 0.9183 \\
&\approx 1.332
\end{aligned}$$

となる．

第 4 章

【練習問題 4.1】 たとえば，A: 1, B: 01, C: 001, D: 0001, E: 0000 は瞬時符号である．情報源の確率分布が与えられていないため，この符号の平均符号長を決めることはできない．

【練習問題 4.2】 この符号語長の集合に対し，クラフトの不等式の左辺を計算すると，

$$2^{-2} + 2^{-2} + 2^{-2} + 2^{-3} + 2^{-3} = 1$$

となるので，クラフトの不等式を満たす．したがって，そのような符号語長を持つ 2 元瞬時符号が存在する．

【練習問題 4.3】 情報源 S は記憶のない定常情報源なので，平均符号長の下限は情報源の 1 次エントロピー $H_1(S)$ に等しい．よって，これを求めると，

$$\begin{aligned} H_1(S) &= -\sum_x p(x)\log_2 p(x) \\ &= -0.1\log_2 0.1 - 0.25\log_2 0.25 - 0.6\log_2 0.6 - 0.05\log_2 0.05 \\ &\approx 1.49 \end{aligned}$$

となる．

また，定理 4.2 の証明の通りに符号化した場合の各符号語の長さを $\ell_A, \ell_B, \ell_C, \ell_D$ とすると，

$$-\log_2 0.1 \leq \ell_A \leq -\log_2 0.1 + 1$$

より，$\ell_A = 4$ である．同様に計算すると，

$$\ell_B = 2,\ \ell_C = 1,\ \ell_D = 5$$

となり，平均符号長 L は，

$$\begin{aligned} L &= 4\times 0.1 + 2\times 0.25 + 1\times 0.6 + 5\times 0.05 \\ &= 1.75 \end{aligned}$$

となる．

【章末問題】

4.1 (1) ×：符号ではなく，符号語．(2) ○．(3) ×：同じ長さの符号語長も存在しうる．(4) ○．(5) ×：葉ではないものが内部節点である．(6) ×：クラフトの不等式を満たしても，すなわちそれが瞬時符号であるとはいえない．(7) ○．(8) ×：1 次マルコフ情報源は記憶があるので，1 次エントロピー $H_1(S)$ より一般のエントロピー $H(S)$ は小さくなりうる．

4.2 情報源系列 $ABBDACA$ を符号化すると，

$$0101011101100$$

となる．また，この符号の平均符号長 L は，

$$L = \frac{1}{2}\times 1 + \frac{5}{16}\times 2 + \frac{1}{8}\times 3 + \frac{1}{16}\times 3 = \frac{27}{16} = 1.6875$$

である．

4.3 復号すると，$BCDAC$ となる．

4.4 C5 の場合，復号すると $CBDA$ となる．ヒントは系列の後ろから前に復号することである．C6 の場合，復号すると $ACDB$ となる．

4.5 C1, C3 は語頭条件を満たすので，瞬時符号である．一方，C2 は A, B の符号語が C, D の符号語のそれぞれ語頭であるため，瞬時符号ではない．

4.6 情報源 S は記憶のない定常情報源であるので，その 1 次エントロピーは一般のエントロピーと等しくなる．すなわち，どのような 2 元符号化を行っても，その平均符号長を 1 次エントロピーより小さくすることはできない．

第 5 章

【練習問題 5.1】 ハフマン符号を構築すると，情報源記号 A, B, C, D に対する符号語はそれぞれ $0, 10, 110, 111$ となる．よって，平均符号長 L は $L = 1.75$ となる．また，1 次エントロピー $H_1(S) \approx 1.68$ であるので，およそ 0.07 の開きがある．

【練習問題 5.2】 コンパクト符号の定義とマクミランの不等式から，一意復号可能なすべての符号の平均符号長の中に最小値があることを示せばよい．これは有限個の数値の中に最小値があることを示す問題に帰着するため，コンパクト符号が存在することがわかる．実際，情報源を S，S の情報源記号の出現確率の最小値を p，情報源 S の 1 次エントロピーを $H_1(S)$ とおくと，定理 4.2 より，S の各情報源記号の符号長が高々 $\lceil (H_1(S)+1)/p \rceil$ であるような一意復号可能な符号のみ考えればよいことがわかる．(なぜなら，1 つの情報源記号だけでも符号長がこの値より大きくなると，全体の平均符号長が $H_1(S)+1$ よりも大きくなってしまう．) したがって，高々 $\lceil (H_1(S)+1)/p \rceil^{|S|}$ 個の数値の中に最小値があることを示すことに帰着した．

【練習問題 5.3】 情報源 S に対して 2 次拡大情報源 S^2 を考え，ブロックハフマン符号化を行えばよい．実際，その場合の平均符号長は 0.645 となる．

【練習問題 5.4】 情報源 S に対するタンストール木は，下の図のようになる．

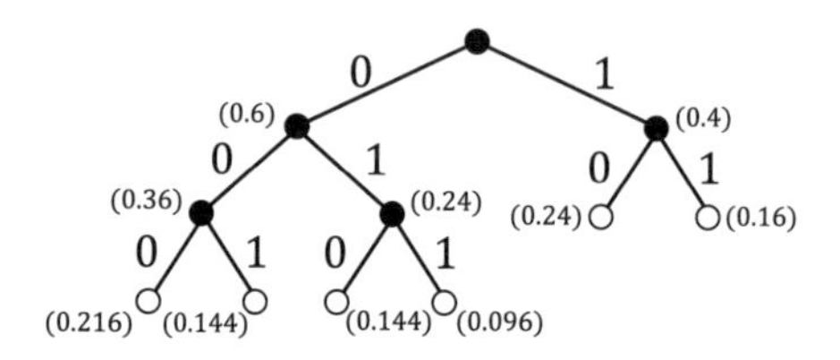

したがって，系列の平均長は $\bar{n}$ は，

$$\bar{n} = 3 \times (0.216 + 0.144 + 0.144 + 0.096) + 2 \times (0.24 + 0.16) = 2.6$$

となる．タンストール木の葉に対応する 6 つの系列 000, 001, 010, 011, 10, 11 を，それぞれ 1 個の記号と見なすと，それぞれの系列の生起確率は 0.216, 0.144, 0.144, 0.096, 0.24, 0.16 であり，ハフマン符号化するとそれぞれ 01, 101, 110, 111, 00, 100 と符号化される．したがって，系列ごとの平均符号長 L_T は，

$$\begin{aligned} L_T &= 2 \times (0.24 + 0.216) + 3 \times (0.16 + 0.144 + 0.144 + 0.096) \\ &= 0.912 + 1.632 = 2.544 \end{aligned}$$

となる．よって，元の 1 記号あたりの平均符号長 L は

$$L = \frac{L_T}{\bar{n}} = \frac{2.544}{2.6} \approx 0.978$$

となる．

一方，3 次拡大情報源 S^3 に対するブロックハフマン符号化では，平均符号長 $L' \approx 0.981$ であるので，わずかながらタンストール木を用いて系列を分割したほうが効率が良いことがわかる．

【章末問題】

5.1 (1) ○．(2) ×：記憶のない情報源 S に対しては，$H(S) = H_1(S)$ であるので，3 次拡大情報源に対するブロックハフマン符号を用いても平均符号長が $H_1(S)$ よりも短くすることはできない．(3) ×：情報源に記憶がある場合には，$H(S) < H_1(S)$ であるので，n 次拡大情報源に対するブロックハフマン符号化によって平均符号長を $H_1(S)$ より短くすることが可能である．(4) ○．(5) ×：各記号の生起確率に偏りが少ない場合には，ランレングス・ハフマン符号化のほうが効率の悪い場合もありうる．(6) ○．(7) ×：平均ひずみが同じであっても，符号化の仕方によって相互情報量 $I(X;Y)$ は変化する．(8) ×：下限は,「ひずみ測度」ではなく,「速度・ひずみ関数」によって示される．

5.2 ハフマン符号木とハフマン符号は，つぎの図のとおり．

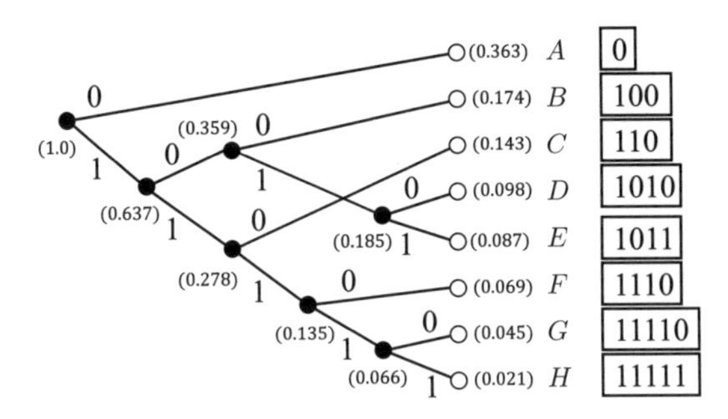

したがって，平均符号長 L は，

$$L = 1 \times 0.363 + 3 \times (0.174 + 0.143) + 4 \times (0.098 + 0.087 + 0.069) + 5 \times (0.045 + 0.021) = 2.66$$

となる．

5.3 (1) 情報源記号 A, B, C はそれぞれ $0, 10, 11$ とハフマン符号化されるので，平均符号長 L_1 は，

$$L_1 = 1 \times 0.6 + 2 \times (0.3 + 0.1) = 1.4$$

である．

(2) ハフマン符号木とハフマン符号は，つぎの図のとおり．

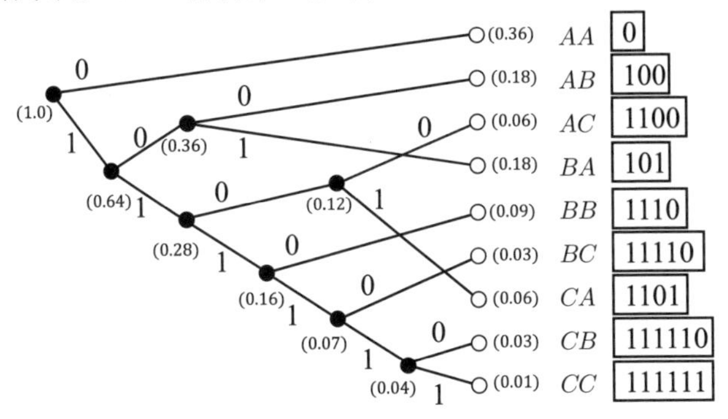

したがって，平均符号長 L_2 は，

$$L_2 = \frac{1}{2}[1 \times 0.36 + 3 \times (0.18 + 0.18) + 4 \times (0.06 + 0.09 + 0.06) + 5 \times 0.03 + 6 \times (0.03 + 0.01)]$$

$$= \frac{2.67}{2}$$
$$\approx 1.34$$

となる．

(3) 下限 L は，1 次エントロピー $H_1(S)$ で，

$$L = H_1(S) = -0.6\log_2 0.6 - 0.3\log_2 0.3 - 0.1\log_2 0.1 \approx 1.295$$

となる．

5.4 例題 3.4 の情報源 S' は，図 3.5 で示される状態図に従う 1 次マルコフ情報源である．この情報源の定常状態を (w_0, w_1) とすると，$w_0 = w_1 = 0.5$ と求まる．よって，S' が 0, 1 を出力する確率 $P(0), P(1)$ は，それぞれ

$$P(0) = 0.8w_0 + 0.2w_1 = 0.5,$$
$$P(1) = 0.2w_0 + 0.8w_1 = 0.5$$

となる．したがって，1 次エントロピー $H_1(S')$ は，

$$H_1(S') = \mathcal{H}(0.5) = 1.0$$

となり，エントロピー $H(S')$ は，

$$H(S') = 0.5\mathcal{H}(0.8) + 0.5\mathcal{H}(0.2) = \mathcal{H}(0.8) \approx 0.72$$

である．$H_1(S)$ を下回る平均符号長を持つ符号化は，現在の状態が s_0, s_1 である場合について，それぞれ 2 次拡大情報源を考えブロックハフマン符号化すればよい．たとえば，状態 s_0 にあるときには，つぎに連続する $00, 01, 10, 11$ の出現確率は $0.64, 0.16, 0.04, 0.16$ なので，それぞれに $0, 10, 110, 111$ を割り当てる．一方，状態 s_1 にあるときも同様にして，それぞれ $111, 110, 10, 0$ を割り当てるようにする．初期の状態が不明の場合には，最初のブロックのみ符号語長のロスが発生するが，2 番目のブロックからはどちらの状態にあるのかは明らかになるので，結局のところ平均符号長 L は 1 番目のブロックを無視して，

$$L = \frac{1}{2} \times [0.5(1 \times 0.64 + 2 \times 0.16 + 3 \times 0.04 + 3 \times 0.16)$$
$$+ 0.5(1 \times 0.64 + 2 \times 0.16 + 3 \times 0.04 + 3 \times 0.16)] = 0.78$$

と求められる．

5.5 (1) ひずみ測度として

$$d(x, y) = \begin{cases} 0; & (x = y) \\ 1; & (x \neq y) \end{cases}$$

を用いるとする．このとき，平均ひずみの定義式から，平均ひずみは元の系列に記号 G が出現する割合に等しくなる．したがって，0.05 である．

(2) 表 1 と表 2 の情報源それぞれに対してハフマン符号を作ると，A から E までの符号はまったく同一となり，F, G の符号のみが異なる．一例として，表 1 は A から順に $00, 01, 100, 101, 110, 1110, 1111$ となり，表 2 は $00, 01, 100, 101, 110, 111$ となる．このとき，それぞれの平均符号長は 2.5 と 2.4 であり，0.1 だけ減少する．

(3) 表 1 と表 2 の情報源をそれぞれ S_1，S_2 とすると，それぞれのエントロピー $H(S_1)$，$H(S_2)$ は，それぞれ 2.42, 2.32 となる．その差は 0.1 となっている．

(4) 表 1 と表 2 の出力の相互情報量 $I(X;Y)$ は,

$$I(X;Y) = H(X) - H(X|Y) = 2.42 - (-0.05\log_2 0.5 - 0.05\log_2 0.5)$$
$$\approx 2.42 - 0.1 = 2.32$$

となり，ひずみを許した場合の平均符号長と一致している（下限となっている）.

第 6 章

【問 6.1】 2 元対称通信路および 2 元対称消失通信路の通信路線図は，それぞれ以下の左図，右図のとおり.

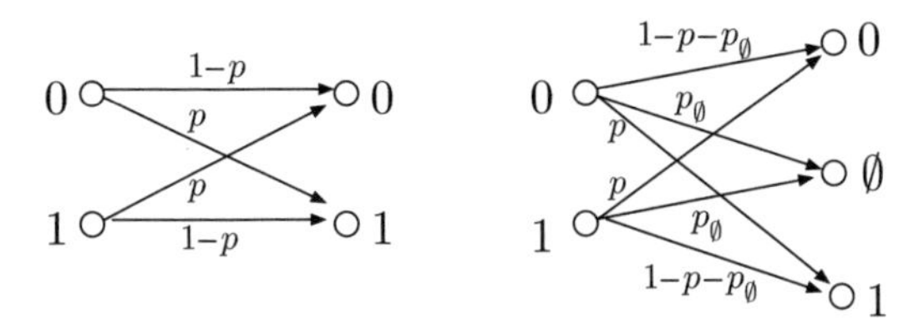

【練習問題 6.1】

通信路行列 T および通信路線図は，以下のとおり.

$$T = \begin{bmatrix} 0.9 & 0.1 & 0 \\ 0 & 0.2 & 0.8 \end{bmatrix}$$

【練習問題 6.2】 遷移確率行列 Π は,

$$\Pi = \begin{bmatrix} 0.9 & 0.01 & 0.09 \\ 0.5 & 0.5 & 0 \\ 0.7 & 0 & 0.3 \end{bmatrix}$$

となる．状態の定常分布を (w_0, w_1, w_2) とすれば

$(w_0, w_1, w_2)\Pi = (w_0, w_1, w_2)$ より

$$\begin{aligned} 0.9w_0 + 0.5w_1 + 0.7w_2 &= w_0, \\ 0.01w_0 + 0.5w_1 &= w_1, \\ 0.09w_0 + 0.3w_2 &= w_2. \end{aligned}$$

(w_0, w_1, w_2) は確率分布だから

$$w_0 + w_1 + w_2 = 1.$$

以上より,

$$(w_0, w_1, w_2) = \left(\frac{350}{402}, \frac{7}{402}, \frac{45}{402}\right)$$

となる．よってビット誤り率は,

$$\frac{350}{402} \times (0.01 + 0.09) + \frac{7}{402} \times 0.5 + \frac{45}{402} \times 0.3 = \frac{26}{201}$$

となる.

【章末問題】

6.1 (1) ×：時点 t の出力記号 Y_t が X_t のみに依存し，任意の他の時点 s の入力記号 X_s や出力記号 Y_s とは独立である通信路が記憶のない通信路．(2) ○ (3) ×：定常でなければ表せない．(4) ×：各行の和が 1．(5) ×：入力に対しては一様だが，出力に対しては一様ではない．(6) ○ (7) ×：加法的 2 元通信路のモデルでは，入力系列に依存して起こる誤りを表現できない．(8) ○ (9) ×：不連続でも密集していればバースト誤り．(10) ×：一般的な加法的 2 元通信路の推定パラメータ数は，一般的な 2 元通信路の推定パラメータ数の正の平方根で表される数くらい ($1/2^{100}$ 倍になる)．(11) ○．

6.2 (1) バースト長を L とすれば，

$$P\{L=\ell\} = 0.7^{\ell-1}(0.2+0.1) = 0.7^{\ell-1} \times 0.3.$$

(2) L は幾何分布に従うから期待値は 1/0.3=10/3.

(3) 遷移確率行列を Π とする．状態の定常分布を (w_{G_1}, w_{G_2}, w_B) とすれば，$(w_{G_1}, w_{G_2}, w_B)\Pi = (w_{G_1}, w_{G_2}, w_B)$ であるから，

$$\begin{aligned} 0.99w_{G_1} + 0.2w_B &= w_{G_1}, \\ 0.9w_{G_2} + 0.1w_B &= w_{G_2}, \\ 0.01w_{G_1} + 0.1w_{G_2} + 0.7w_B &= w_B \end{aligned}$$

が成り立つ．また，(w_{G_1}, w_{G_2}, w_B) は確率分布だから，

$$w_{G_1} + w_{G_2} + w_B = 1$$

が成り立つ．以上より，

$$(w_{G_1}, w_{G_2}, w_B) = \left(\frac{20}{22}, \frac{1}{22}, \frac{1}{22}\right)$$

であるから，ビット誤り率は

$$\frac{1}{22} \times 0.88 = 0.04.$$

第 7 章

【問 7.1】 送られる符号語を確率変数 W，それに対する受信語を確率変数 Y で表す．符号語 w と受信語 y の異なるビット数を $d(w,y)$ で表すと

$$P_{Y|W}(y|w) = \begin{cases} (1-10^{-3})^3 & (d(w,y)=0) \\ (1-10^{-3})^2 10^{-3} & (d(w,y)=1) \\ (1-10^{-3})10^{-6} & (d(w,y)=2) \\ 10^{-9} & (d(w,y)=3) \end{cases}$$

となる．よって異なるビット数が多いほど確率は下がるので最尤復号法による復号では，異なるビット数が少ないほうの符号語へ変換することになる．これは例 7.1 で考えた 3 ビットの多数決による復号に他ならない．つまり，000, 111 の復号領域はそれぞれ，

$$\{000, 001, 010, 100\},\ \{011, 101, 110, 111\}$$

となる．

【練習問題 7.1】 (1) $P_Y(1) = P_X(0)P_{Y|X}(1|0) + P_X(1)P_{Y|X}(1|1)$

$$= (1-q)p + q(1-p-p_\emptyset) = p + q - 2pq - p_\emptyset q$$

(2) $p_0 = P_Y(0)$, $p_1 = P_Y(1)$ とすれば，$P_Y(\emptyset) = p_\emptyset$ より，

$$\begin{aligned} H(Y) &= -p_0 \log_2 p_0 - p_1 \log_2 p_1 - p_\emptyset \log_2 p_\emptyset \\ &= (p_0 + p_1)\left[\mathcal{H}(p_1/(p_0+p_1)) - \log_2(p_0+p_1)\right] - p_\emptyset \log_2 p_\emptyset \\ &\qquad\qquad (\because \text{ヒントより}) \\ &= (1-p_\emptyset)\left[\mathcal{H}(P_Y(1)/(1-p_\emptyset)) - \log_2(1-p_\emptyset)\right] - p_\emptyset \log_2 p_\emptyset \\ &= (1-p_\emptyset)\mathcal{H}(P_Y(1)/(1-p_\emptyset)) + \mathcal{H}(p_\emptyset). \end{aligned}$$

(3) $q = 1/2$ とすれば $p_Y(1)/(1-p_\emptyset) = (p+q-2pq-p_\emptyset q)/(1-p_\emptyset) = 1/2$ となる．エントロピー関数 $\mathcal{H}(x)$ は $x = 1/2$ のとき最大値 1 をとるので，$H(Y)$ の最大値は $1 - p_\emptyset + \mathcal{H}(p_\emptyset)$ ($q = 1/2$ のとき) となる．

(4)
$$\begin{aligned} H(Y|X) &= P_X(0)H(Y|0) + P_X(1)H(Y|1) \\ &= (1-q)\left(-(1-p-p_\emptyset)\log_2(1-p-p_\emptyset) - p\log_2 p - p_\emptyset \log_2 p_\emptyset\right) \\ &\quad + q\left(-(1-p-p_\emptyset)\log_2(1-p-p_\emptyset) - p\log_2 p - p_\emptyset \log_2 p_\emptyset\right) \\ &= -(1-p-p_\emptyset)\log_2(1-p-p_\emptyset) - p\log_2 p - p_\emptyset \log_2 p_\emptyset \\ &= (1-p_\emptyset)\left[\mathcal{H}(p/(1-p_\emptyset)) - \log_2(1-p_\emptyset)\right] - p_\emptyset \log_2 p_\emptyset \\ &= (1-p_\emptyset)\mathcal{H}(p/(1-p_\emptyset)) + \mathcal{H}(p_\emptyset). \end{aligned}$$

(5)
$$\begin{aligned} C &= \max_{0\le q\le 1} I(X;Y) \\ &= \max_{0\le q\le 1} \left[H(Y) - H(Y|X)\right] \\ &= \max_{0\le q\le 1} H(Y) - (1-p_\emptyset)\mathcal{H}(p/(1-p_\emptyset)) - \mathcal{H}(p_\emptyset) \\ &= 1 - p_\emptyset + \mathcal{H}(p_\emptyset) - (1-p_\emptyset)\mathcal{H}(p/(1-p_\emptyset)) - \mathcal{H}(p_\emptyset) \\ &= (1-p_\emptyset)\left[1 - \mathcal{H}(p/(1-p_\emptyset))\right]. \end{aligned}$$

【練習問題 7.2】 練習問題 6.2 の解答より，状態の定常分布 (w_0, w_1, w_2) は

$$(w_0, w_1, w_2) = \left(\frac{350}{402}, \frac{7}{402}, \frac{45}{402}\right)$$

である．よって

$$H(S_E) = \frac{350\mathcal{H}(0.1) + 7\mathcal{H}(0.5) + 45\mathcal{H}(0.3)}{402}$$

となる．

$$\begin{aligned} \mathcal{H}(0.1) &= -0.1\log_2 0.1 - 0.9\log_2 0.9 \\ &= 0.1\log_2 10 - 0.9(2\log_2 3 - \log_2 10) \\ &= \log_2 10 - 1.8\log_2 3 \approx 0.4690. \\ \mathcal{H}(0.3) &= -0.3\log_2 0.3 - 0.7\log_2 0.7 \\ &= 0.3(\log_2 3 - \log_2 10) - 0.7(\log_2 7 - \log_2 10) \\ &= \log_2 10 - 0.3\log_2 3 - 0.7\log_2 7 \approx 0.8816. \end{aligned}$$

よって

$$H(S_E) \approx \frac{350 \times 0.4690 + 7 + 45 \times 0.8816}{402} \approx 0.524$$

であるから

$$C = 1 - H(S_E) \approx 1 - 0.524 = 0.476$$

である．

【練習問題 7.3】 情報源から発生する情報速度 $\mathcal{R}$ は

$$\mathcal{R} = \mathcal{H}(0.1) = 0.4690 \quad \text{（ビット/秒）}$$

であり，通信路容量 $\mathcal{C}$ は,

$$\mathcal{C} = 1 - \mathcal{H}(0.2) = 1 - 0.7219 = 0.2781 \quad \text{（ビット/秒）}$$

であるから，ひずみなしでは情報は送れない．ビット誤り率 D を許してデータの情報量を減らすと,

$$\mathcal{R}(D) = \mathcal{H}(0.1) - \mathcal{H}(D) \approx 0.4690 - \mathcal{H}(D) \quad \text{（ビット/秒）}.$$

$\mathcal{R}(D_*) = \mathcal{C}$ を満たす D_* が復号誤り率の下限となる．よって,

$$\mathcal{H}(D_*) \approx 0.4690 - 0.2781 = 0.1909$$

となる．これを解くと $D_* \approx 0.0293$ となる．よって復号誤り率の下限は 0.0293 である．

【章末問題】

7.1 (1) ○. (2) ×：最大となる．(3) ×：誤り訂正能力は下がる．(4) ○. (5) ○. (6) ×：通信路容量は入力系列の統計的性質により変化しない．(7) ○. (8) ×：最小 (0) となる．(9) ×：冗長度は $1 - C/R_{\max}$ に近づければよい．ただし，C は通信路容量，$R_{\max}$ は同じ符号長の情報速度の最大値．(10) ○.

7.2 (1) $H(Y) = \mathcal{H}(q(1-p))$.

(2) $H(Y|X) = q\mathcal{H}(p)$.

(3) $I(X;Y) = H(Y) - H(Y|X) = \mathcal{H}(q(1-p)) - q\mathcal{H}(p)$.

(4) $\dfrac{dI(X;Y)}{dq} = (1-p)\log_2 \dfrac{1-(1-p)q}{(1-p)q} - \mathcal{H}(p)$.

$\frac{dI(X;Y)}{dq}$ は q に関し単調減少で，$q \to +0$ で $+\infty$, $q \to 1$ で $\log_2 p < 0$ となるので式 (7.3) を満たす $q = a$ で $\frac{dI(X;Y)}{dq} = 0$ となり，$I(X;Y)$ は最大値をとることがわかる．

(5) $C = \max\limits_{q} I(X;Y) = \mathcal{H}(b) - b\log_2 \dfrac{1-b}{b} = \log_2 \dfrac{1}{1-b}$.

(6) 式の変形のみのため略.

(7)

$$C = \log_2 \left(2^{-\frac{\mathcal{H}(p)}{1-p}} + 1 \right).$$

(8) 最大になるのは $p = 0$ のときで $C = 1$，最小となるのは $p = 1$ のときで $C = 0$.

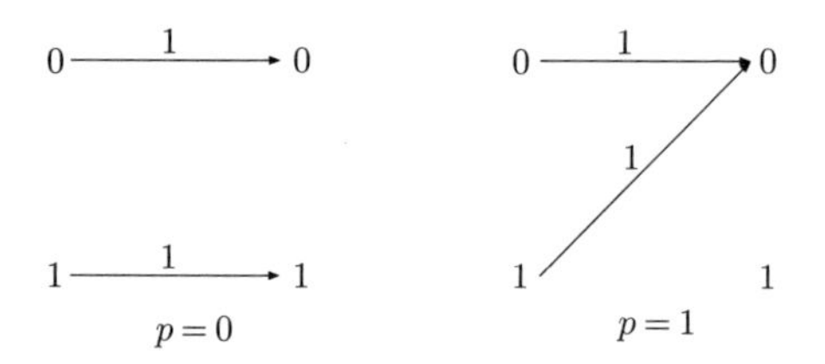

実際，$-\frac{\mathcal{H}(p)}{1-p}$ は p に関して単調減少することから (7) の式からも正しいことが確認できる．

7.3 誤り源からの時点 t における出力を E_t とし，$P_{E_{t+1}|E_t}(1|0) = P$, $P_{E_{t+1}|E_t}(0|1) = p$ とおく．このとき，バースト長の平均は $1/p$ なので $p = 0.1$ であることがわかる．また，ビット誤り率は $P/(P+p)$ となるので，

$$\frac{P}{P+0.1} = 0.2$$

より，$P = 0.025$ であることがわかる．よって誤り源 S_E のエントロピー $H(S_E)$ は（例題 3.8 参照），

$$H(S_E) = 0.8\mathcal{H}(0.025) + 0.2\mathcal{H}(0.1) \approx 0.8 \times 0.1687 + 0.2 \times 0.4690 \approx 0.22876$$

となる．したがって通信路容量 C は，

$$C = 1 - H(S_E) \approx 1 - 0.22876 = 0.77124 \qquad \text{(ビット/記号)}$$

となる．

第 8 章

【問 8.1】 (a) 00101101. (b) 01101010.

【問 8.2】 符号語を $\mathbf{w} = (w_1, w_2, \ldots, w_9)$ とすると，パリティ検査方程式はつぎのようになる．

$$\begin{cases} w_1 + w_2 + w_5 = 0, \\ w_3 + w_4 + w_6 = 0, \\ w_1 + w_3 + w_7 = 0, \\ w_2 + w_4 + w_8 = 0, \\ w_1 + w_2 + w_3 + w_4 + w_9 = 0. \end{cases}$$

受信語を $\mathbf{y} = (y_1, y_2, \ldots, y_9)$ とすると，シンドロームを求める式は以下のとおり．

$$\begin{cases} s_1 = y_1 + y_2 + y_5, \\ s_2 = y_3 + y_4 + y_6, \\ s_3 = y_1 + y_3 + y_7, \\ s_4 = y_2 + y_4 + y_8, \\ s_5 = y_1 + y_2 + y_3 + y_4 + y_9. \end{cases}$$

【問 8.3】 x_4 を含む行と列のパリティが奇数となっているため，x_4 が誤りと推定される．したがって訂正した系列は 011110101 となる．

【問 8.4】

$$\mathbf{w} = (w_1, w_2, w_3, w_4, w_1 + w_2, w_3 + w_4, w_1 + w_3, w_2 + w_4, w_1 + w_2 + w_3 + w_4)$$

であるから，生成行列 $\mathbf{G}$ は，

$$\mathbf{G} = \begin{bmatrix} 1 & 0 & 0 & 0 & 1 & 0 & 1 & 0 & 1 \\ 0 & 1 & 0 & 0 & 1 & 0 & 0 & 1 & 1 \\ 0 & 0 & 1 & 0 & 0 & 1 & 1 & 0 & 1 \\ 0 & 0 & 0 & 1 & 0 & 1 & 0 & 1 & 1 \end{bmatrix}.$$

【問 8.5】 検査行列 $\mathbf{H}$ は,

$$\mathbf{H} = \begin{bmatrix} 1&1&0&0&1&0&0&0&0 \\ 0&0&1&1&0&1&0&0&0 \\ 1&0&1&0&0&0&1&0&0 \\ 0&1&0&1&0&0&0&1&0 \\ 1&1&1&1&0&0&0&0&1 \end{bmatrix}.$$

【問 8.6】 一例を示す.

$$\mathbf{H} = \begin{bmatrix} 1&1&0&1&1&0&0 \\ 1&1&1&0&0&1&0 \\ 0&1&1&1&0&0&1 \end{bmatrix}.$$

【問 8.7】 問 8.6 の解答例に対応するのは,

$$\mathbf{G} = \begin{bmatrix} 1&0&0&0&1&1&0 \\ 0&1&0&0&1&1&1 \\ 0&0&1&0&0&1&1 \\ 0&0&0&1&1&0&1 \end{bmatrix}.$$

このときの符号語は以下のとおり.

x_1	x_2	x_3	x_4	c_1	c_2	c_3
0	0	0	0	0	0	0
1	0	0	0	1	1	0
0	1	0	0	1	1	1
1	1	0	0	0	0	1
0	0	1	0	0	1	1
1	0	1	0	1	0	1
0	1	1	0	1	0	0
1	1	1	0	0	1	0
0	0	0	1	1	0	1
1	0	0	1	0	1	1
0	1	0	1	0	1	0
1	1	0	1	1	0	0
0	0	1	1	1	1	0
1	0	1	1	0	0	0
0	1	1	1	0	0	1
1	1	1	1	1	1	1

【問 8.8】 情報ビットは 11 個なので, $11! = 39916800$ とおり.

【問 8.9】

m	n	k
2	3	1
3	7	4
4	15	11
5	31	26
6	63	57
7	127	120
8	255	247

【問 8.10】問 8.7 の解答例に対応するものは，つぎのようになる．

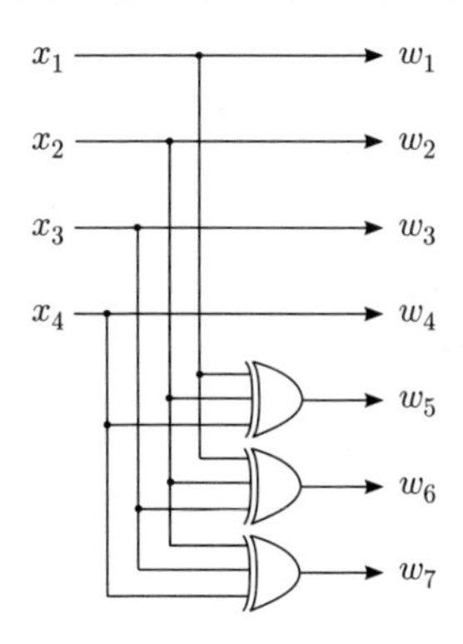

【問 8.11】

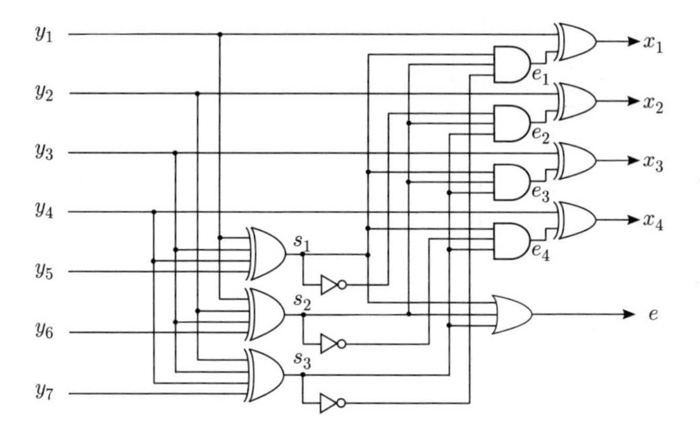

【問 8.12】問 8.7 の解答例に対応するものは，つぎのようになる．

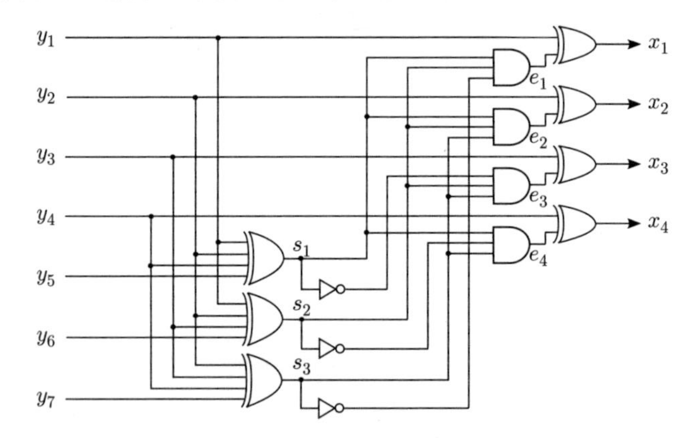

【問 8.13】16 通りの符号語を列挙してみると，全ゼロ以外の符号語の最小ハミング重みは 4 である．この符号は線形符号であるから，$d_{\min} = 4$ となる．限界距離復号法を用いると，最大誤り訂正能力は 1 となり，単一誤り訂正が可能で同時に 2 重誤りを検出できる．誤り訂正を行わない場合は，3 重誤りまで検出できる．

【問 8.14】$x^5 + x^3 + 1$,　x,　1.

【問 8.15】$x^5 + 1$.

【問 8.16】

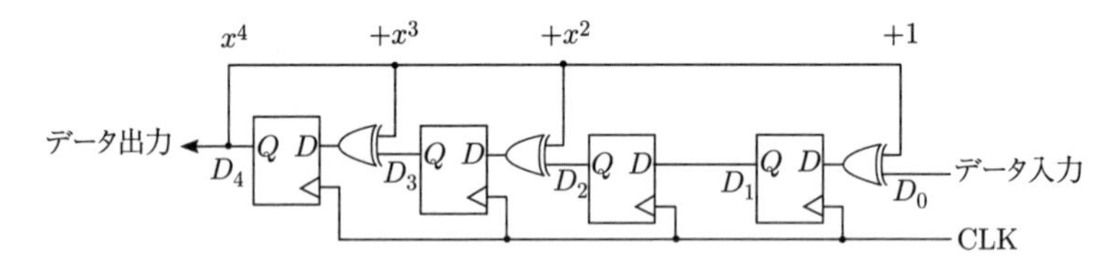

【問 8.17】初めて割り切れるのは以下のとおり $n = 7$ のとき．周期は 7 となる．

$$x^7 + 1 = (x^3 + x + 1)(x^4 + x^2 + x + 1).$$

【問 8.18】このハミング符号は巡回符号でもあり，生成多項式の次数が 3 なので，定理 8.10 より，長さ 3 までのバースト誤りは必ず検出できる．表 8.1 を見ると，ハミング重み 3 の符号語は多数存在するが，1 が 3 つ連続して並んで残りが 0 という符号語はないので，長さ 3 のバースト誤りが起きても，他の符号語と重なることはないことがわかる．

【問 8.19】

$$\mathbf{H} = \begin{bmatrix} 1 & 1 & 1 & 0 & 1 & 0 & 0 \\ 0 & 1 & 1 & 1 & 0 & 1 & 0 \\ 1 & 1 & 0 & 1 & 0 & 0 & 1 \end{bmatrix}.$$

【練習問題 8.1】$y_1 = 1$, $y_2 = 0$, $y_3 = 1$, $y_4 = 0$, $y_5 = 0$, $y_6 = 0$, $y_7 = 1$ であるから，式 (8.7) より，$s_1 = 0$, $s_2 = 0$, $s_3 = 0$ である．シンドロームが全ゼロなので，誤りは無かったと推定される．したがって，送信された情報記号は 1010 である．

【練習問題 8.2】

```
                101
 10111 ) 1000000
         10111
         -----
           11100
           10111
           -----
            1011
```

上記より検査ビットは $(1, 0, 1, 1)$ となり，符号語は $(1, 0, 0, 1, 0, 1, 1)$ となる．

【章末問題】

8.1 (1) ×：1 の個数が必ず偶数になる．符号長が偶数の場合は 0 の個数も偶数になる．(2) ×：$n+1$ 個．(3) ×：検出はできるが訂正できない．(4) ×：線形符号が組織符号の一種である．(5) ×：符号長が n．情報記号が k 個．検査記号は $n-k$ 個．(6) ×：異なる符号語の和は，全ゼロではなく別の符号語になる．(7) ○．(8) ×：必ず線形符号である．(9) ○．(10) ×：すべて 0 になる．(11) ○．(12) ○．(13) ○．(14) ○．(15) ×：4 ビットまで．

8.2 確実に訂正できるのは最大 2 ビットまで．誤り訂正を 2 ビットまでとすると，それ以上の多重誤りは検出できない．誤り訂正を 1 ビットまでとすると，最大 3 ビットまでの多重誤りを検出できる．誤り訂正を行わなければ，最大 4 ビットまでの多重誤りを検出できる．

付録 A

【問 A.1】 題意より，$P_{B|A}(雨 \mid 雨) = P_{B|A}(晴 \mid 晴)0.8$，$P_{B|A}(雨 \mid 晴) = 1 - P_{B|A}(晴 \mid 晴) = 0.2$，$P_A(雨) = 0.1$，$P_A(晴) = 1 - P_A(雨) = 0.9$ である．

$$\begin{aligned} \therefore\ P_{A,B}(雨, 雨) &= P_A(雨) P_{B|A}(雨 \mid 雨) = 0.1 \times 0.8 = 0.08, \\ P_{A,B}(晴, 雨) &= P_A(晴) P_{B|A}(雨 \mid 晴) = 0.9 \times 0.2 = 0.18. \end{aligned}$$

【練習問題 A.1】 出目が 2 以上であるという事象を A，出目が 6 であるという事象を B とする．

$$\begin{aligned} P(A) &= \frac{\#(\{2,3,4,5,6\})}{\#(\{1,2,3,4,5,6\})} = \frac{5}{6}, \\ P(A \cap B) &= \frac{\#(\{2,3,4,5,6\} \cap \{6\})}{\#(\{1,2,3,4,5,6\})} = \frac{\#(\{6\})}{\#(\{1,2,3,4,5,6\})} = \frac{1}{6} \\ \therefore\ P(B|A) &= \frac{P(A \cap B)}{P(A)} = \frac{1/6}{5/6} = \frac{1}{5}. \end{aligned}$$

付録 B

【問 B.1】 (1)

$$\begin{aligned} \log_a \frac{1}{x} &= \log_a x^{-1} \\ &= (-1) \log_a x \quad (\because \text{定理 B.1(5) より}) \\ &= -\log_a x. \end{aligned}$$

(2)

$$\begin{aligned} \log_a \frac{x}{y} &= \log_a x + \log_a \frac{1}{y} \quad (\because \text{定理 B.1(4) より}) \\ &= \log_a x - \log_a y. \quad (\because \text{問 B.1(1) より}) \end{aligned}$$

(3)
$$\begin{aligned}\lim_{x\to+0}\log_a x &= \lim_{x\to+0}\log_a\left(\frac{1}{x}\right)^{-1}\\ &= -\lim_{x\to+0}\log_a\frac{1}{x} \quad (\because \text{定理 B.1(5) より})\\ &= -\lim_{t\to+\infty}\log_a t \quad (\because t=1/x\to+\infty(x\to+0)\ \text{より})\\ &= -\infty. \quad (\because \text{定理 B.1(7) より})\end{aligned}$$

【問 B.2】 (1)
$$\begin{aligned}\log_a b &= \frac{\log_b b}{\log_b a} \quad (\because \text{定理 B.2 より})\\ &= \frac{1}{\log_b a}. \quad (\because \text{定理 B.1(2) より})\end{aligned}$$

(2)
$$\begin{aligned}\log_{\frac{1}{a}} x &= \frac{\log_a x}{\log_a \frac{1}{a}} \quad (\because \text{定理 B.2 より})\\ &= \frac{\log_a x}{-\log_a a} \quad (\because \text{定理 B.1(5) より})\\ &= -\log_a x. \quad (\because \text{定理 B.1(2) より})\end{aligned}$$

(3)
$$\begin{aligned}\log_{\frac{1}{a}} x &< \log_{\frac{1}{a}} y. \quad (\because \tfrac{1}{a}>1,\ \text{定理 B.1(6) より})\\ -\log_a x &< -\log_a y. \quad (\because \text{問 B.2(2) より})\\ \log_a x &> \log_a y.\end{aligned}$$

【問 B.3】 (1)
$$\begin{aligned}\frac{d}{dx}\log_a x &= \frac{d}{dx}\frac{\ln x}{\ln a} \quad (\because \text{定理 B.2 より})\\ &= \frac{1}{(\ln a)x}. \quad (\because \text{定理 B.3 より})\end{aligned}$$

(2)
$$\begin{aligned}&\frac{d}{dx}\left\{-x\log_a x-(1-x)\log_a(1-x)\right\}\\ &= -\log_a x - x\frac{1}{(\ln a)x} + \log_a(1-x)\\ &\qquad -(1-x)\frac{-1}{(\ln a)(1-x)} \quad (\because \text{問 B.3(1) より})\\ &= \log_a\frac{1-x}{x}. \quad (\because \text{問 B.1(2) より})\end{aligned}$$

【練習問題 B.1】 (1)
$$\begin{aligned}\log_2 5 &= \log_2\frac{10}{2}\\ &= \log_2 10 - \log_2 2 \quad (\because \text{問 B.1(2) より})\\ &\approx 3.322-1=2.322.\end{aligned}$$

(2)

$$\begin{aligned}
\log_2 0.9 &= \log_2 \frac{3^2}{10} \\
&= 2\log_2 3 - \log_2 10 \quad (\because \text{問 B.1(2)，定理 B.1(5) より}) \\
&\approx 2 \times 1.585 - 3.322 = -0.152.
\end{aligned}$$

(3)

$$\begin{aligned}
\log_{0.5} 10 &= \frac{\log_2 10}{\log_2 2^{-1}} \quad (\because \text{定理 B.2 より}) \\
&= \frac{3.322}{-\log_2 2} \quad (\because \text{定理 B.1(5) より}) \\
&= -3.322.
\end{aligned}$$

参考文献

執筆するにあたり参考にさせていただいた教科書,参考書を以下にあげる.本書で割愛した重要と思われる内容に関しては,(1)が詳しいのでそちらを参照されたい.

(1) 今井秀樹:“情報理論”,改訂2版, オーム社 (2019).
(2) アブラムソン, 宮川洋 訳:“情報理論入門”,好学社 (1969).
(3) 坂井利之:“情報基礎学ー通信と処理の基礎工学ー”,コロナ社 (1982).
(4) 平澤茂一:“情報理論 (情報数理シリーズ B-1)”,培風館 (1996).
(5) 岩垂好裕:“情報伝送と符号の理論”,オーム社 (2000).
(6) 平田廣則:“情報理論のエッセンス”,昭晃堂 (2003).
(7) 今井秀樹:“情報・符号・暗号の理論 (電子情報通信レクチャーシリーズ C-1)”,コロナ社 (2004)
(8) 村田 昇:“情報理論の基礎 情報と学習の直観的理解のために (臨時別冊・数理科学 SGC ライブラリ 37)”,サイエンス社 (2005).
(9) Thomas M. Cover, Joy A. Thomas: “Elements of Information Theory, 2nd Edition”, A Wiley-Interscience publication (2006).
(邦訳)“情報理論ー基礎と広がりー”, 共立出版 (2012).
(10) 井上純一:“ビギナーズガイド 情報理論”,プレアデス出版 (2008).
(11) 中川聖一:“情報理論 ー基礎から応用までー”,近代科学社 (2010).
(12) 植松友彦:“イラストで学ぶ情報理論の考え方”,講談社 (2012).

索　引

サ行

マ行

ヤ行

ラ行

著者略歴

中村 篤祥（なかむら あつよし）

1986 年　東京工業大学理学部情報科学科卒業
1988 年　東京工業大学大学院理工学研究科修士課程修了（情報科学専攻）
1988 年　日本電気株式会社勤務
2000 年　博士（理学）（東京工業大学）
2002 年　北海道大学大学院工学研究科助教授
2004 年　北海道大学大学院情報科学研究科助教授（2007 年准教授）
　　　　現在に至る

喜田 拓也（きだ たくや）

1997 年　九州大学理学部物理学科卒業
1999 年　九州大学大学院システム情報科学研究科修士課程修了（情報理学専攻）
2001 年　九州大学大学院システム情報科学研究科博士後期課程修了（情報理学専攻）
　　　　博士（情報科学）（九州大学）
　　　　※2000 年 1 月 1 日から 2001 年 9 月 30 日まで日本学術振興会特別研究員
2001 年　九州大学附属図書館研究開発室専任講師
2004 年　北海道大学大学院情報科学研究科助教授（2007 年准教授）
　　　　現在に至る

湊 真一（みなと しんいち）

1988 年　京都大学工学部情報工学科卒業
1990 年　京都大学大学院工学研究科修士課程修了（情報工学専攻）
1990 年　日本電信電話株式会社勤務
1995 年　博士（工学）（京都大学）
2004 年　北海道大学大学院情報科学研究科助教授（2007 年准教授）
2009 年　(独)科学技術振興機構 ERATO 湊離散構造処理系プロジェクト研究総括（兼務）
2010 年　北海道大学大学院情報科学研究科教授
2018 年　京都大学大学院情報学研究科教授
　　　　現在に至る

廣瀬 善大（ひろせ よしひろ）

2006 年　東京大学工学部計数工学科卒業
2008 年　東京大学大学院情報理工学系研究科修士課程修了（数理情報学専攻）
2012 年　東京大学大学院情報理工学系研究科博士課程修了（数理情報学専攻）
　　　　博士（情報理工学）（東京大学）
2012 年　東京大学大学院情報理工学系研究科助教
2017 年　北海道大学大学院情報科学研究科准教授
　　　　現在に至る

2013年3月27日　　初　版　第1刷発行
2015年9月16日　　初　版　第2刷発行
2019年9月14日　　初　版　第3刷発行
2020年2月27日　　第2版　第1刷発行

基礎から学ぶ 情報理論［第2版］

著　者　中村 篤祥／喜田 拓也／湊 真一／廣瀬 善大
発行者　橋本 豪夫
発行所　ムイスリ出版株式会社
〒169-0073
東京都新宿区百人町 1-12-18
Tel.03-3362-9241(代表)　Fax.03-3362-9145
振替 00110-2-102907

ISBN978-4-89641-287-1　C3055